JN189441

詳解

非破壊検査

Non-destructive Inspection

ガイドブック 第2版

編集委員長 **大岡紀一**

日本規格協会

編集・執筆者名簿

まえがき

　非破壊試験に関する各種規格は，我が国の工業標準化の中にあって社会資本のニーズに応えて不可欠なものとなっている．その中でも JIS（日本工業規格）は我が国の国家規格であり，国際標準である ISO 規格と，各種団体規格（例えば日本非破壊検査協会規格である NDIS，あるいは日本溶接協会規格である WES）などの間に位置し，各種非破壊試験の工業分野における適用の上で極めて重要な規格である．

　我が国における工業標準化法は"適正且つ合理的な工業標準の制定及び普及により工業標準化を促進することによって，鉱工業品の品質の改善，生産能率の増進その他生産の合理化，取引の単純公正化及び使用又は消費の合理化を図り，あわせて公共の福祉の増進に寄与すること"を目的とし，"工業標準化"を"鉱工業品に関する試験，分析，鑑定，検査，検定又は測定の方法に関する事項を全国的に統一し，又は単純化"することとしている．

　ここにおける"検査"は，ある製品が定められた規格，基準などに適合するかどうかを調べるための方法である．非破壊試験もこれに該当し，試験，検査の実施にあたっては"非破壊試験技術者の資格及び認証"を行うための制度を確立して，円滑な運用を行うことが求められている．そのためにも JIS として制定された各種の技術基準を，非破壊試験技術者は十分に理解しておくことが重要となる．

規格の国際整合化

　現在の標準化活動は国際整合化が極めて重要となってきている．ISO（国際標準化機構）は 1947 年 2 月に設立され，日本からは JISC（Japanese Industrial Standards Committee：日本工業標準調査会）が 1952 年 4 月に加盟している．ISO は，TC（Technical Committee：専門委員会）を設置し，

専門委員会の委員は活動に参加する P-member（Participating）と，業務状況等についての情報を受ける会員団体としての O-member（Observer）から構成されている．

その中において非破壊試験の国際規格開発を担当としている ISO/TC 135（第 135 専門委員会）は，1969 年の理事会において設置が決定され，翌 1970 年 9 月にロンドンで開催された第 1 回総会から活動を始めている．最近では WCNDT（世界非破壊試験会議）あるいは地域（欧州，中南米，アジア・太平洋など）に併設して総会が開催されるようになった．日本からは（一社）日本非破壊検査協会が 1992 年に TC 135 の幹事国業務を，1995 年に分科委員会である SC 6（漏れ試験）の幹事国業務を引受けて，国内はもとより国際的にも活動している．

国際化の動きが加速したのは，平成 7（1995）年 3 月，貿易摩擦解消のための規制緩和が閣議で決定され，通商産業省工業技術院（当時）は各種関連 JIS の ISO，IEC 等国際規格整合化を強力に推進したことによる．この要請を受けて（一社）日本非破壊検査協会など 5 団体は "JIS 国際整合化推進特別委員会" を設置し，ISO 等国際規格との整合化に関する調査研究を行っている．

JIS の国際整合化においては，できる限り ISO 規格の考え方を取り入れる方向で JIS の見直しが行われているが，ISO 規格の考え方がそのまま国内になじまないものもあるため，実情に配慮した JIS の制定，改正が行われている．

国際規格との同等性の程度は

- ・IDT（Identical）：一致
- ・MOD（Modified）：修正
- ・NEQ（Not Equivalent）：同等でない

に分類されており，"一致" 及び "修正" の双方が国際規格を採用していると解釈される．現在，ISO 規格を対応国際規格とする JIS についてはすべてこの分類が行われている．

本書のねらいと構成

　本書は『JIS ハンドブック　非破壊検査』と対をなす参考図書として JIS ハンドブックと関連性をもたせて，JIS で規定された事項の技術的な内容をわかりやすく記述するとともに，非破壊試験技術に関係する横断的な技術との関連についてもわかりやすく解説した技術書である．JIS ハンドブックはあくまで JIS の集合体としての位置付けにとどめるのに対し，本書は JIS の規定事項，特に試験方法を実際に使用する場合の考え方，使用のポイントなどをわかりやすく解説することを目的としている．

　本書は以下のように第 1 章から第 7 章で構成されている．

　第 1 章では，非破壊試験に関わる用語を十分に理解することが非破壊試験の基本であり，その重要性を JIS Z 2300:2009 を中心に解説している．また，溶接記号として使われる非破壊試験の表示に関しても簡単に触れている．

　第 2 章では，機器構造物と非破壊試験として，溶接欠陥（きず）と非破壊検査の役割について，さらに非破壊検査の種類と特徴について JIS ハンドブックに記載の試験方法を重点的に記述している．特に，きずと欠陥及び試験と検査の相違は非破壊試験における重要なポイントである．

　第 3 章では，各種非破壊試験方法として，放射線透過試験，超音波探傷試験，磁気探傷試験，浸透探傷試験，渦電流試験，アコースティック・エミッション試験，漏れ試験及び外観（目視）試験のそれぞれに関連する規格の解説と，"仕様書"，"手順書"，"指示書" などの作成に有用な内容を運用上の留意点に関して解説している．しかし，国内において非破壊試験技術者の資格及び認証が実施されているにもかかわらず，ひずみ試験については関連の JIS がいまだ制定されてないことからここでは割愛している．

　第 4 章では，JIS では多くの試験方法が取り上げられているが，実際の記載内容を，例えば，仕様書，手順書，指示書等で適用しようとするとわかりにくい場合も少なくない．そこで，非破壊試験技術に関係して，例えば圧力容器，溶接などに関わる工業分野として，発電用火力・原子力機器や化学工業用機器などを具体的に取り上げて，規格がどのように使われているかの観点から内容を

解説した.

　第5章では，非破壊試験を行う技術者の資格及び認証について，（一社）日本非破壊検査協会において，これまで40年以上にわたり透明性をもって公平に実施されてきている，世界に類を見ない資格者数を有している第三者認証としての制度について，その制定経緯及びその実情から技術者の力量と組織への要求について国際動向を含めて解説している.

　第6章では，非破壊試験のJISについて，各種講習会などで寄せられることの多い質問をQ&A形式でまとめた.

　第7章では，ISO規格，EN規格，ASTM規格などを一覧で紹介し，必要に応じて海外の関連規格を容易に参照できるようにしている.

　本書では，JISの技術的内容などをJIS制定の背景や国際的動向と併せて解説した．本書をJISハンドブックと共に活用していただくことで，JISへの理解をより深めていただくとともに，非破壊試験の実施にあたってはより一層の効果を上げていただくことになれば幸いである.

2018年5月

編集委員長

大岡　紀一

目　　次

第1章

用語及び略語

　非破壊試験に使用される用語は試験技術における基本であり，非破壊試験技術を理解し，その適用上極めて重要といえる．広範に普及している用語は，時折，現場で長く使われてきた経緯もあって，統一した用語として用いることには抵抗があるかもしれない．しかし，国内のみならず，世界の共通語としての用語の活用は，今後の非破壊試験分野での各種規格の国際整合化において不可欠である．本章では，規格を活用する上での用語及び略語について，溶接記号も含めて，その概要を記述しているので，詳細は関連する規格を参照されたい．

　非破壊試験用語の規格は 1991 年に JIS Z 2300（非破壊試験用語）として制定された．一般的な非破壊試験用語をまとめて規定している ISO 規格が制定されてないため，制定後は試験方法ごとに国際規格及び国内規格に対応させて改正を行ってきている．参考規格としては，

- ・JIS A 0203（コンクリート用語）
- ・JIS C 1612（放射温度計の性能試験方法通則）
- ・JIS G 0201［鉄鋼用語（熱処理）］
- ・JIS G 0202［鉄鋼用語（試験）］
- ・JIS G 0560（鋼のサルファプリント試験方法）
- ・JIS Z 2305（非破壊試験技術者の資格及び認証）
- ・JIS Z 2306（放射線透過試験用透過度計）
- ・JIS Z 2345（超音波探傷試験用標準試験片）
- ・JIS Z 3001-1（溶接用語—第 1 部：一般）
- ・JIS Z 3001-2（溶接用語—第 2 部：溶接方法）
- ・JIS Z 3001-4（溶接用語—第 4 部：溶接不完全部）
- ・JIS Z 3104（鋼溶接継手の放射線透過試験方法）
- ・JIS Z 4001（原子力用語）
- ・JIS Z 8106（音響用語）
- ・JIS Z 8120（光学用語）
- ・JIS Z 9211［エネルギー管理用語（その 1）］
- ・ISO 4968［Steel-Macrographic examination by sulfur print（Baumann method）］
- ・ISO 9712（Non-destructive testing—Qualification and certification of personnel）

である．

　用語の選定に際しては，特に最新の技術動向にも配慮して，例えば，放射線透過試験であれば，これまでのフィルムによるラジオグラフィに関する用語のみでなく，デジタルラジオグラフィにおける用語などを取り入れている．また，

　各学協会との連携においては，例えば，溶接の分野で非破壊試験用語を用いる場合，(一社)日本非破壊検査協会の制定した JIS Z 2300 を用いることとされ，(一社)日本溶接協会の JIS Z 3001(溶接用語)との整合が図られている．

　この規格は，工業分野において用いる非破壊試験に関する主な用語と，その定義を規定している．対応英語は参考として示しており，ISO 規格に規定されている用語を優先的に採用しているが，一つの対応英語に限定しないで，一般に使用頻度の高い用語であれば，それをも記載している．

　分類は試験方法と内容分類としている．

　前者では 10 方法を取り上げ，全体に共通する部分を "共通及び一般" として記述している．後者ではこれらの方法についてさらにわかりやすくするために，例えば物理現象などを取り上げて分けている．

　一方，溶接記号については，JIS Z 3021 が 1955 年に制定され，1992 年に ISO 2553 (Welded, brazed and soldered joints—Symbolic representation on drawings) を基として技術的内容を変更して改正しているが，現在は ISO2553：2013 (Welding and allied processes—Symbolic representation on drawings—Welded joints) となっている．溶接部の非破壊試験記号は，溶接方法，ガウジング，非破壊試験方法などの表示が必要な場合の補助的な表示として，附属書 JA (規定) "溶接部の非破壊試験記号" として規定している．

18　　　　　　　　　　　　第1章　用語及び略語

1.1　JIS Z 2300：2009（非破壊試験用語）

　工業分野において用いる非破壊試験に関する主な用語と，その定義について規定した規格で，1991年に制定された後2003年に改正され，さらに2009年に関連する技術，装置，材料などの開発・改良を受けて，これらに整合する用語を再整理したものである．

　現在，ISO規格をはじめとして日本非破壊検査協会規格（NDIS）などでは，放射線，超音波などの試験方法ごとに用語を定義していることから，これらに整合させた整理を行った．表1.1にそれぞれの分類項目（非破壊試験方法）に対する掲載用語数及び対応するISO規格などを示す．またこのJISでは，それぞれの試験方法ごとに，内容分類として，a）一般（物理現象など），b）機器・材料，c）標準試験片・対比試験片，d）試験方法，e）判定・評価の順に整理することを基本としてまとめてあり，それぞれの用語に対してはその定義の他に参考のために対応英語も示してある．

　非破壊試験は溶接構造物に適用されることが多く，溶接に関する用語が頻繁に用いられることから，必要な溶接用語の定義も記載することとし，JIS Z 3001-1，JIS Z 3001-2及びJIS Z 3001-4をそのまま引用した．この他に，鉄鋼材料の用語はJIS G 0201及びJIS G 0202から，コンクリートの用語はJIS A 0203から引用した．

　JIS Z 2300については，部門ごとに用語のISO規格をベースに2017年から改正のためのワーキンググループ（WG）を（一社）日本非破壊検査協会に設けて検討しており，2018年度には改正の方向で進捗している．

表 1.1 **JIS Z 2300** に記載する予定の用語の分類項目と対応国際規格

（2018 年 2 月現在）

試験方法	語数	対応する ISO 規格など
共通及び一般	199	ISO/TS 18173:2005, Non-destructive testing—General terms and definitions
放射線透過試験	273	ISO 5576:1997, Non-destructive testing—Industrial X-ray and gamma-ray radiology—Vocabulary
超音波探傷試験	300	ISO 5577:2017, Non-destructive testing—Ultrasonic inspection—Vocabulary
アコースティック・エミッション試験	79	ISO 12716:2001, Non-destructive testing—Acoustic emission inspection—Vocabulary
磁粉探傷試験	126	ISO 12707:2016, Non-destructive testing—Magnetic particle testing—Vocabulary を参考とした．
浸透探傷試験	47	ISO 12706:2009, Non-destructive testing—Penetrant testing—Vocabulary
渦電流探傷試験	76	ISO 12718:2008, Non-destructive testing—Eddy current testing—Vocabulary
漏れ（リーク）試験	153	ISO 20484:2017, Non-destructive testing—Leak testing—Vocabulary を参考とした．
ひずみ試験	113	ISO 規格又は関連する海外規格が存在しないため引用せず．
目視試験	35	ISO 規格が存在しないため ASME Code Sec.V Art.9 Visual Examination を参考とした．
赤外線サーモグラフィ	48	ISO 10878:2013, Non-destructive testing—Infrared thermography—Vocabulary

1.2 JIS Z 3021：2016（溶接記号）

溶接部の非破壊試験記号は附属書 JA（規定）として記述されている．この附属書では溶接部の非破壊試験記号及びその表示方法で，試験方法記号が

- ・RT：放射線透過試験
- ・UT：超音波透過試験
- ・MT：磁粉探傷試験
- ・PT：浸透探傷試験
- ・ET：渦電流探傷試験
- ・VT：目視試験
- ・SM：ひずみ（測定）試験
- ・LT：漏れ（リーク）試験
- ・PRT：耐圧試験
- ・AE：アコースティック・エミッション試験

の 10 方法，そして補助記号として，

- ・N：垂直探傷
- ・A：斜角探傷
- ・S：溶接線の片側からの探傷
- ・B：溶接線を挟む両面からの探傷
- ・W：二重壁撮影
- ・D：非蛍光探傷
- ・F：蛍光探傷
- ・○：全線試験
- ・△：部分試験（抜取試験）

の計 9 個が取り上げられている．

表示の方法は，

1) 溶接記号の尾に表示する
2) 溶接記号に基線を追加し表示する

3) 溶接部に溶接記号と別に非破壊試験記号だけを表示する
三つのうちのいずれかによることを規定している.

　管及びフランジについて非破壊試験記号の具体例を図 1.1 に示す.

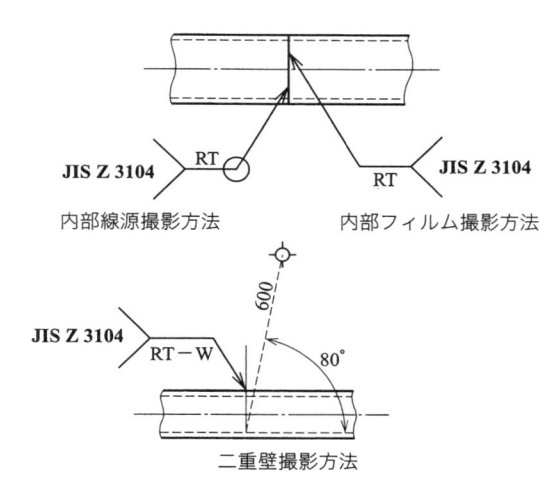

放射線源イリジウム（^{192}Ir）を用いて，照射角 80°，フィルム線源間距離を
600 mm の位置とする場合.

（**a**）　管の撮影方法の例

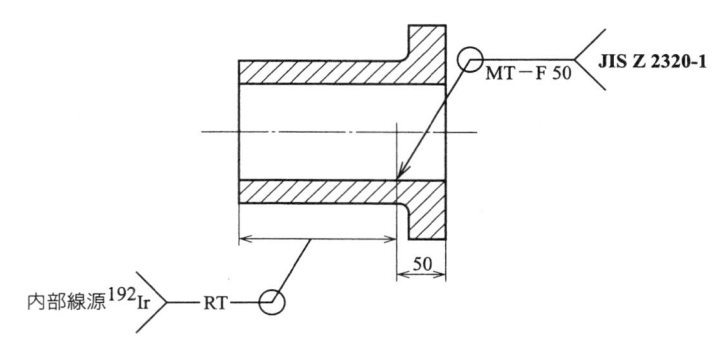

^{192}Ir 内部線源による撮影　フランジ端面から 50 mm 内は全周蛍光磁粉探傷

（**b**）　全周試験の例

図 1.1　非破壊試験記号の具体例

第2章

機器・構造物と非破壊試験

　非破壊試験は，製品の品質保証，製品製造時の施工条件の決定，事故解析など，さまざまな方面で適用される．特に，機器・構造物の品質保証及び信頼性評価への適用は極めて重要で，それらの役割について解説した．適用する非破壊試験の種類及び特徴については，対象となる材料や部位との関係で整理して解説した．また，機器・構造物に発生するきずの種類についても概説し，それらを検出するために適した非破壊試験手法について解説した．

2.1　非破壊試験の役割

　非破壊試験（NDT：Non-Destructive Testing）は，対象となる被検査物を破壊することなく，その健全性，性能，きずの存在状態などを調べる手法で，調べた後に合否の判断を下す場合には，非破壊検査（NDI：Non-Destructive Inspection）と称される．非破壊検査の分野では，JIS Z 2300:2009（非破壊試験用語）において定義されているように，非破壊試験の結果から判断される不連続部を "きず" と称し，その "きず" が規格や仕様書などで規定された判定基準を超え不合格となる場合に "欠陥" と称する．これは産業界の意見を考慮して，欠陥という用語を安易に多用することを避けたものであるが，非破壊検査以外の分野においては，きずと欠陥の区別なく用いられることが少なくない．

　きずあるいは欠陥の種類については，JIS Z 2300 などに，その定義と解説がされている．溶接欠陥については，国内では，JIS Z 3001-1 ～ 6:2008～2018（溶接用語　第 1 部～第 6 部）に，海外では ISO 6520-1:1998（Welding and allied processes — Classification of geometric imperfections in metallic materials — Part1:Fusion welding）などに，その定義がされている．溶接以外の鋳造，鍛造などその他の分野における欠陥については，それぞれの製造方法や機器の種類など，関連する JIS の中で一部規定されている．代表的なきずの種類を表 2.1 に示す．なお，非破壊試験技術者の資格試験に用いられる試験体とそこに内在するきずについては，ISO/TS 22809:2007（Non-destructive testing — Discontinuities in specimens for use in qualification examinations）に技術規定がある．

　非破壊試験は，製品の品質保証，製品製造時の施工条件の決定，事故解析など，さまざまな方面で適用される．これらの非破壊試験の適用において，最も広く用いられるのは機器・構造物の品質保証や信頼性評価への適用で，その主な目的は以下の二つに大別できる．

　　①　製造工程における品質管理

表 2.1 きずの種類

発生部		きずの種類
製造時	鋼板	ひび割れ，かき込みきず，かききず，すりきず，へげ，スケールきず，中心部偏析，非金属介在物，ラミネーション 他
	鋳鋼品	ピンホール，ブローホール，引け巣，ザク巣，砂かみ，のろかみ，割れ，鋳肌不良 他
	鍛鋼品	非金属介在物，砂きず，砂かみ，ざくきず，白点，偏析きず，焼割れ 他
	溶接部	割れ（高温割れ，低温割れ，再熱割れ），溶込み不良，融合不良，スラグ巻込み，ブローホール，アンダカット，オーバラップ 他
供用中		粒界腐食割れ，応力腐食割れ，シグマ脆化，疲労割れ，キャビテーション，熱応力割れ，腐食，クリープ，水素誘起割れ，水素侵食 他

② 供用期間中における安全性評価又は寿命予測

上記①は，鋳造，鍛造，溶接などの施工工程における品質管理において，JIS で規定するきずの分類による判定に代表されるものである．

上記②は，供用中の定期検査などにおける非破壊試験で検出されたきずについて，破壊力学によって許容できるか否かを評価するものである．これに関して，例えば一般溶接構造物に用いられる鋼材を対象とした溶融溶接継手の割れ又はそれに準ずる平面状欠陥からのぜい性破壊及び各種欠陥より生じた疲労亀裂の進展による損傷とぜい性破壊への移行に対する評価方法について，国内では日本溶接協会規格 WES 2805:2011（溶接継手のぜい性破壊発生及び疲労亀裂進展に対する欠陥の評価方法）に規定されており，海外では BS 7910:2013（Guide to methods for assessing the acceptability of flaws in metallic structures）及びASME Boiler and Pressure Vessel Code: Section XI:2010（Rules for Inservice Inspection of Nuclear Power Plant Components）での規定が挙げられる．

一方，従来設計とは異なる新しい材料や溶接継手設計を行う機器・構造物の製作においては，事前に施工方法の確立や確認が行われる．これは，選定した

施工条件で健全な材料や継手が製作できることを確認あるいは実証するためであるが，その際の材料や継手の健全性の確認や分析・評価に非破壊試験の適用が重要となる．非破壊試験を行うことなく，断面の組織観察や機械試験だけでは，部材からサンプリングした局部のみを評価して，確率的に生じるきずの発生を見逃してしまう可能性がある．

　さらに，非破壊試験は，機器・構造物の破壊事故の解析や事故後の対策としても活用される．破壊事故の際には，短期間に原因究明が求められることもあり，事故原因となったき裂発生部や材質劣化部を直接に破壊試験により早急に観察することが重要視されるが，特定の断面や局部の情報だけでなく，試験範囲全体の情報を得るために非破壊試験が重要となる．

2.2　非破壊試験の種類と特徴

　非破壊試験方法の選定は，試験対象物の材質・形状，きずの位置・種類・形状，検出能力，測定精度及び経済性など，さまざまな要因を考慮して行われるが，きずの位置については，表層部と内部に分けて考えるのが一般的である．

2.2.1　表層部のきずの検出

表層部のきずの検出における代表的な手法としては，外観試験，磁気探傷試験，浸透探傷試験，渦電流試験がある．国内では，

- ・JIS Z 2316-1:2014（非破壊試験—渦電流試験—第 1 部：一般通則）
- ・JIS Z 2316-2:2014（非破壊試験—渦電流試験—第 2 部：渦電流試験器の特性及び検証）
- ・JIS Z 2316-3:2014（非破壊試験—渦電流試験—第 3 部：プローブの特性及び検証）
- ・JIS Z 2316-4:2014（非破壊試験—渦電流試験—第 4 部：システムの特性及び検証）
- ・JIS Z 2319:2018（漏えい磁束探傷試験方法）

・JIS Z 2320-1:2017（非破壊試験―磁粉探傷試験―第 1 部：一般通則）

・JIS Z 2320-2:2017（非破壊試験―磁粉探傷試験―第 2 部：検出媒体）

・JIS Z 2320-3:2017（非破壊試験―磁粉探傷試験―第 3 部：装置）

・JIS Z 2343-1:2017（非破壊試験―浸透探傷試験―第 1 部：一般通則：
浸透探傷試験方法及び浸透指示模様の分類）

・JIS Z 2343-2:2017（非破壊試験―浸透探傷試験―第 2 部：浸透探傷剤
の試験）

・JIS Z 2343-3:2017（非破壊試験―浸透探傷試験―第 3 部：対比試験片）

・JIS Z 2343-4:2017（非破壊試験―浸透探傷試験―第 4 部：装置）

・JIS Z 2343-5:2012（非破壊試験―浸透探傷試験―第 5 部：50℃ を超え
る温度での浸透探傷試験）

・JIS Z 2343-6:2012（非破壊試験―浸透探傷試験―第 6 部：10℃ より低
い温度での浸透探傷試験）

・JIS Z 3090:2005（溶融溶接継手の外観試験方法）

・JIS H 0502:1986［銅及び銅合金管のか（渦）流探傷試験方法］

などの規格がよく用いられる．表 2.2，表 2.3 に，外観試験は除き，表層部の
きずの検出に適した非破壊試験方法を示した．表 2.2 には，材料に応じた表層
部のきずの非破壊試験方法を分類しており，オーステナイト系の鉄鋼材料には
磁気探傷試験が適用できないことに注意しなければならない．表 2.3 には，表
層部の各種のきずの検出に適した非破壊試験方法を示しているが，浸透探傷試
験では表面が開口したきずのみが対象で，磁気探傷試験，渦電流探傷試験及び
電気抵抗法では，きずの上端までがサブミリオーダの深さのきずが主な対象と
なる．

　その他，表層部のきずの検出における各非破壊試験方法の実用上の特徴には
次のような事項がある．磁気探傷試験は疲労き裂など幅の狭いきずまで検出が
可能であるが，形状の不連続部や異材境界部などでは疑似指示が出る場合もあ
る．また，磁化方向に平行なきずの検出ができないため 2 方向の磁化が必要
となる．浸透探傷試験は試験が簡便で疲労き裂などの幅の狭いきずを除けば検

表2.2　材質に応じた表層部のきずの非破壊試験方法

試験対象材料	適用可能な試験方法
導電性材料 （強磁性体）	◎磁気探傷試験 ◎浸透探傷試験 ○渦電流探傷試験 　電気抵抗法 　赤外線サーモグラフィ 　超音波探傷試験 　放射線透過試験 　AE 試験
導電性材料 （常磁性体） （非磁性体）	◎浸透探傷試験 ○渦電流探傷試験 　電気抵抗法 　赤外線サーモグラフィ 　超音波探傷試験 　放射線透過試験 　AE 試験
非導電性材料	◎浸透探傷試験 　赤外線サーモグラフィ ○超音波探傷試験 　放射線透過試験 　AE 試験

◎：使用頻度が高いもの
○：比較的使われるもの

出能力も高いが，ブラストをかけた場合や浸透液を過洗浄してしまった場合に
はきずの検出が困難になる．また，凹凸のある溶接の余盛部ではきずと疑似指
示の判別がしにくい．渦流探傷試験は探傷のプローブを小さくでき結果を電気
信号として処理できるため，細管の自動検査などが高速でできるが，誘導電流
に平行なきずの検出ができなく，幅の狭いきずの検出能力も十分でない．表層
部のきずに対して，電気抵抗法，赤外線サーモグラフィ，超音波探傷試験，放
射線透過試験及び AE 試験が使われることは多くはないが，試験対象物が特殊
な環境下や測定条件にある場合などに，それぞれの手法の特徴を活かした利用

表 2.3　表層部の各種のきずの検出に適した非破壊試験方法

きずの位置	きずの種類／形状	適した試験方法
表面	平面状のきず （割れ，癒合不良，溶込み不良など）	◎磁気探傷試験 ◎浸透探傷試験 ○渦電流探傷試験 　電気抵抗法 　赤外線サーモグラフィ ○超音波探傷試験 　AE 試験
	球状のきず （ピンホール，ブローホールなど）	◎浸透探傷試験 　放射線透過試験 　（超音波探傷試験）
	充填されたきず （スラグ巻込み，非金属介在物など）	◎磁気探傷試験 ○渦電流探傷試験 　電気抵抗法 　赤外線サーモグラフィ 　放射線透過試験 　超音波探傷試験
表面直下	平面状のきず （割れ，癒合不良，溶込み不良など）	◎磁気探傷試験 ○渦電流探傷試験 　電気抵抗法 　赤外線サーモグラフィ ○超音波探傷試験 　AE 試験
	球状のきず （ピンホール，ブローホールなど）	放射線透過試験 　（超音波探傷試験）
	充填されたきず （スラグ巻込み，非金属介在物など）	◎磁気探傷試験 ○渦電流探傷試験 　電気抵抗法 　赤外線サーモグラフィ 　放射線透過試験 　超音波探傷試験

◎：使用頻度が高いもの
○：比較的使われるもの

がなされる．なお，一般には表層部のきずの検出手法とは別に分類されるが，表層部から裏面まで貫通したきずの検出には，JIS Z 2329:2002（発泡漏れ試験方法），JIS Z 2330:2012（非破壊試験—漏れ試験方法の種類及びその選択）などに規定される漏れ試験が行われる．

2.2.2　内部のきずの検出

　内部，裏面及び裏面直下のきずの検出における代表的な手法としては，放射線透過試験及び超音波探傷試験がある．国内では，

　　・JIS Z 3104:1995（鋼溶接継手の放射線透過試験方法）
　　・JIS Z 3060:2015（鋼溶接部の超音波探傷試験方法）

などの規格がよく用いられる．表2.4～表2.6に，内部のきずの検出に適した非破壊試験方法を示した．表2.4には，きずの位置及び肉厚に応じた非破壊試験方法を示したが，肉厚範囲は目安としての寸法を記載しており，明らかな肉厚の境界を示すものではない．また，ここでは実用上便利なように，内部，裏面及び裏面直下に分けて示した．試験対象物の肉厚については，放射線透過試験が薄肉に，超音波探傷試験が厚肉に有効である．表2.5には，内部の各種のきずの検出に適した非破壊試験方法を示している．平面状のきずの検出には超音波探傷試験が，体積状のきずの検出には放射線透過試験が有効である．しかし，放射線透過試験については，厚肉になるに従ってきずの検出能力は低下するものの，薄肉の場合には平面状のきずでも十分に検出できることが多く，一方で，超音波探傷試験は，薄肉の場合にはきずの検出が困難になる場合もあり，試験対象部位とそれぞれの非破壊試験方法の特徴を十分に把握した選択が極めて重要になる．表2.6には，内部のきずの情報を得るのに適した非破壊試験方法を示した．放射線透過試験は，試験結果をフィルム上で像として識別できるために，記録性もよく，きずの種類の判別及び形状の測定が比較的容易である．

　一方，超音波探傷試験の場合は，直接得られる結果が超音波の伝搬時間及び強度であり，放射線透過試験に比べてきずの種類及び形状の識別能力は劣る．しかし，超音波探傷試験についての推定も可能である．内部のきずの検出に対

表 2.4 内部のきずの位置及び肉厚に応じた非破壊試験方法

きずの位置	肉厚範囲	適用可能な試験方法
内部	約 6 mm 未満	◎放射線透過試験 ○超音波探傷試験 （渦電流探傷試験） （電気抵抗法） （赤外線サーモグラフィ） AE 試験
	約 6 mm 以上 50 mm 未満	◎放射線透過試験 ◎超音波探傷試験 AE 試験
	約 50 mm 以上 100 mm 未満	○放射線透過試験 ◎超音波探傷試験 AE 試験
	約 100 mm 以上	放射線透過試験 ◎超音波探傷試験 AE 試験
裏面及び 裏面直下 （裏面からの アプローチが 不可の場合）	約 6 mm 未満	◎放射線透過試験 ◎超音波探傷試験 （渦電流探傷試験） （電気抵抗法） （赤外線サーモグラフィ） AE 試験
	約 6 mm 以上	放射線透過試験 ◎超音波探傷試験 AE 試験

◎：使用頻度が高いもの
○：比較的使われるもの

して，渦電流探傷試験，電気抵抗法，赤外線サーモグラフィ及び AE 試験が使われることは少ないが，試験対象物が特殊な環境下や測定条件にある場合などに，それぞれの手法の特徴を活かした利用がなされる．

表 2.5　内部の各種のきずの検出に適した非破壊試験方法

きずの肉厚	きずの種類／形状	適した試験方法
薄肉	平面状のきず (割れ，癒合不良，溶込み不良など)	◎放射線透過試験 ○超音波探傷試験 　渦電流探傷試験 　電気抵抗法 　赤外線サーモグラフィ 　AE 試験
	体積状のきず (スラグ巻込み，非金属介在物など)	◎放射線透過試験 ○超音波探傷試験 　渦電流探傷試験 　電気抵抗法 　赤外線サーモグラフィ 　AE 試験
厚肉	平面状のきず (割れ，癒合不良，溶込み不良など)	○放射線透過試験 ◎超音波探傷試験 　AE 試験
	体積状のきず (スラグ巻込み，非金属介在物など)	○放射線透過試験 ○超音波探傷試験 　AE 試験

◎：使用頻度が高いもの
○：比較的使われるもの

2.2.3　貫通したきずの検出

(1) 液体漏れ試験で，浸透液を使用した漏れ試験は浸透探傷試験に用いる浸透液及び現像剤によって漏れを検出する方法で，試験体の片側に浸透液を，反対側に現像剤を塗布して漏れ部分から浸透液を吸い出す．漏れの状態の観察は白地に赤色又は暗所での蛍光による浸透液の指示模様によって行い，きずを検出する．

(2) ヘリウム漏れ試験で，吸盤法(サクションカップ法)は試験体の内部にサーチガスを封入し，試験体に押しあてたサクションカップによって試験体の外側に流出してくるサーチガスを吸い込んで漏れを検出する．

表 2.6　内部のきずの情報を得るのに適した非破壊試験方法

きずに関する情報	適した試験方法
きずの種類	◎放射線透過試験 ○超音波探傷試験 　渦電流探傷試験
きずの長さ	◎放射線透過試験 ○超音波探傷試験 　渦電流探傷試験
きずの高さ	放射線透過試験 ○超音波探傷試験 　渦電流探傷試験
きずの深さ位置	放射線透過試験 ◎超音波探傷試験 　渦電流探傷試験

◎：使用頻度が高いもの
○：比較的使われるもの

(3) 発泡漏れ試験で，真空箱による方法は発泡液を試験体表面に塗布し，表面に押しあてた真空箱に排気装置を取り付けて排気し，外側からの気体の漏れを表面の発泡液の状態を観察することによって漏れを検出する．

参 考 文 献

1)　JIS Z 3001-1〜6:2008〜2018（溶接用語 第 1 部〜第 6 部）
2)　ISO 6520-1:1998(MOD)（Welding and allied processes — Classification of geometric imperfections in metallic materials — Part1:Fusion welding）
3)　ISO/TS 22809:2007（Non-destructive testing — Discontinuities in specimens for use in qualification examinations）
4)　WES 2805:2011（溶接継手のぜい性破壊発生及び疲労亀裂進展に対する欠陥の評価方法）
5)　非破壊試験技術総論，日本非破壊検査協会，2004
6)　非破壊検査技術者のための金属材料概論，日本非破壊検査協会，2008
7)　新版接合技術総覧編集委員会編：新版接合技術総覧，産業技術サービスセンター，1994
8)　［非破壊検査技術シリーズ］漏れ試験 I 2012，日本非破壊検査協会

第3章

非破壊試験規格の解説と
運用上の留意点

　非破壊試験方法における各種規格は，それぞれ制定の経緯と歴史があり，技術的観点からこれらを知ることは，方法の規格を活用する上で，極めて有効である．このような点を踏まえて，本章では，JISとして制定されている放射線透過試験，超音波探傷試験，磁粉探傷試験，浸透探傷試験，渦電流試験，アコースティック・エミッション試験，漏れ試験及び外観（目視）試験に関して，制定されている規格に至る内容の技術的背景などをも交えて解説するとともに，それらを運用する場合の留意点について取り上げている．

3.1　放射線透過試験

　放射線透過試験に関する規格は，そのほとんどが試験対象物として材料（鋳鋼品など）と溶接部（鋼溶接継手など）の試験方法に大別され，試験装置（工業用 X 線装置など），機材（放射線透過試験用透過度計，階調計，工業用放射線透過写真観察器など）については，それぞれの方法の中で取り上げた．これらの方法はフィルムを用いての試験方法である．2017 年に溶接継手を対象としたデジタルラジオグラフィの規格が制定されたため，これに関する規格について述べるとともに，この規格の中で用いられる像質計についての規格も併せて制定されたためこれについても記述する．また，非破壊試験技術者の資格及び認証に関しては第 5 章に後述しているが，ここでは，溶接部の放射線透過試験に限定して技術検定に関する規格として JIS Z 3861 を述べる．一方，計測器（X 線及びγ線用エリアモニタなど）に関する規格については，放射線透過試験の撮影において安全を確保するために重要であることから関連する JIS を挙げ，簡単に記述している．放射線透過試験に関する JIS は試験・測定の方法及び装置の性能，対象となる材料そして材料の接合部に大別され，それぞれに関わる JIS を示すと表 3.1.1 となる．

3.1.1　材料関連規格

　材料に関連する規格としては以下の 2 件を挙げることができる．

3.1.1.1　JIS G 0581：1999（鋳鋼品の放射線透過試験方法）

　鋳鋼品の放射線透過試験方法［JIS G 0581：1999，ISO 5579：1998（MOD）］は鋳鋼品の X 線又はγ線によるきずの検出を目的とし，工業用 X 線フィルムを用いた直接撮影による方法に限ることの規定である．ここでの透過写真の像質は A 級及び B 級に分けているが，これは製品の用途によって適用するのではなく，バルブ等の形状が複雑で，かつ，試験部の肉厚の変化が大きい試験体には A 級を適用するものとし，平板試験体に近いものに B 級を適用すること

表 3.1.1 放射線透過試験に関わる **JIS** の分類

分類	適用項目	JIS 番号
(1) 試験・測定の方法，装置の性能	工業用X線写真フィルム―第1部：工業用X線写真フィルムシステムの分類	JIS K 7627:1998
	放射線透過試験用透過度計	JIS Z 2306:2015
	放射線透過試験用複線形像質計による像の不鮮鋭度の決定	JIS Z 2307:2017
	溶接継手の放射線透過試験方法―デジタル検出器によるX線及びγ線撮影技術	JIS Z 3110:2017
	溶接部の放射線透過試験の技術検定における試験方法及び判定基準	JIS Z 3861:1979
	X線及びγ線用エリアモニタ	JIS Z 4324:2017
		JIS Z 4344:2017
	X線及びγ線用線量計測装置	JIS Z 4345:2017
		JIS Z 4346:2017
	X線，γ線及びβ線用線量当量(率)サーベイメータ	JIS Z 4333:2014
	工業用γ線装置	JIS Z 4560:1991
	工業用放射線透過写真観察器	JIS Z 4561:1992
	工業用X線装置	JIS Z 4606:2007
	工業用X線装置の実効焦点寸法測定方法	JIS Z 4615:2007
(2) 対象となる材料	鋳鋼品の放射線透過試験方法	JIS G 0581:1999
	アルミニウム鋳物の放射線透過試験方法及び透過写真の等級分類方法	JIS H 0522:1999
	炭素繊維強化プラスチック板のX線透過試験方法	JIS K 7091:1996
(3) 材料の接合部	鋼溶接継手の放射線透過試験方法	JIS Z 3104:1995
	アルミニウム溶接継手の放射線透過試験方法	JIS Z 3105:2003
	ステンレス鋼溶接継手の放射線透過試験方法	JIS Z 3106:2001
	チタン溶接部の放射線透過試験方法	JIS Z 3107:1993

にしている.

　鋳鋼品は複雑な形状をし，その断面も肉厚差の大きいものが多いため，1回の撮影でできるだけ広い範囲を試験できるようにするため，複合フィルム撮影方法を適用することができることとしている．複合フィルム撮影方法はマルチフィルム撮影方法ともいい，一つのフィルムカセットに同一感度又は異なる感度のフィルムを2枚以上装填して，撮影を行う．得られた透過写真の観察は高濃度部については1枚の透過写真で行うが，低濃度部は透過写真を2枚重ねて観察する場合もある．2枚重ねる場合，透過度計，視野マーク，その他のマークを透過写真上で，完全に重ね合わせて観察することが重要である．撮影において透過写真の良否を判断する尺度として，最低1個の透過度計の使用が必要であるとした．

　一方，像の分類において，試験視野の位置決めによる個人差を少なくするため，試験視野の形状を正方形から円形とし，試験視野の決め方を容易にした．欠陥（きず）が試験視野の境界線上にかかる場合，対象とする部分に存在する欠陥（きず）のうち，欠陥の等級（分類）に大きく影響する主なものを試験視野の内側に入れるように位置を決め，その結果，やむを得ず欠陥（きず）が境界線上にかかる場合は，視野外の部分を含めて測定することとし，試験視野をいたずらに拡大しないようにした．等級分類方法（1999年からは"きずの像の分類"という表現に変更）にあっては欠陥（きず）の存在状態を数量的な表示方法により，等級分類することとし，ASTMの標準写真を基に，その結果がASTMの基準にほぼ対応するように定めている．

　この規格は1968年に制定された規格であるが，1998年に提案されたISO 5579:1998（Non-destructive testing — Radiographic examination of metallic materials by X-and gamma rays — Basic rules）を基に対応する部分については対応国際規格を翻訳し，技術的内容を変更することなく，従来のJIS G 0581で，対応国際規格にない項目を追加したMOD（Modified，修正）規格であり，2014年に確認を行っている．

3.1.2.2 JIS H 0522:1999 （アルミニウム鋳物の放射線透過試験方法及び透過写真の等級分類方法）

当初，JIS Z 2341（金属材料の放射線透過試験方法）をアルミニウム鋳物に適用するには問題が少なくなかったため，(社)軽金属協会から提出された原案を非鉄金属部会アルミニウム鋳物のX線試験専門委員会で審議し，JIS H 0522:1969（アルミニウム鋳物の放射線透過試験方法及び透過写真の等級分類方法）として 1969 年に制定された規格である．当時の JIS Z 3105 及び JIS G 0581 と同様な考え方を基準としている．ここでは，マグネシウム及びその合金鋳物を含めた軽合金鋳物について適用することも考えられたが，マグネシウム及びその合金鋳物についてはその発生する欠陥その他に特殊性があり，この規格ではアルミニウム及びその合金鋳物に限ることとしている．なお，アルミニウム及びその合金鋳物のダイカストについては広義にアルミニウム鋳物と考え，適用できることとしている．また，適用する放射線として，X線に限らず，γ線の使用が可能である．アルミニウム鋳物のX線又はγ線の透過写真による試験方法及び透過写真の等級分類方法について規定しているものの，1992年に発行された ISO 9915:1992（Aluminium alloy castings ― Radiography testing）を基に対応する部分について，技術的内容を変更することなく改正した規格で，2013 年に確認を行っている．

3.1.2 溶接部関連規格

溶接に関連する規格としては鋼溶接継手，アルミニウム溶接継手，ステンレス溶接継手，チタン溶接部が挙げられる．この場合の試験対象は図 3.1.1 に示すように，溶接金属及び熱影響部更に母材の一部を含む部分である．鋼溶接継手及びアルミニウム溶接継手の技術的内容が他の規格のそれを包含していることから，ここでは JIS Z 3104:1995（鋼溶接継手の放射線透過試験方法）及び JIS Z 3105:2003（アルミニウム溶接継手の放射線透過試験方法）を主に述べ，ステンレス溶接継手及びチタン溶接部については簡単に触れる．

鋼溶接継手に関する規格は，工業用X線フィルムを用いてX線又はγ線に

よる直接撮影方法によって試験を行う放射線透過試験方法について規定し，1968年に制定された規格であるが，歴史は深く1955年に金属材料の放射線透過試験方法を規定したJIS Z 2341のうちから，鋼溶接継手の放射線透過試験方法，及び透過写真の等級分類方法を分離独立させることによって専門性を高めた規格とすることで制定に至っている．1967年から半年かけて日本工業標準調査会で審議され，1968年に鋼溶接継手の放射線透過試験方法及び透過写真の等級分類方法としてJIS Z 3104が誕生している．その後1995年まで改正されることなく活用されてきたが，この間の放射線試験に関する研究成果から，多くの改廃しなければならない不明確な点及び不備の点が明らかとなってきた．

　そこで，溶接技術に関連する規格の整備と内容の充実に対して調査研究を継続し，1987年に日本溶接協会規格WES 2011（鋼板の突合せ溶接継手の放射線透過試験方法及び透過写真の等級分類方法）を制定している．

　一方，規格化が強く望まれていた鋼管及びT溶接継手に関連する規格の制定あるいは改正には，すでに制定されていたJIS Z 3108（アルミニウム管の円周溶接部の放射線透過試験方法），JIS Z 3109（アルミニウムのT形溶接部の放射線透過試験方法）の内容を参考にして，1988年にWES 2012（鋼管の突合せ溶接継手の放射線透過試験方法及び透過写真の等級分類方法）を，さらに1990年にWES 2013（鋼管の長手溶接継手の放射線透過試験方法及び透

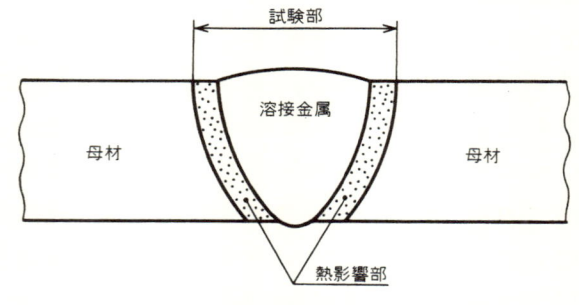

図 3.1.1　試験部の定義
出所：JIS Z 3104 解説図1

過写真の等級分類方法）及び WES 2014（鋼板の T 及び角溶接継手の放射線透過試験方法及び透過写真の等級分類方法）をまず制定し，JIS Z 3104 における技術的課題を抽出して，改正方針を明確にした．1992 年に改正のための準備委員会を発足させ，3 回の委員会を経て，1993 年に関連産業界・学協会で構成する改正原案調査作成委員会を設置して 6 回の審議を経て改正案をまとめている．

改正のための基本方針としては，規格の内容には放射線透過試験に関する最新の技術を採用すること，対応国際規格として ISO 1106-1 〜 3 及び ISO 5579 に可能な限り整合させること，対応国際規格に規定されてない場合でも，国内外で規定している試験方法及び技術的に必然性のある内容は規格化することである．

以上は，放射線透過試験においてフィルムを用いる方法であるが，最近デジタルラジオグラフィ及びラジオスコピーが適用されるようになってきた．デジタルラジオグラフィについては ISO 規格が制定されたのを受けて，国内でも適用のニーズが高まってきたこともあり，JIS が制定されている．また，デジタルラジオグラフィの適用にあたっては，従来のフィルムを用いる方法で使われている透過度計に相当する像質計が不可欠であることから，複線形像質計の JIS Z 2307 が制定されている．

3.1.2.1 JIS Z 3104：1995（鋼溶接継手の放射線透過試験方法）

(1) 附属書

規格は本体と附属書で構成し，共通事項を本体に集約し，附属書 1 として，鋼板の突合せ溶接継手及び撮影時の幾何学的条件がこれと同等と見なせる溶接継手，附属書 2 として鋼管の円周溶接継手，附属書 3 として鋼板の T 溶接継手について，撮影配置と透過写真の必要条件を附属書にまとめている．また，透過写真によるきずの像の分類方法は附属書 4 となっている．

(a) 附属書 1 については，鋼板の突合せ溶接継手であり，その撮影配置を図 3.1.2 に示しているが，基本的にはアルミニウム溶接継手の場合も同様となっ

ている.

(b) 附属書2として鋼管の円周溶接継手に関して，内部線源撮影方法は放射線が試験対象となる溶接継手を1回透過するだけであり，鋼板の溶接継手の場合と比較して透過写真の像質に本質的な相違はない.この点では，内部フィルム撮影方法も1回透過するだけであり，内部線源撮影方法の場合と同様である.しかし，この方法では，有効長さの中央から円周方向に距離が大きくなるに従って透過厚さが急激に増加するため透過度計の識別の程度は低下することに留意が必要である.

一方，放射線が二重に透過する図3.1.3に示す二重壁片面撮影方法での試験対象はフィルムを取り付けた側の溶接継手だけであり，このことを考慮した像質が基本となる.JIS Z 3104の場合の像質の区分を表3.1.2に示す.高い検出感度を必要とする場合はA級を，通常の撮影技術の適用が困難な場合はP1級を適用することができる.このとき肉厚方向に入った縦割れ及び溶込み不良に対して放射線の照射角度が大きくならないようにする必要がある.試験部の

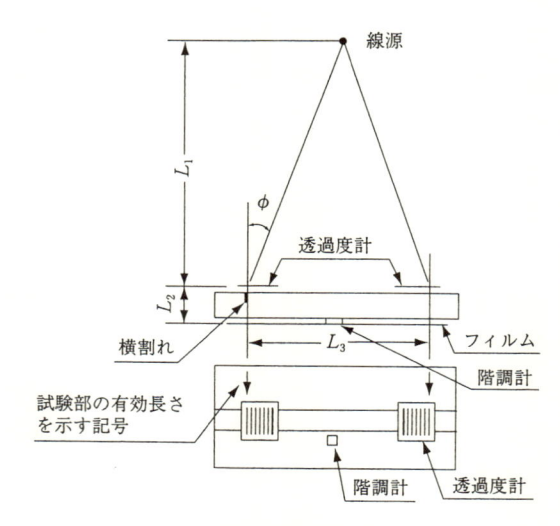

図3.1.2　撮影配置
出所：文献1)

有効長さの中央に相当する部分で照射角度 15° 以内を考慮して X 線装置を配置する必要があるが，透過写真の像質を向上させる観点から焦点寸法が小さくなる方向への X 線装置の移動に配慮する必要がある．なお，X 線の照射角度は一般に 40° 程度である．

二重壁両面撮影方法では線源側の溶接継手はフィルム側の溶接継手から管の

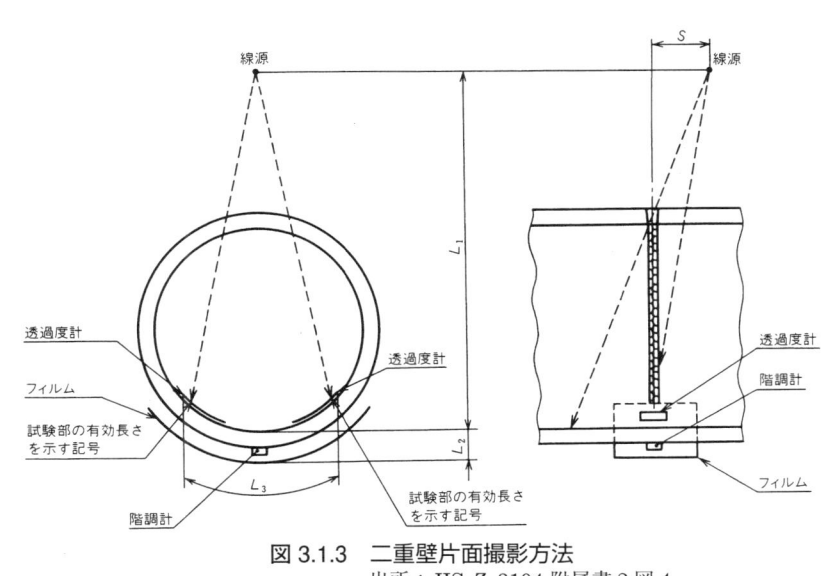

図 3.1.3　二重壁片面撮影方法
出所：JIS Z 3104 附属書 2 図 4

表 3.1.2　JIS Z 3104 の透過写真の像質の適用区分
出所：JIS Z 3104 附属書 2 表 1

撮影方法	像質の種類		
内部線源撮影方法	A級　　B級*	P1級**	
内部フィルム撮影方法	A級　　B級*	P1級**	
二重壁片面撮影方法	A級*	P1級	P2級**
二重壁両面撮影方法		P1級*	P2級

注　* 　高い検出感度を必要とする場合に適用する．
　　**　通常の撮影技術の適用が困難な場合に適用する．

直径分だけフィルムから離れるため，線源寸法と撮影配置の幾何学的条件から線源側の像はフィルム側の像よりぼけが生じるとともに透過写真のコントラストが低下する．このため適用できる像質の基本は P2 級として階調計の使用する必要がない．したがって，この方法の適用は管の外径が 100 mm 程度以下にすることが望ましい．なお，肉厚方向へ入った横割れに対する照射角度を例えば，15° とすると，内部フィルム撮影方法では試験部の有効長さは管の円周長さの 1/12 以下，二重壁片面撮影方法での試験部の有効長さは管の円周長さの 1/6 以下となるが，線源を無限遠の位置にすると全周撮影において 12 枚の撮影は必要なくなる．

(c)　附属書 3 として鋼板の T 溶接継手では，撮影の幾何学的条件に大きい相違がない部分溶込みの T 溶接継手及び重ね溶接継手にこの附属書を準用することは差し支えない．ここで，透過度計の適用にあたっては通常より低い像質を適用していることから階調計は使用しないで，透過度計のみで像質を評価することになる．撮影において透過厚さの差が大きいことから試験部の全体を透過写真の濃度の良好な範囲に収めることは困難であることが少なくない．そのため，図 3.1.4 に示すように，肉厚補償くさびを適用することによって，透過厚さの差を小さくすることができる．

(2)　像　質

透過写真の像質の種類として，表 3.1.2 に示すように，A 級，B 級，P1 級，P2 級及び F 級の 5 種類とした．そこで，透過写真の像質の適用区分は鋼板の突合せ溶接継手では，A 級，B 級の 2 種類，鋼管の円周溶接継手では撮影方法に応じて，A 級，B 級，P1 級，P2 級の 4 種類，鋼板の T 溶接継手では F 級の 1 種類を規定した．A 級及び B 級は鋼板の突合せ溶接継手を対象とし，B 級の場合は溶接継手の余盛を削除して撮影を行うことを前提に，像質の要求値が決められていることから，その適用は原子力用圧力容器などのように構造物全体として，一段と高い安全性を必要とする場合に限定する必要がある．一方，P1 級及び P2 級は鋼管の円周溶接継手の撮影において放射線が線源側とフィルム側の管壁を二重に透過することによる像質の低下に配慮している．さらに

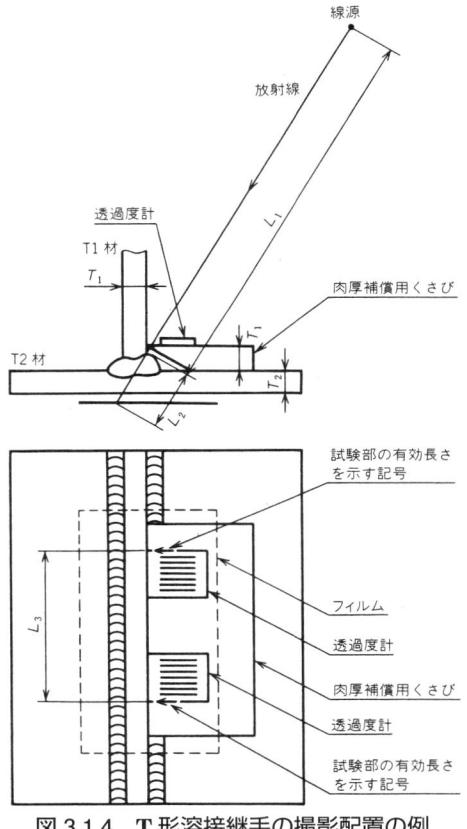

図 3.1.4　T 形溶接継手の撮影配置の例
出所：JIS Z 3104 附属書 3 図 3

F 級は鋼板の T 溶接継手の撮影においても互いに垂直な鋼板に対して斜めに放射線を照射する結果，透過厚さが大きくなるため透過写真のコントラスト（後述）が小さくなり，像質が低下することに配慮している.

(3)　透過度計

透過写真の像質を管理している透過度計はステンレス製の S 形（JIS Z 2306 を参照）も使用できるようにし，従来の形に加えて鋼管の円周溶接継手では帯形透過度計の使用を可能にした. 透過度計の配置は，図 3.1.2 に示すように，

従来線源側にのみの配置であったが，線源側あるいはフィルム側のいずれの配置でも可とした．ただし，フィルム側の使用では透過度計とX線フィルムとの間隔を識別最小線径の10倍以上離すなどの一部の条件を満足する必要がある．その根拠は図3.1.5に示すように線源側に置いた透過度計の透過写真のコントラストに対するフィルム側に置いた透過度計の透過写真のコントラストの比が$L_0/T = 0.2$においてたかだか5％の変化であることから，母材厚さの2％の透過度計の線径が識別最小線径となるためには$d = 0.02\,T$となり，識別最小線径の10倍以上の値が得られる．

(4)　階調計

透過写真の像質を管理している階調計は図3.1.6に示す形状，寸法であり，母材の厚さが20 mmから50 mm以下に適用することに変更し，溶接継手に対してA級及びB級の像質への適用を規定した．ただし，鋼管の円周溶接継手では管の直径100 mm以下の場合はその適用を除外している．階調計の配置は図3.1.2に示すように，フィルム側を原則とし，規定値を満たせば線源側にも配置できることとした．なお，階調計の寸法，形状は1995年以前の旧規格では図3.1.7に示すように三段階であった．一方，階調計の示す値は濃度に

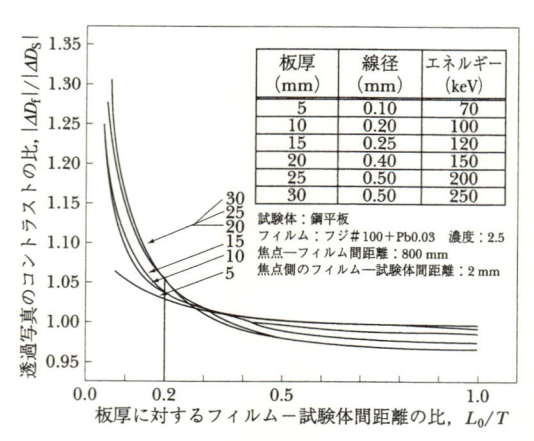

図3.1.5　フィルム―試験体間距離と$|\Delta D_f|/|\Delta D_s|$との関係

よって大きく影響されることから，1995年以降従来の濃度差を濃度で除した濃度差／濃度の値としている．

(5) 引用規格

試験技術者，放射線透過装置，透過度計，観察器及び濃度計は関連規格を呼び出して規定している．

(6) 透過写真のコントラスト

焦点とフィルム間距離は撮影配置の幾何学的条件による透過写真のコントラストの低下に配慮して規定した．直径 d の透過度計に対する透過写真のコントラストを ΔD とすると，次式で表される．

$$\Delta D = -0.434\ \gamma \cdot \mu \cdot \sigma \cdot d/(1 + n) \tag{3.1.1}$$

ここで，γ は X 線フィルムのコントラスト，μ は減弱係数，σ は撮影配置

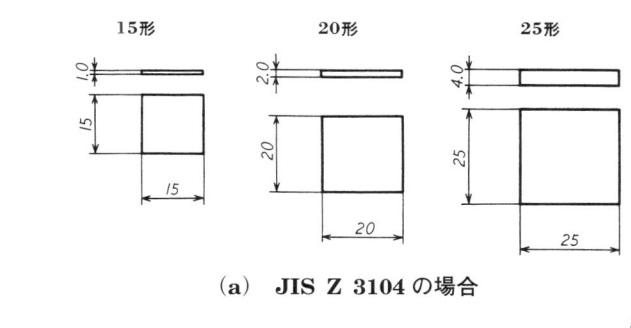

（a） JIS Z 3104 の場合

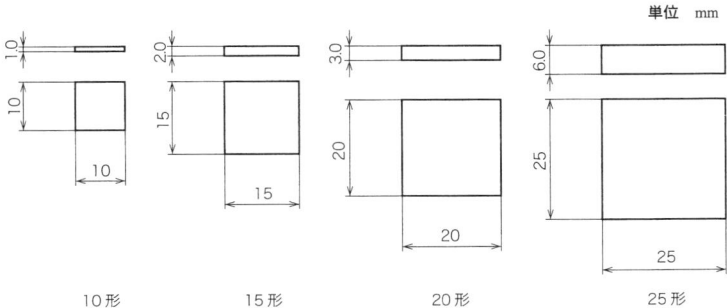

（b） JIS Z 3105 の場合

図 3.1.6 　階調計の種類，構造及び寸法
出所：JIS Z 3104 図 1，JIS Z 3105 図 1

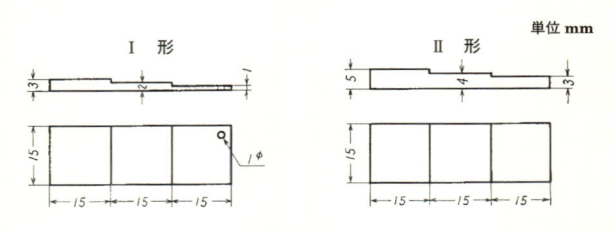

(a)　JIS Z 3104：1968

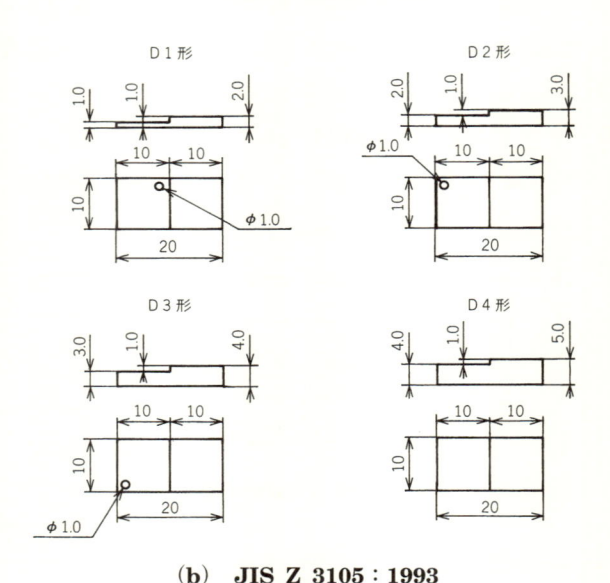

(b)　JIS Z 3105：1993

図 3.1.7　三段階及び二段階の階調計の例
出所：JIS Z 3104:1968, JIS Z 3105:1993

による幾何学的補正係数，n は散乱比で散乱線量率の透過線量率に対する割合であり，撮影にあたって，これらの因子の影響を受け，X 線フィルムのコントラストは X 線のフィルム選定に，減弱係数は管電圧の選定に関係し，散乱比は遮蔽ジグなどを用いてできる限り低減させる工夫が必要である．

　ここで，$\mu /(1+n)$ をパラメータとして，濃度 D と針金形透過度計の識別最小線径 Dmin. との関係を図 3.1.8 に示す．

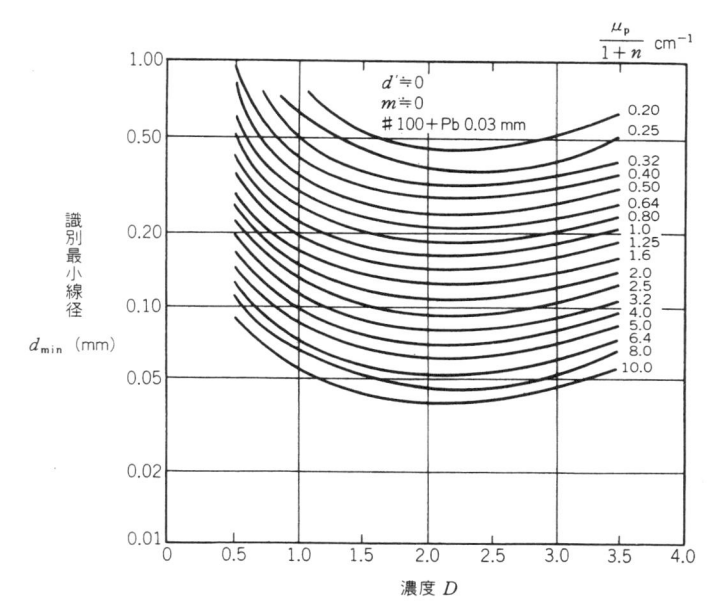

図 3.1.8 $\mu_p/(1+n)$ をパラメータとした濃度(D)と識別最小線径($d_{\min.}$)との関係
（**X 線フィルム #100**，増感紙 **Pb0.03 F&B** の場合）
出所：JIS Z 3104 解説図 10

(7) 像質評価

透過写真の必要条件として，透過度計による透過写真の像質評価は，材厚（母材の厚さに溶接の余盛の高さを加えた厚さ）及び透過度計識別度（識別できた透過度計の線径／材厚を百分率で表示）の概念を廃止し，すべて母材の厚さで区分して識別最小線径で規定し，その規定値は現状で達成できる透過写真の技術的レベルを基準としている．また，階調計による透過写真の像質の評価は階調計の中央の部分と隣接する母材との濃度差を母材部の濃度で除した"濃度差／濃度"の値で規定し，この値は透過度計の識別最小線径との定量的関係を考慮して透過写真の像質をより定量的に評価できるよう規定した．さらに，濃度範囲中で上限の濃度は高輝度の観察器である D35 形の使用を前提として 4.0 とし，下限は像質の種類が下位の場合は従来どおり 1.0 とし，上位では A 級の場合 1.3，B 級の場合 1.8 としている．

(8)　きずの像

(a)　きずの像の分類では, 用語として "欠陥" と "きず" とを明確に使い分けることとしている.

(b)　透過写真の等級分類は欠陥を分類して等級付けをするのではなく, 透過写真を観察して, きずの像から表3.1.3に示すきずの種類(例えば, 丸いブローホール) を判断して, きずの種別 (例えば, 第 1 種) を行い, それに応じてきずの分類 (例えば, 第 1 種のきずで 1 類) を実施することであることから "きずの像の分類" に変更している.

(c)　きずの像の分類 (以下, きずの分類という) に使用する溶接継手の母材の厚さを定義

(d)　タングステン巻込みを第 4 種のきずとして追加

(e)　第 1 種 (丸いブローホール及びこれに類するきず) のきず点数を求める場合, 溶接線方向の 3 倍の試験視野内の点数の総和の 1/3 の値を用いる規定はあまり現実的でないことから廃止している.

(f)　第 2 種 (細長いスラグ巻込み, パイプ, 溶込み不良, 融合不良及びこれに類するきず) のきずの長さに乗ずる係数を廃止している. これは, 第 2 種のきずの長さを求める方法において JIS Z 3104:1995 及び JIS Z 3105:2003 に改正される前には第 2 種のきずのきず長さを求める場合には溶込み不良, 融合不良に限って, 単にきずの長さ方向の寸法をきず長さとするのではなく, きずの長さ方向の寸法に係数 2 を乗じて, 寸法の 2 倍の長さを "きず長さ" と

表 3.1.3　きずの種別

出所：JIS Z 3104 附属書 4 表 1

きずの種別	きずの種類
第1種	丸いブローホール及びこれに類するきず
第2種	細長いスラグ巻込み, パイプ, 溶込み不良, 融合不良及びこれに類するきず
第3種	割れ及びこれに類するきず
第4種	タングステン巻込み

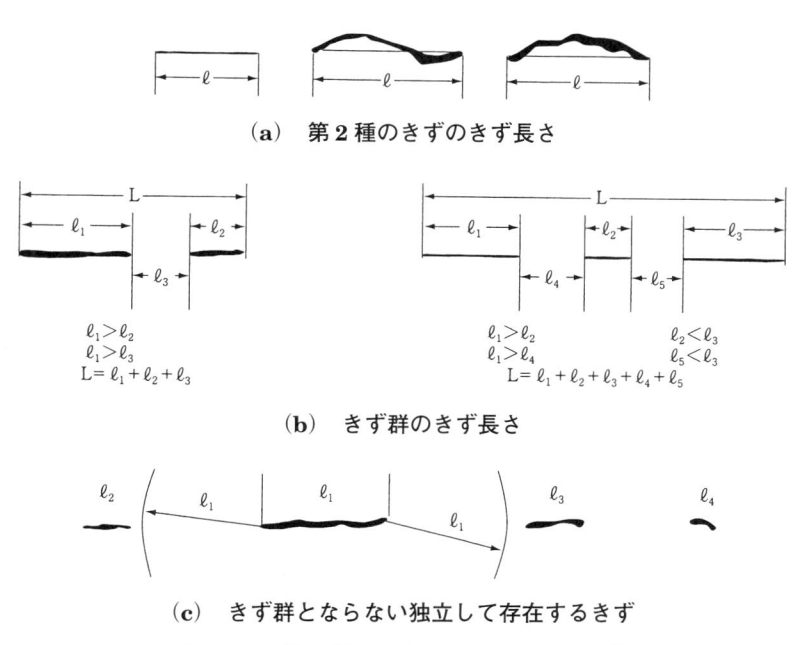

（**a**）　第2種のきずのきず長さ

（**b**）　きず群のきず長さ

（**c**）　きず群とならない独立して存在するきず

図3.1.9　第2種のきずのきず長さときず群
出所：文献1)

して扱っていた．しかし，その根拠が明確でないことから，改正により係数2を乗じる解釈はなくなり，きずの寸法そのままの長さを"きず長さ"とすることにした．これに伴い，きず群の長さを求める方法を変更し，図3.1.9に示すように，きずが一線上に存在してきずときずとの間隔が大きい方のきず長さ以下の場合に，その間隔を含めてきず長さを求める．

（**g**）　第1種のきずと第4種のきずは共存きずとして新たに定義している．

（**h**）　試験視野内にきずの分類に供する第2種のきずが含まれる場合を混在きずとして，その定義を明確化している．混在きずとは第1種のきず又は第4種のきずの点数を求める試験視野の中に分類の対象となる第2種のきずの全部又はその一部が入っている場合である．したがって，透過写真の有効長さの中で第2種のきずが第1種のきず又は第4種のきずの試験視野から離れて単

に共存する場合は混在するきずとはならないので，注意が必要である．

(i)　試験部の有効長さを対象として，きずの種別ごとに分類した結果に基づいて決定する総合分類の概念を新しく定義し，その決定手順を次のようにした．①検出されたきずの種別が1種類だけであれば，その種別の分類が総合分類となる．②検出されたきずの種別が2種類以上の場合で，それぞれのきずが混在しないで独立して存在する場合には，それらのきずのうち分類番号の大きい方のきずの分類が総合分類となる．③検出されたきずの種別が2種類以上で，混在するきずとなる場合には，その混在するきずの分類が総合分類となる．なお，JIS Z 3105:2003（アルミニウム溶接継手の放射線透過試験方法）では総合分類の考え方はない．

(9)　資格・認証制度

放射線試験に携わる技術者は適切な試験方法を具体的に実行しうるとともに放射線の障害防止に万全を期するため鋼の溶接，線源位置，放射線の遮蔽，写真処理などを含む放射線透過試験に関する十分な知識と経験を必要とする．この技術の維持と経験の程度の確認のために技術者の資格・認証制度が必須であり，国内においては（一社）日本非破壊検査協会で1968年から国内独自に，日本非破壊検査協会規格 NDIS 0601（非破壊検査技術者技量認定規程）に基づき実施されてきたが2010年10月に NDIS 0601 から JIS Z 2305 への移行が終了している．国際整合の点からは2001年からは JIS Z 2305（ISO 9712:1999, MOD）により実施され，2012年に ISO 9712:2012 として改訂されたのを受けて，現在は JIS Z 2305:2013（ISO 9712:2012, MOD）となっている．したがって，JIS Z 2305:2013 に基づく技術者の資格及び認証が行われており，新規試験は2015年から，再認証試験は2016年秋期から開始されている．

この規格以外には（一社）軽金属溶接協会が JIS Z 3861（溶接部の放射線透過試験の技術検定における試験方法及び判定基準）に基づき技術検定を行っている．

3.1.2.2 JIS Z 3105:2003（アルミニウム溶接継手の放射線透過試験方法）

アルミニウム溶接継手の放射線透過試験は，1955 年に金属材料の放射線透過試験方法を規定した JIS Z 2341 によって行われていたが，技術の進展及び研究成果を集大成し，放射線透過試験を溶接部に適用するにあたって不明確な点及び不合理な点を改善する必要性があった．アルミニウム溶接部を対象として 1968 年に JIS Z 3105（アルミニウム溶接部の放射線透過試験方法及び透過写真の等級分類方法）が制定されたが，試験対象物の形状によって撮影技術が異なることから，1974 年にアルミニウム管の円周溶接部の放射線透過試験方法に関して JIS Z 3108 を，1980 年にアルミニウムの T 形溶接部の放射線透過試験方法に関して JIS Z 3109 を制定した．それらの規格は 1995 年に鋼溶接継手に対する JIS Z 3104 の 27 年ぶりの改正における新しい技術的知見を与え，規格の基となった．アルミニウム溶接部に関する規格は JIS Z 3104 が 1995 年に改正したのを受けて，これらの 3 件を統合して本体と附属書で構成した．共通事項は本体に集約し，形状ごとに，平板を対象とした従来の JIS Z 3105，管を対象とした JIS Z 3108 及び T 形溶接部を対象とした JIS Z 3109 の撮影配置と透過写真の必要条件に関して，それぞれ独立した附属書としている．これに伴って，きずの像の分類方法も附属書とする大幅な改正を 2003 年に実施している．

(1) 像 質

この規格における透過写真の像質の区分は JIS Z 3104 とは異なり，アルミニウム板の突き合わせ溶接継手及び撮影時の幾何学的条件がこれと同等と見なせる溶接継手では A 級，B 級の 2 種類，円周溶接継手では撮影方法に応じて A 級，B 級，P0 級，P1 級，P2 級 の 5 種類，T 溶接継手では F 級の 1 種類を規定している．二重壁片面撮影方法で A 級の像質を確保するためには内部線源撮影方法あるいは内部フィルム撮影方法の B 級と同程度の撮影条件を設定しなければならないことになり，撮影のレベルとしての矛盾が生じる．そのため A 級と P1 級の中間の像質を P0 級として設け，JIS Z 3104 での内部線源撮影方法及び内部フィルム撮影方法で規定されている P1 級を JIS Z 3104 で

は P0 級としている.

　一方，工業用 X 線写真フィルムとの使用での増感紙は鉛はく増感紙に限定している.

(2)　階調計

　階調計は形状を変更して，試験体の形状にかかわらず，共通とし，母材の厚さが 50 mm 以下の溶接継手に対して A 級，B 級及び P0 級の像質に限定している.ただし，アルミニウム管の円周溶接継手で，管の直径が 100 mm 以下の場合はその適用を除外した.階調計の配置は線源側を主とし，線源側に置くことができない場合はフィルム側に配置して，透過写真上で配置したことがわかるようにすることとしている.

　透過写真の像質の評価は基本的には透過度計を用いて行われるが，観察者によって個人差が生じるため，国内では濃度計を用いて得られる濃度差によって，評価に客観性をもたせて像質の評価，管理ができる二段階の階調計を考案して透過度計と併用してきていたが，現在は JIS Z 3104 と同様に，図 3.1.6 に示す一段階の形状，寸法の階調計を適用している.

　JIS Z 3105，JIS Z 3108，JIS Z 3109 ではそれぞれの改正時期に，その時点での階調計に関する研究成果を反映させてきたため，規格ごとに異なる種類の階調計を規定していた.

　例えば，二段階の階調計は余盛部における透過度計の識別最小線径との対応を考慮すると，試験体の薄い範囲（20 mm 以下で，従来の規格において階調計の適用範囲に相当）では余盛高さに応じて，これを選択することが望ましい.厚い範囲では一段階形階調計と比較すると両者には大きな差がないことが実験的に確かめられた.旧 JIS Z 3105 では前述したように母材の厚さ 20 mm を境に一段階と二段階の階調計の 2 種類が規定されていたが，階調計の種類は 17 種類となり，現場での取扱いが煩雑になることを避け，また JIS Z 3104 などの他の規格との整合にも配慮している.すなわち，一段階と二段階の階調計で得られる階調計の値として階調計の位置での濃度差 / 濃度の値が大きくならないような階調計の寸法（大きさ及び高さ）を検討し，形状が単純で取り扱

いやすい一段階の階調計を規定している.

(3) 濃度計

濃度計について 1993 年時は JIS K 7652（写真—濃度測定—第 2 部透過濃度の幾何条件）及び JIS K 7653（写真—濃度測定—第 3 部分光条件）が存在したが，2003 年の改正時にはその両規格が廃止されていて，該当 JIS が存在しないことから，規定内容を "濃度計は適正な方法で性能が確認されたもの" と変更している.

観察において，透過度計の線の識別状況は観察条件の影響を受け，低濃度の透過写真の場合は部屋の明るさ及び観察器の輝度による影響はないが，透過写真が高濃度になるにつれて，観察条件の影響を大きく受ける. 濃度の高い透過写真の観察には輝度の高い観察器の使用が必要であることが実験的に確かめられている. 観察器については JIS Z 4561 に規定されている D35 形の観察器は輝度が 30 000cd/m^2 以上であり，ISO 5580:1985（Non-destructive testing — Industrial radiographic illuminators — Minimum requirements）によると濃度が 3.5 まで観察可能である. これに対して，JIS Z 4561（工業用放射線透過写真観察器）の解説では，現在流通している観察器に対して，輝度で分類すれば D20 形が大半であるにもかかわらず，透過写真の濃度は 2.0 を超えて撮影される場合が少なくない. したがって，D20 形を使うことになり，濃度 2.0 以下の濃度にしか適用できないことになってしまう. そのため，D35 形など高輝度の観察器が普及するまでの経過処置として，観察器を適用できる濃度の上限値を緩和している. このことは，暗室において D35 形の観察器によって濃度 3.5 を超える透過写真を観察してもよいこととしている.

(4) 放射線透過装置

放射線透過装置は一般に JIS Z 4606:2007（工業用 X 線装置）に規定する X 線装置，電子加速器による X 線発生装置を使用することになるが，現場で狭い場所での撮影が困難となる場合には，低エネルギーの γ 線装置を用いることができる. 一方，母材の厚さがおよそ 20 mm 以下の場合，軟 X 線（波長の長い成分）を有効に使って透過写真のコントラストを大きくするためには軟 X

線装置を用いる必要があり，実用露出時間内で，できるだけ低い管電圧によって（減弱係数 μ が大きい条件）撮影することが重要である．また，γ 線の撮影においては，JIS Z 4560:2018（工業用 γ 線装置）に規定する γ 線装置並びにこれと同等以上の性能をもつ装置が使用される．

(5) X 線の解像力

X 線装置の解像力を測定するときには，X 線吸収体を材料とする JIS Z 4916:1997（X 線用解像力テストチャート）に規定するテストチャートが使われる．解像力（resolution）とは X 線などの画像の描写能力を表す量で，等しい幅をもつ明暗の線材の像において分解していると認められる最小線材の幅の逆数で表し，一般には LP/ mm（ラインペア）を用いている．一方，像又は物体を構成する周期的な構造の細かさを表す量として，単位長さ当たりの周期で表す空間周波数がある．近年，デジタルラジオグラフィの像質の評価にそれらが使われてきている．参考として解像力チャートの例を図 3.1.10 に示す．

(6) X 線フィルム

撮影に使用する感光材料としての工業用 X 線フィルム（以下，フィルムという）は JIS K 7627:1998（工業用 X 線写真フィルム―第 1 部:工業用 X 線写真フィルムシステムの分類）（ISO/DIS 11699-1:1996 の IDT，なお，現在は ISO 11169-1:2008）に規定するフィルムシステム T1 クラス（低感度・極超微粒子），T2 クラス（低感度・超微粒子），T3 クラス（中感度・微粒子）又は T4 クラス（高感度・微粒子）とし，増感紙を使用する場合は鉛はく増感紙，蛍光増感紙又は金属蛍光増感紙である．X 線フィルムはきずの検出の程度及び露出時間を考慮してノンスクリーン形を使用することが基本となる．ここで，管電圧が 80 KV 以下の場合には，鉛はく増感紙の使用による増感効果が期待できない実験結果から，増感紙は使用しない方がよい．

　線源の種類と感光材料の組合せによって針金形透過度計の識別最小線径が異なる状況を図 3.1.11 に示す．

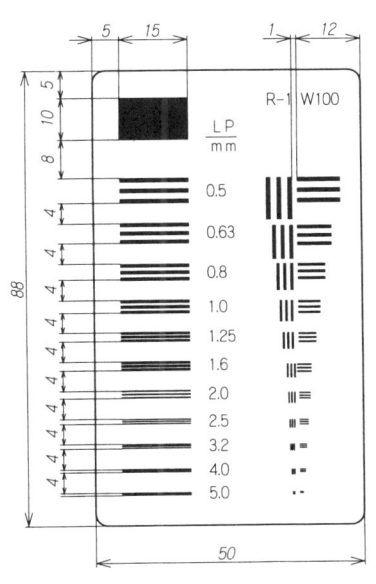

単位 mm

LP/mm	d	A
0.5	1.0	8.0
0.63	0.8	6.3
0.8	0.63	5.0
1.0	0.5	4.0
1.25	0.4	3.2
1.6	0.32	2.5
2.0	0.25	2.0
2.5	0.2	1.6
3.2	0.16	1.3
4.0	0.13	1.0
5.0	0.1	0.8

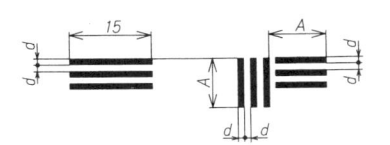

備考 互いに直角方向の一辺はそろえる。

（a）　R-1W100，R-1Pb100（一般用）の場合

単位 mm

LP/mm	d	A
2.0	0.25	3.2
2.5	0.2	2.5
3.2	0.16	2.0
4.0	0.125	1.7
5.0	0.1	1.25
6.3	0.08	1.0
8.0	0.063	0.8
10.0	0.05	0.7

（b）　R-2W50，R-2Pb50（高解像力用）の場合

図 3.1.10　解像力チャートの例
出所：JIS Z 4916 図 3

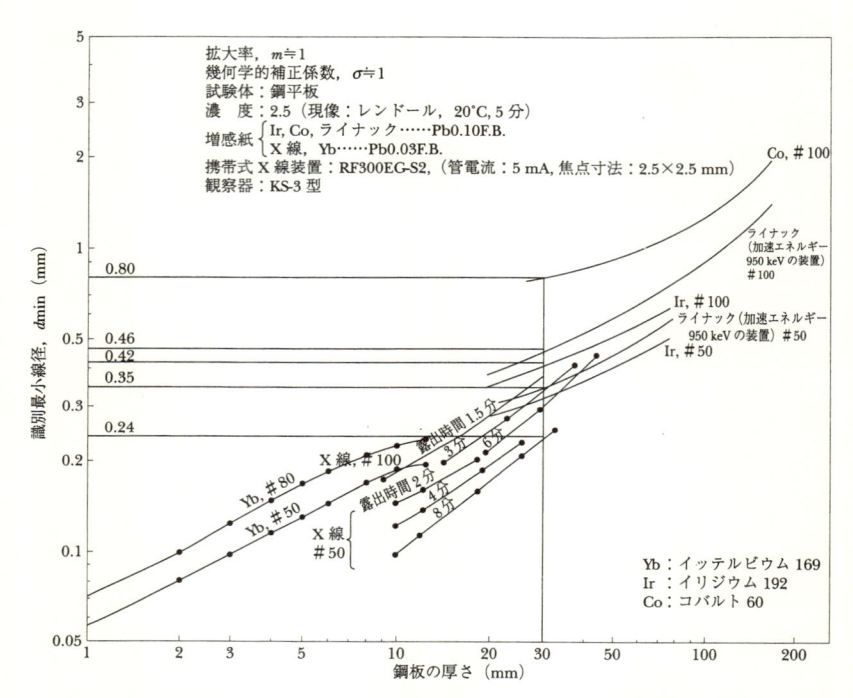

図 3.1.11　線源及び感光材料の種類と識別最小線径との関係の例
出所：文献 2)

(7)　撮影配置

(a)　線源と透過度計間距離を L_1，透過度計とフィルム間距離を L_2 とすると，線源とフィルム間距離（$L_1 + L_2$）は像質が A 級にあっては試験部の線源側表面とフィルム間距離 L_2 の 6 倍以上，B 級にあっては 7 倍以上としているのは点焦点を使用した場合に撮影されたきずの像の寸法が実際の寸法のそれぞれの 1.20 及び 1.17 倍以上に拡大されないような条件を規定している．

(b)　透過度計の識別に関係する針金像に対する透過写真のコントラストに影響を与える因子の一つに撮影位置からくる幾何学的補正係数 σ がある．この

σ が常に $\sigma = 1.0$ に近くなるように幾何学的条件を設定するには

$$(L_1 + L_2)/L_2 = m \tag{3.1.2}$$

とすると,

$$d' = fL_2/(L_1 + L_2) = f/m \tag{3.1.3}$$

となり,d'/d を $1/2$ 以下にすれば σ は 0.95 以上になることから,

$$d'/d = f/md \leqq 1/2 \tag{3.1.4}$$

から

$$m \geqq 2f/d \tag{3.1.5}$$

となる.一方,d'/d を $1/3$ 以下にすれば σ は 0.98 以上となって

$$m \geqq 3f/d \tag{3.1.6}$$

が得られる.これに基づいて撮影配置が決められるが,通常の撮影では m の値が大きいほど像質は良好となることに配慮して実用露出範囲において線源とフィルム間距離は大きくとることに留意する必要がある.また,装置の線原寸法(実効焦点寸法)はできるだけ小さい方が,透過写真の像の幾何学的不鮮鋭度が小さくなる一方,拡大撮影を行ったときに,像質の良好な拡大透過写真が得られる.その一例を図 3.1.12 に示す.

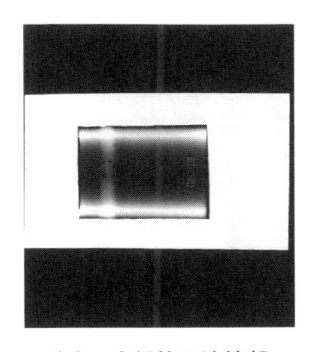
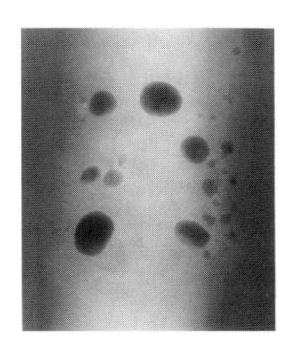

(a) 小径管の溶接部　　　(b) 小径管の溶接部の 15 倍の拡大撮影写真

図 3.1.12　小口径管の透過写真とその拡大写真の例
出所:文献 3)

　なお，焦点寸法 f については実焦点と実効焦点寸法があり，X線装置の場合は JIS Z 4615:2007（工業用X線装置の実効焦点寸法測定方法）により実効焦点寸法を測定することができるが，γ 線装置においては製造時の寸法（原子炉で照射する前に測定して求めた寸法）を実効焦点の寸法としている．

　(c)　撮影においてはきずの方向と放射線の照射角度が重要になる．試験部の有効長さ（試験体の試験範囲すなわち透過写真の試験視野の端から端）L_3 において，例えば，割れと放射線の照射方向に制限を設け，線源と透過度計間距離 L_1 をこの L_3 の2倍としている．これはX線フィルム上でX線の強さの変化が大きくならないようにすることと，割れのようなきずの検出の程度が試験部の中央と端部とで大きく変化しないようにするためである．したがって，A級の像質の場合，横割れとの照射角度は14度以下，B級では3倍としているため約9.5度以下となっている．図3.1.13に照射角度に対する平均割れの検出度の関係例を示す．また，割れに対して撮影の照射角度を変えた場合の透過写真の例を参考として図3.1.14に示す．なお，試験部の有効長さ L_3 を示す記号は未試験部を生じないように線源側に置く必要がある．

　(d)　透過度計の配置は，透過度計の最も細い線が有効長さ L_3 の端部に位置

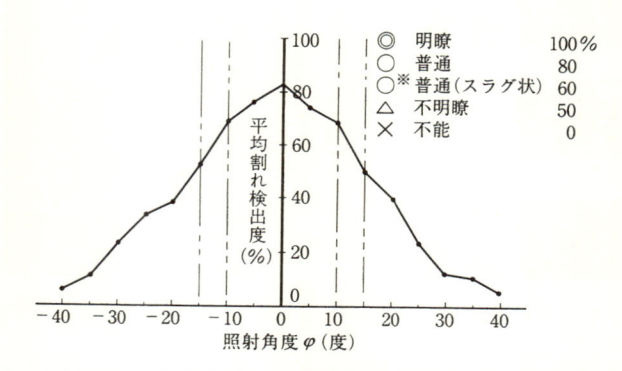

図3.1.13　照射角度と平均割れの検出度との関係の例
出所：文献3)

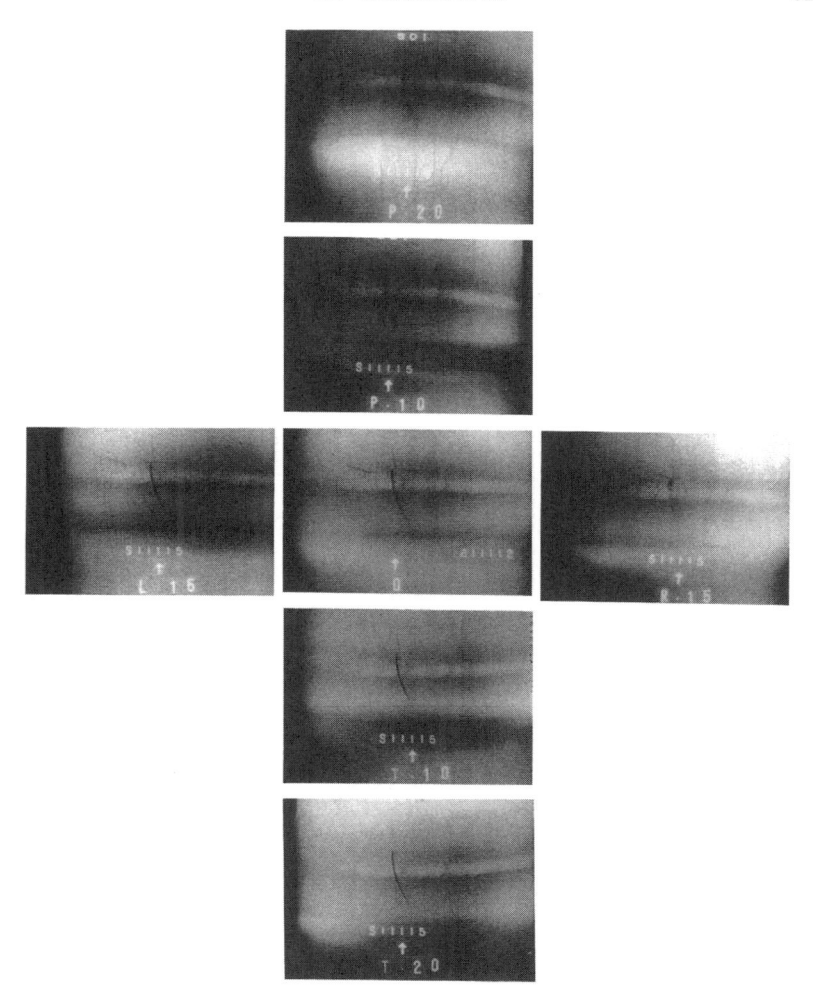

図 3.1.14 オーステナイト系ステンレス鋼 SUS304 の SCC について照射方向を変えた場合の放射線透過試験の結果（内部線源撮影方法を適用）

出所：文献 3）

するように置くことを規定している.

(e) 階調計の配置は放射線が垂直に照射されるように試験部の有効長さの中央付近に置くこととしている.さらに,熱影響部の試験を妨げないように,止端部から約 5〜10 mm 程度離す必要がある.

(8) 透過写真の必要条件

透過写真の必要条件について,撮影後の透過写真として,以下の三つの条件を満足する場合は,その透過写真についてきずの像の分類を行うことができるが,満足しない場合は,再度透過写真を撮り直すことになる.

(a) 識別最小線径

例えば,針金形透過度計においては透過写真に撮影された針金像を識別することで透過写真の像質の管理,評価を行っている.すなわち,針金の像に対する透過写真のコントラストが,識別限界コントラストより大きい場合は識別できることになる.したがって,従来は識別できた線径を板厚で除した百分率(%)をもって,透過度計識別度としていた.しかし,これでは板厚が異なると同じ識別度でも識別できる線径は異なる.本来は,板厚に対して,識別できなければならない透過度計の線径が決められることから,母材の厚さの区分ごとに識別されなければならない線径を決めている.

ここで,例えば,ブローホールのような球状きずの大きさ ϕ と識別最小線径 $d_{\mathrm{min.}}$ との関係は図3.1.15となり,$\phi = 2.5 \times d_{\mathrm{min.}}$ の関係が得られ,例えば0.5 mm のブローホールを検出しようとする場合は 0.20 mm の直径の透過度計が識別されてなければならないことになる.

(b) 試験部の濃度範囲

透過写真の濃度と識別最小線径は $\mu/1+n$ の値が同じであれば,ある一定の輝度の観察器の下では,濃度が2.5近傍で識別最小線径は最小となる実験結果を得ており,余盛を削除した溶接継手ではこの 2.5 が最適濃度となる.一方,余盛付き溶接継手の最適濃度は母材部と余盛部で識別最小線径が同じになる濃度である.これらのことから,透過写真の最低濃度は像質が A 級の場合は余盛付溶接継手の最適濃度に対して,また像質が B 級の場合は余盛を削除した

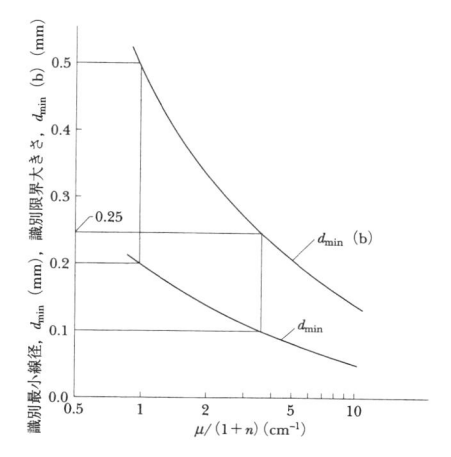

図 3.1.15 $\mu(1+n)$ と識別最小径 $d_{\text{min.}}$ 及び球状きずの
識別限界の大きさ $d_{\text{min.}}(\text{b})$ との関係
出所：文献 2)

溶接継手の最適濃度に対して，それぞれ，実際の撮影における露出量の変動を
考慮して設定している．

(c) 階調計の値

透過写真のコントラスト ΔD は濃度を高くすれば，ノンスクリーン形フィル
ムの場合，大きくなる．このことを階調計で考えてみると，より安全に階調計
の示す濃度差（コントラスト）を得るためには，技術者はより高い濃度が得ら
れる撮影を行うことになる．しかし，識別限界コントラスト $\Delta D_{\text{min.}}$ は濃度が高
い領域では極端に大きくなってしまい，必ずしも $\Delta D \geqq \Delta D_{\text{min.}}$ を満足しなくな
る場合が生ずる．これを避けるために，前述のように濃度で除する．すなわち
階調計の値は階調計が配置された周辺の母材部と階調計の中央の濃度を測定し，
その差を母材部分の濃度で除した値で示している．

3.1.2.3 JIS Z 3106:2001（ステンレス鋼溶接継手の放射線透過試験方法）

JIS Z 3106 は，ステンレス鋼，耐熱鋼，耐食耐熱超合金並びにニッケル及
びその合金の溶接継手を工業用 X 線フィルムを用いて X 線又は γ 線（以下，

放射線という）による直接撮影方法を行う場合についての規格である．ここにおける技術的な考え方とその内容は JIS Z 3104 とほとんど同じである．特色として，ステンレス鋼において，溶接継手の透過写真に X 線の回折像（線状，はけ状及び斑点状）が，特に薄板の場合に現れて，きずの像との判別が困難な場合が少なくないことが挙げられる．

その判別には，回折像の参考写真との対比による方法及び撮影手法による方法について "X 線の回折像ときずの像の判別方法" を附属書5（参考）として取り上げている．

3.1.2.4　JIS Z 3107:1993（チタン溶接部の放射線透過試験方法）及び JIS Z 3107:2008（追補1）

チタンの平板及び管の溶接部の透過厚さ（以下，材厚という）が 25 mm 以下の工業用 X 線フィルムを用いた直接撮影方法による X 線透過試験方法である．この規格は JIS Z 3104:1968 に類似の項目の内容となっていて，形式も現状の JIS Z 3104:1995 と大きく異なっている．特に，撮影においては，現状の母材は使われてなく，材厚が適用されているが，きずの像の分類は母材の厚さで行っている．一方，きずの像の分類で，割れ以外に溶込み不良及び融合不良がある場合は 4 類に分類され，JS Z 3104:1995 と異なっている．

3.1.2.5　JIS Z 3110:2017（溶接継手の放射線透過試験方法—デジタル検出器による X 線及び γ 線撮影技術）

X 線フィルムを用いた放射線透過試験方法（以下，F-RT という）に加え，近年，デジタルラジオグラフィ（以下，D-RT という）が普及してきており，その規格化が望まれていた．このため，ISO 17636-2:2013（以下，対応国際規格という）を基に，JIS Z 3110:2017 が制定されている．ただし，対応国際規格は，複線形像質計の使用など D-RT の撮影に特有かつ不可欠な要素を含んでおり，フィルム法とは運用が異なる点があることから，従来のフィルムを用いた溶接継手の放射線透過試験方法を規定した JIS 群とは別の規格となっている．

　国内における F-RT は溶接継手に対して，より専門的な観点から JIS Z 3104:1968（鋼溶接部の放射線透過試験方法及び透過写真の等級分類方法）をはじめ材料別に分離独立して制定された．1995 年には，円周溶接継手，T 溶接継手などの撮影方法を盛り込んだ規格改正又は関連規格の制定が行われた．しかし，試験データの保存，取扱いの容易さなどの利点をもつ D-RT の撮影が工業分野に広がってきたが，試験方法の規格化には至っていなかった．2013 年に D-RT を用いた溶接継手の放射線透過試験に関する対応国際規格が第 1 版として制定されたことから，（一社）日本溶接協会に設置された JIS 原案作成委員会で JIS 原案が作成されている．

　D-RT 法には，IP を用いる CR 法と DDA を用いる方法とがあるが，D-RT 法と F-RT 法の主な特徴を表 3.1.4 に，機能性について表 3.1.5 にそれぞれの比較を示す．

　特に，撮影配置は D-RT 法においても F-RT 法においても像の不鮮鋭度に基づいて決定されている．D-RT 法では更に検出器に固有の不鮮鋭度を考慮して必要に応じて補正を行うこととなっているが，F-RT では濃度及びコントラストによって像の合否を判断するのに対して D-RT では像の不鮮鋭度に対応する基本空間分解能（SR_b）及び信号対ノイズ比（SNR）によって像の合否を判断している点が重要である．また，JIS の制定にあたって，撮影方法だけの規格としており，像の分類は含まれない点には留意が必要である．

　D-RT は，基本空間分解能 SR_b，正規化された信号対ノイズ比 SNR_N などの測定，IQI 値などの点で，F-RT とは異なる撮影配置，像質計及び透過度計の選定及び配置などが求められるため，この規格では，今後の運用及び改正を考慮し対応国際規格に整合している．また，D-RT の適用にあたって配慮する必要がある従来の F-RT との類似及び相違について，本規格の附属書 JA が参考となる．

(1)　適用範囲

　D-RT は，異種金属材料の溶接継手及び母材と溶加材とが異なる溶接継手に対しても契約当事者間の協定によって適用できる．その場合には，肉厚補償マスクの適用など十分な知識及び技術が必要である．なお，契約当事者間の合意

表 3.1.4　**F-RT法及びD-RT法の主な特徴**

F-RT法	D-RT法（CR）	D-RT法（DDA）
・写真処理（現像等）が必要	・写真処理が不要 ・IPの読取りが必要 ・繰返しの使用が可能	・写真処理が不要 ・撮影後ただちに画像が得られる ・繰返しの使用が可能
・撮影に応じたフィルムタイプ（感度, 粒状性）を選択 ・フィルムはIP, DDAに比べ軽量 ・温度などの周囲の環境の影響を受けにくい	・撮影に応じたIPタイプを選択 ・IPはDDAに比べて軽量 ・温度などの周囲の環境の影響を比較的受けにくい ・画像処理が可能	・温度などの周囲の環境によっては使用の制限（防爆, 電源等が必要） ・画像処理が可能

表 3.1.5　**F-RT法及びD-RT法の機能性**

項目	F-RT法	D-RT法（CR）	D-RT法（DDA）
曲率面を有する試験体（配管等）への密着性	シート（曲率面への密着可能）		パネル（密着不可）
試験体に合わせた撮影媒体の加工性	形状加工が可能		形状加工が不可
不良画素の補正	—		補正が不可欠
撮影条件の指標	濃度	正規化した信号対ノイズ比（SNR_N）	
画像の観察	放射線透過写真観察器	観察用モニタ及びソフトウェア	
	透過写真のコントラストは固定	画像のコントラストはモニタ上で調整可能	
記録・保管	フィルム	デジタルデータ及び記録メディア	

事項について，具体的な規定への置き換えは今後の改正時の議論となっている．

(2) 用語及び定義，記号及び略語，原画像及び IQI 値

これらについては，特に D-RT に関する固有の画像不鮮鋭度，要求される最大画像不鮮鋭度及び合計不鮮鋭度が規定されている．なお，"外径" を定義し，注記に外径に基づく円周溶接継手に必要な推奨撮影枚数を求める場合について参照となる附属書 A を示している．

(3) デジタル画像の識別及び画像のオーバラップ

デジタル画像において試験に用いる試験対象範囲は，関心領域を設けて信号対ノイズ比（SNR）などを求めるために，幅を 20 画素かつ長さを 55 画素以上とすることが望ましい（詳細は附属書 D を参照）．

この場合の関心領域大きさは，ISO 11699-1（Non-destructive testing — Industrial radiographic film — Part 1: Classification of film systems for industrial radiography）及び ISO 16371-1 で規定している関心領域の設定方法を基としている．

(4) 像質計及び透過度計の種類及び配置

(a) 針金形透過度計の場合，針金長のうち少なくとも 10 mm を明瞭に視認する必要があり，有孔形透過度計及び有孔階段形透過度計の場合，孔を識別する必要がある．また，複線形像質計の場合に，ラインプロファイルを用いてディップによって判定することになる（詳細は附属書 C を参照）．

(b) 複線形像質計をデジタル画像の水平方向及び垂直方向に対してそれぞれ数度（2 〜 5°）傾けて配置する．測定された基本空間分解能（SR_b）の値は，画像の読取方向によって水平方向又は垂直方向のいずれかが常に大きいため，その関係が一定している場合には，デジタル画像の水平方向又は垂直方向のうち SR_b の値が大きい方に対して数度傾けて複線形像質計を配置すればよい．

(c) 針金形透過度計は溶接部近傍に配置し，識別性は溶接部近傍の母材において確認することになる．その場合，針金の少なくとも 10 mm を溶接近傍の母材部にかかるように配置していれば，溶接部でも識別性の確認が可能となる．また，試験対象範囲の中心に置くか，端に置くかは契約当事者間の合意と

なる.

(d) 二重壁両面撮影における透過度計は管の軸方向に直交して溶接部近傍の母材部に配置する. さらに, 透過厚さの大きな変動に対応し, 主に小口径管の透過撮影は一般形の針金形透過度計を用いて行う場合を想定している. しかし, 帯形透過度計を使用する場合には, 管の軸方向に平行に配置しても透過厚さの変動に対応できる.

(5) X線管電圧及び放射線源の選択

大きい構造ノイズをもつ高感度 IP（粗粒）を用いた撮影において, 正規化されたコントラスト対ノイズ比（CNR_N）が小さくなることがある. 一方, 高感度であるため, 管電圧を低下させて減弱係数を増加させ, CNR_N の低下を補償することができる.

管電圧 1 000 kV までの X 線装置を用いた撮影において, 20％低い管電圧を使用することによって, 例えば, 針金形透過度計の識別最小線径が 1 本程度改善されたことに相当した撮影を行うことができる.

(6) 最小の SNR_N

F-RT 法の透過写真における濃度の代わりに, D-RT 法では正規化された信号対ノイズ比（SNR_N）を用いている. この SNR_N は, SNR 測定値を正規化したもので次式で表される.

$$SNR_N = SNR_{測定値} \times \frac{88.6\mu m}{SR_b} \qquad (3.1.7)$$

この正規化は, 例えば, 像の不鮮鋭度が大きい, つまりぼけが大きい像においては, ノイズが小さくなるため SNR は大きくなるが, ぼけにより微細なきずの検出性は小さくなる. つまり, 撮影における不鮮鋭度が SNR に与える影響を考慮しなければ, 像における検出度の指標とならないことを示している.

(a) F-RT において溶接部中心の濃度が 2.0 以上の場合, 熱影響部における濃度が, 3.5 と 4.0 との間になることが少なくない. この関係は, D-RT においても同様であるため, 熱影響部における SNR_N は, 溶接部における SNR_N の 1.4 倍となる. D-RT では, 平たん（坦）でない溶接部における SNR_N を評価

する必要がある場合, 平たん度の高い熱影響部で測定した SNR_N から換算して用いることができる. また, IQI 値は母材の平たん部における長さ 10 mm で識別が行われる.

(b) D-RT における SNR_N の測定方法は, ISO 16371-1, ASTM E 2446, ASTM E 2597 などに規定されている. これらの規格においては隣接する複数のラインにおいて, それぞれのライン方向に平均値を求め, これら複数のラインにおける (平均値の) 中央値を求め, その中央値との偏差をノイズとして SNR_N を求める方法, あるいは単純な平均値及び標準偏差から SNR_N を求める方法を採用している.

基本空間分解能 SR_b は, 複線形像質計を用いて測定するが透過像における複線形像質計のプロファイルの例を図 3.1.16 に示す. 複線形像質計の線対が 2 本の線に分離して識別できなくなる.

限界における線の直径を, SR_b としている. 分離しているかどうかの判定は, プロファイル上で行い, ディップ値 (山の高さに対する谷の深さの割合) が 20 % を超えている場合, 分離していると判定する. さらに, 補完された基本空間分解能 iSR_b を用いる場合, 各線対で測定したディップ値と線の直径 (SR_b) との関係から, ディップ値が 20 % になる寸法を補完して用いる例を図 3.1.17 に示す.

複線形像質計の撮影において D-RT に用いる検出器の画素寸法以下の寸法の線対を撮影する場合に針金像が複数の画素をまたいで撮影されるようにすることでディップ値の正確性を高める. また, 上記の (4) (b) で述べたように, 数度傾けて配置する必要がある.

一方, CR 法では SNR_N の代わりに画素値 (グレイ値:GV) を用いることができる. ただし, その場合の GV は, 線量に比例しており, 露光されていないときには 0 となる線形化グレイ値 (GV_{lin}) を用い, SNR_N との関係が確かめなければならない. この SNR_N と GV_{lin} との関係は読取装置と IP との組合せ, 及び読取パラメータによって変化するため, これらの条件が変わった場合には SNR_N と GV_{lin} との関係を測定し直す必要がある.

算出方法によっては異なる SNR_N の値となることがあるため, 使用するソフ

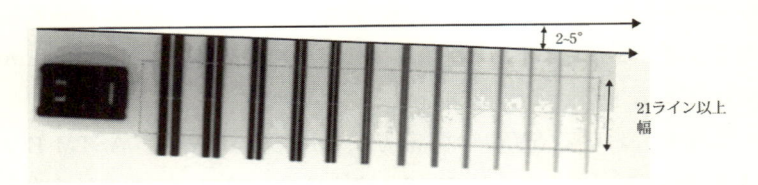

（a）　デジタル画像における複線形像質計の画像

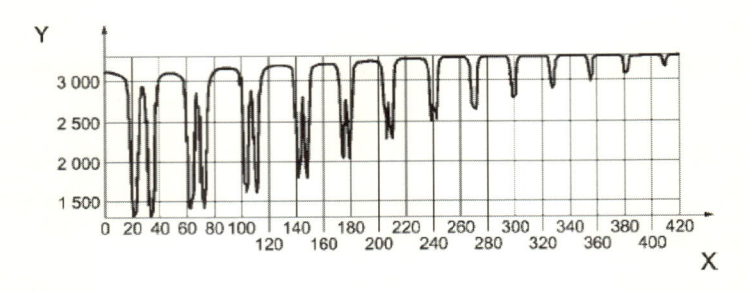

（b）　少なくとも 21 本のラインから平均化した複線形像質計のプロファイル

図 3.1.16　複線形像質計の画像及びプロファイル
出所：JIS Z 3110 附属書 C 図 C.1 a），b）

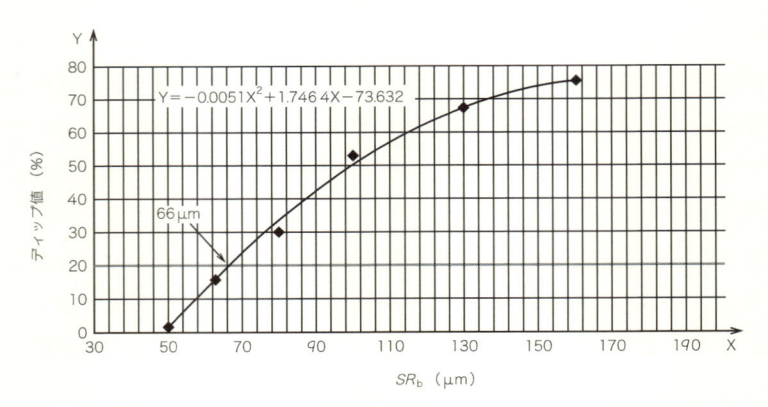

図 3.1.17　補間された基本空間分解能（*iSR*b）の測定
出所：JIS Z 3110 附属書 C 図 C.2 b）

トウェアツールが提供する SNR_N の測定方法（詳細は附属書 D 参照）としているが，契約当事者間で異なるソフトウェアツールを用いる場合には SNR_N の測定について合意する必要がある．

(7) IP 用金属スクリーン及び遮蔽

(a) CR システムを用いた放射線透過撮影においては増感のために金属スクリーンを使用することがある．

(b) 鉛はく（箔）スクリーンを使用する場合，IP では蛍光体の保護層によって弱められるため，X 線フィルムよりも増感効果が小さい．より良好な効果を得るために金属スクリーン及び IP を真空パックしたり，圧力をかけて密着性を向上させることができる．

(c) 鉛はくスクリーンによる増感とほぼ同等の効果は露出時間又は X 線管電流を増加させることによって得ることができる．鉛はくスクリーンは，散乱線を低減するための中間フィルタとしてカセット外側に使用することが望ましい．この中間フィルタによる散乱線の低減手法は，DDA にも同様に適用できる．

(d) IP を用いた撮影の像質向上に散乱線低減は，特に重要であり，そのために撮影時における前方金属スクリーン，後方遮蔽及びそれらと複合して用いる銅又は鋼のスクリーンが使用できる．

(e) IP は前方金属スクリーンからの二次電子による増感効果を得るためよりも散乱線の低減のための役割が大きい．また，IP は低線量域に対して感度があるため，像の背景濃度を引き上げ，CNR を低下させ，不鮮鋭度を増加させるおそれがある．蛍光 X 線などを低減するには，前方金属スクリーン及び後方遮蔽と IP との間に，図 3.1.18 に示すように，銅又は鋼のスクリーンを挿入する．

(8) 散乱線の低減

CR 及び DDA の適用における散乱線の低減として，金属フィルタ及びコリメータを使用する，あるいは後方からの散乱線を遮蔽する方法とがある．

(a) 直接放射線を試験範囲に絞る撮影配置によって散乱線の影響を低減することができる．

γ 線源を使用する場合などで低エネルギーの散乱線を除去するには試験体と

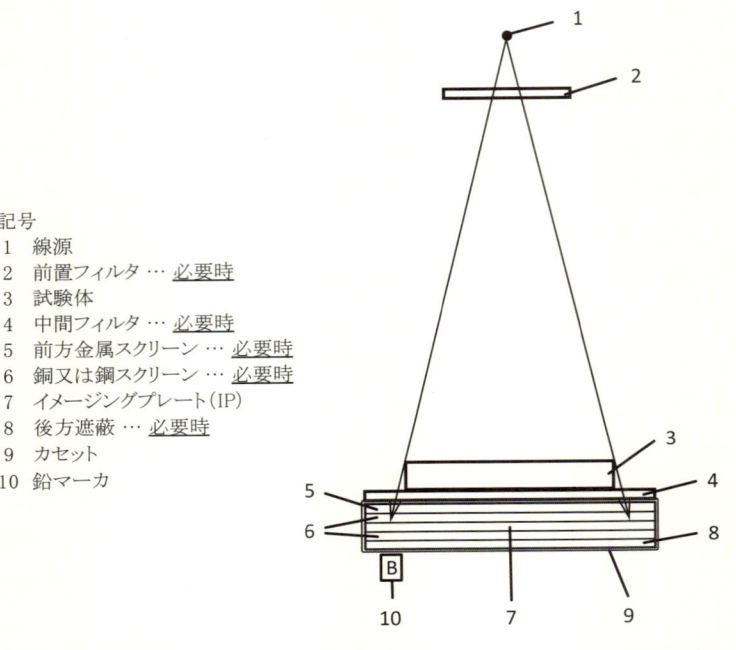

記号
1　線源
2　前置フィルタ … 必要時
3　試験体
4　中間フィルタ … 必要時
5　前方金属スクリーン … 必要時
6　銅又は鋼スクリーン … 必要時
7　イメージングプレート(IP)
8　後方遮蔽 … 必要時
9　カセット
10　鉛マーカ

図 3.1.18　前方金属スクリーン，後方遮蔽，及び銅又は鋼スクリーンの配置（IP の場合）
出所：JIS Z 3110 解説図 1

カセット又は DDA との間に鉛シートを配置する．鉛以外の，例えばすず（錫），銅又は鋼などの材料はフィルタとして使用でき，鋼又は銅の薄いスクリーンを検出器との間に置くことが望ましい．

　(b)　後方散乱線の遮断には検出器の後に少なくとも厚さ 1 mm の鉛シート，又は少なくとも厚さ 1.5 mm 以上のすずシートを配置する．鉛シートを使用した場合，鉛と検出器との間に鋼又は銅の遮蔽体（厚さ約 0.5 mm）が追加するが，放射線エネルギーが 80 keV を超える場合には，検出器の後側に鉛はくスクリーンを接触させて使用しない．

　(c)　IP あるいは DDA を試験体から離す撮影配置を取ることによって散乱線を積極的に低減することができる．IP を試験体に密着させる通常の撮影配置及び IP を試験体から 40mm 離した撮影配置，さらに試験体表面を鉛マスク

によって遮蔽したうえに IP を試験体から 40mm 離した撮影配置の 3 ケースについて，画像への散乱線の影響の例を図 3.1.19 に示す．一方，これらの撮影に対応する画像の例を図 3.1.20 に示す．これらの結果から，F-RT における狭照射野撮影の手法が IP を用いての撮影において画像の像質改善に効果的であることを示している．

(9)　線源－試験体間距離

D-R は，F-RT に比べ，線源寸法，検出器及び撮影配置による合計不鮮鋭度について，より考慮する必要がある．

(a)　線源寸法に関する内容は，EN 12679 及び EN 12543 を引用している．EN 12679 は γ 線源の焦点寸法の測定方法に関するものであり，EN 12543 は X 線源の焦点寸法の測定方法に関する規格で，EN 12543-1:1999，EN 12543-2:2008，EN 12543-3:1999，EN 12543-4:1999，EN 12543-5:1999 の 5 種類の方法がある．EN 12543-1:1999（Scanning method）は X 線管球の窓から吐き出される X 線を 10 μm × 10 μm × 20 mm の Cross-slite collimeter 及び散乱線の影響を低減する部材を取り付けたシンチレーションカウンタを X-Y 方向に精密に走査させ，焦点から放射される X 線の強度分布特性をテストする方法について規定している．また，EN 12543-2:2008（Pinhole camera radiographic method）のピンホール法は，JIS Z 4615（工業用 X 線装置の実効焦点寸法測定方法）におけるピンホール法及び ASTM E 1165（Standard Test Method for Measurement of Focal Spots of Industrial X-Ray Tubes by Pinhole Imaging）と基本的な測定方法が共通している．さらに，EN 12543-5:1999（Measurement of the effective focal spot size of mini and micro focus X-ray tubes）はマイクロフォーカスについて規定している．

一方，JIS Z 4615 は焦点寸法 300 μm 以上の X 線装置の実効焦点寸法測定方法についてピンホール法，解像力法としての平行パターン法及びスターパターン法の 3 方法を規定し，ピンホール法は基本的な測定方法が EN 12543-2:2008 及び ASTM E 1165 と共通しているため，JIS Z 3110 では JIS Z 4615 を引用している．

(b)　D-RT における基本的な撮影配置と F-RT における JIS Z 3104 の撮影

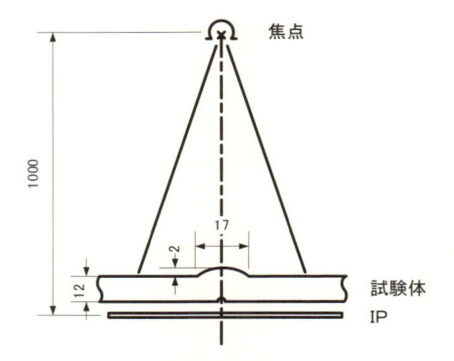

（a）　通常撮影（試験体と IP を密着）

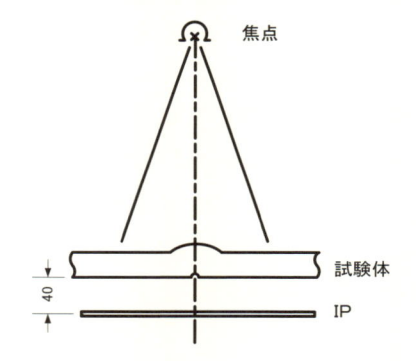

（b）　試験体・IP 間を **40 mm** とした撮影

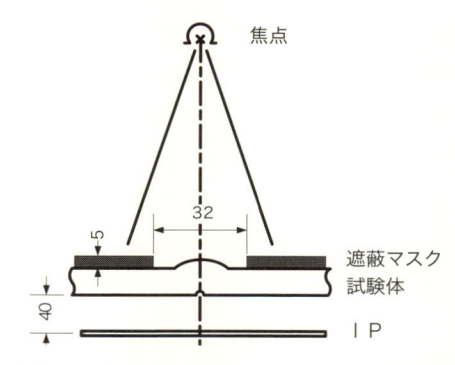

（c）　（b）の配置で試験体の表面に鉛遮蔽マスク（**5 mm**）を配置した撮影

図 3.1.19　**D-RT の撮影における配置の例**

鋼溶接部：母材の厚さ：2 mm, 余盛（片面）高さ：2 mm,
X 線線源：Yxlon 社製 YTU/225-D03, 焦点・検出器間距離：1000 mm, 焦点径：1 mm,
遮蔽マスク：鉛 5 mm, 電圧：180 kV, 電流：3 mA

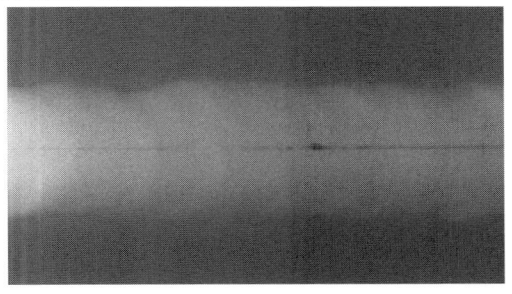

（a）　通常撮影画像（試験体と IP を密着）
照射時間：60 秒　　識別最小線径：ϕ 0.02 mm

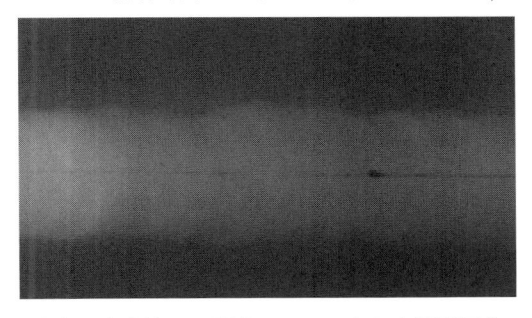

（b）　試験体 ·IP 間を 40 mm とした撮影画像
照射時間：66 秒　　識別最小線径：ϕ 0.016 mm

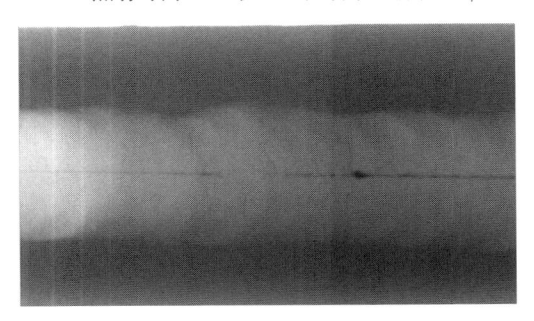

（c）　（b）の配置で試験体の表面に鉛遮蔽マスク（5 mm）を配置した撮影画像
照射時間：77 秒　　識別最小線径：ϕ 0.010 〜 0.0125 mm

図 3.1.20　図 3.1.19 の撮影配置による撮影画像の例

配置との比較を表 3.1.6 に示す.

　実際の運用に JIS Z 3110 の規格の式を用いることは煩雑であるため，通常の試験における線源−試験体間距離の決定にはノモグラムを使用すると便利である.しかし，試験体厚さ t が小さい場合には基本空間分解能 SR_b による補正が必要となる.

　(c)　JIS Z 3110 と JIS Z 3104 との撮影配置の比較を図 3.1.21 に示す.JIS Z 3110 の撮影配置の決定は，焦点寸法 d，線源−試験体表面間距離 f，及び試験体表面−検出器間距離 b から求められる検出器上の幾何学的不鮮鋭度 u_G に対し，試験体の板厚 t を変数とする条件式を適用している.一方，JIS Z 3104 は試験体上の透過度計の像の幾何学的補正係数 σ に着目し，検出器の位置に相当するフィルム位置から焦点を見たときの試験体の位置における見掛けの線源寸法と透過度計の線径との比に基づいた撮影配置を規定している.

　JIS Z 3104 の透過度計の識別最小線径を w，見掛けの線源寸法を w' とすると図 3.1.21 に示すように，線源−試験体表面間距離 f 及び試験体表面−検出器間距離 b から $m = (f + b)/b$ によって，$w' = d/m$ となる.JIS Z 3104 では試

表 3.1.6　JIS Z 3110 と JIS Z 3104 とによる撮影配置

出所：JIS Z 3110 解説表 1

JIS Z 3110		JIS Z 3104	
クラスA	$f/d \geqq 7.5(b)^{2/3}$	像質A級	$(L_1 + L_2) \geqq m \cdot L_2$ m：$2f/d$ 又は 6 のいずれか大きい方の値
クラスB	$f/d \geqq 15(b)^{2/3}$	像質B級	$(L_1 + L_2) \geqq m \cdot L_2$ m：$3f/d$ 又は 7 のいずれか大きい方の値
記　　号	f：線源−試験体間距離 d：線源寸法又は焦点寸法 b：試験体−検出器間距離 　　$b < 1.2\,t$（t：試験体の呼び厚さ）の場合，b を t に置き換える.	記　　号	L_1：線源−試験体間距離 f：線源寸法又は焦点寸法 L_2：試験体−検出器間距離 d：透過度計の識別できる最小の要素寸法

験体上における透過度計の針金直径と見掛けの線源寸法との関係 $w'/w = d/mw$ に考慮して，線源寸法及び撮影の幾何学的条件による透過写真のコントラストを示す幾何学的補正係数が低下しないように規定している．一方，JIS Z 3110 は検出器上に投影される線源寸法による不鮮鋭度は u_G であり，u_G は $d/(m-1)$ に相当し，試験体の厚さ t に応じて撮影配置を決定している．検出器上における透過度計の識別最小線径の投影像 w'' は，$w'' = mw/(m-1)$ となる．

　ここで，検出器上における透過度計の識別最小線形の像に発生するぼけの量と像の大きさとの関係 u_G/w'' を求めると d/mw となり，JIS Z 3104 の透過度計の針金直径と線源寸法の見かけ上の大きさとの関係と一致する．いずれも試験体上に板厚に対応する透過度計を配置し，フィルム又は検出器に投影された不鮮鋭度に基づいているといえる．

(d)　透過度計の識別最小線径について図 3.1.22 に示す．

JIS Z 3104 での識別最小線径は図 3.1.22 に示すように，JIS Z 3110 に対し

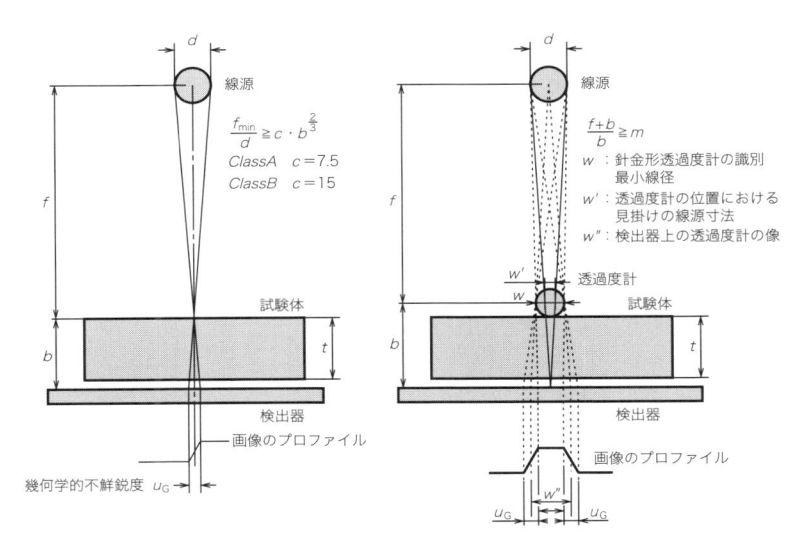

（a）　JIS Z 3110 の撮影配置　　　　**（b）　JIS Z 3104 の撮影配置**

図 3.1.21　**JIS Z 3110 及び JIS Z 3104 における撮影配置**
出所：JIS Z 3110 解説図 2

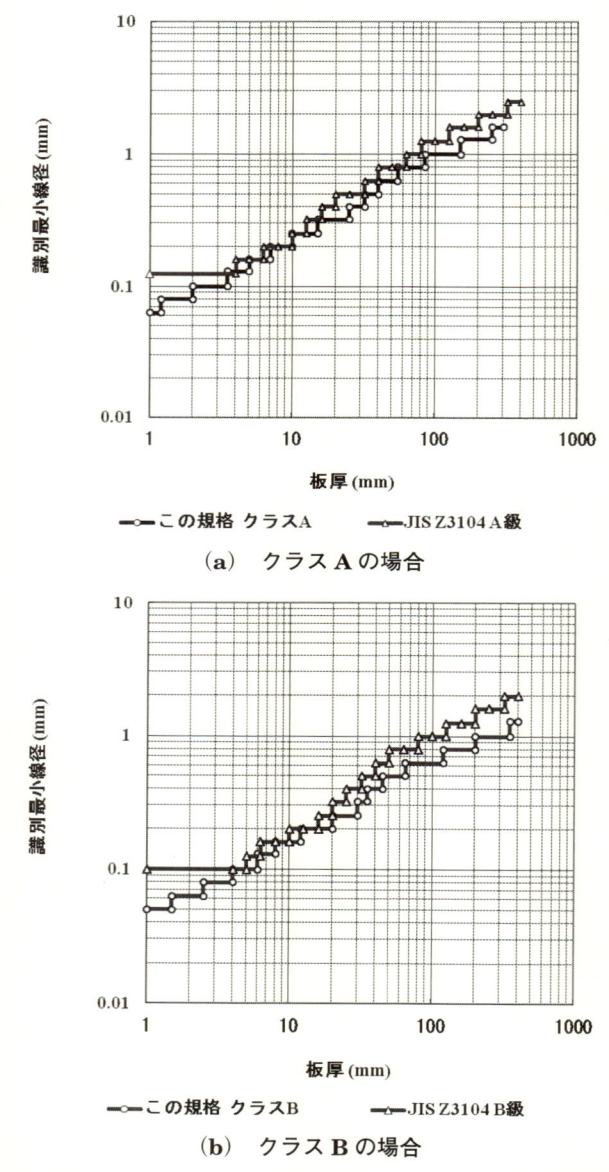

（**a**）　クラス **A** の場合

（**b**）　クラス **B** の場合

図 3.1.22　**JIS Z 3110** 及び **JIS Z 3104** における透過度計の識別最小線径
出所：JIS Z 3110 解説図 3

て緩和された値で規定されている．線源−試験体間距離が大きい JIS Z 3104 では透過像においてぼけが生じ難く，識別度を高くできる配置であることを示している．一方，板厚の大きい場合，例えば，50 mm 以上の試験体の撮影においては JIS Z 3110 を満足する範囲内で JIS Z 3104 で規定されている線源−試験体間距離に近づけることで，幾何学的不鮮鋭度を小さくすることができる．

(10)　DDA の校正について

JIS Z 3110 では，撮影条件の 2 倍の露出を用いて校正するが，検出器によってはその検出器のもつ階調の中央値よりも大きな階調で撮影の最適条件を設定しているものもある．その場合には，DDA の校正は撮影条件の 1/2 倍の露出で校正することが望ましく，JIS Z 3110 では検出器によって最適な校正のための露出を選択すればよい．

(11)　不良画素の補償について

D-RT に固有な問題に対する補償方法として CP III が位置付けられている．一方，不良画素に関する情報については ASTM E 2597 及び ASTM E 2736 を参照するとしているが，これらの情報の一部は以下のようになっている．

(a)　ASTM E 2597 に規定される不良画素には装置メーカが定めた不良画素補正手順に従って，不良画素に対し D-RT では周囲の正常な画素を用いた数学的な演算によって本来得られるであろう画素値の補償が行われる（詳細は ISO 11699-1 参照）．きずの大きさが $SR_b^{画像}$ のオーダである場合，DDA の使用に際し SNR_N を大幅に高め，不良画素の補間によって局所的な不鮮鋭度を補償することが求められる．

なお，不良画素の評価は定期的に行う．

—デッド画素（Dead Pixel）

　応答がない，又は放射線量に応じて検出器の出力が変化しない画素．

—周辺画素に対し感度が高い画素（Over Responding Pixel）

　周辺の画素の値よりも大きい値を出力する画素．

—周辺画素に対し感度が低い画素（Under Responding Pixel）

　周辺の画素の値よりも小さな値を出力する画素．

—ノイズ画素（Noisy Pixel）

　他の画素に比べ，ノイズが大きな画素.

—感度の不均一な画素（Non-Uniform Pixel）

　隣接する画素に対して感度が異なる画素.

—残像／遅れ画素（Persistence / Lag Pixel）

　X線を遮断した直後の応答が異なる画素.

—隣接する不良画素（Bad Neighbored Pixel）

　隣接する8画素がすべて不良画素である画.

　また，複数の不良画素が隣接して存在することもあり，補償は不良画素から本来得られるであろう画素値について，周囲の正常な画素を用いた演算による推定が行われる.

　(b)　検出しようとする最大のきずの大きさと画素との関係をASTM E 2736では図3.1.23に示すように，きず検出及び補償を適切に行うために4〜6画素かつ最低限3画素以上とする.

　補償に用いることのできる画素数は，DDAの画素幅，又は幾何学的拡大から決定する.

　不良画素群の補償に用いる画素数についてはきずの検出及び不良画素の全体的な管理の観点から，可能であれば最低3画素以上確保する.

　一方，不良画素のコントラスト，大きさ及びアスペクト比に加えて，DDAのSNRも適切なきず検出に必要な補償画素数に影響を与える.

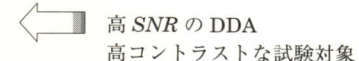

高 *SNR* の DDA　　　　　　　　　　　　中 *SNR* の DDA
高コントラストな試験対象　　　　　　　低コントラストな試験対象

不良画素群長軸方向を覆う補償に用いることができる画素数			
1	2〜3	4〜6	7以上
高リスク 推奨しない	高 *SNR* ・高コントラスト要求に対して中程度のリスク	低リスク	最　良

図 3.1.23　**検査対象のきずの大きさと適切な検出を行うために必要な画素数の関係**
出所：JIS Z 3110 解説図4を一部修正

(12) 最小の IQI 値について

有孔形透過度計に関しては原子力分野における運用実績に基づいて，有孔階段形透過度計のクラス A に相当する IQI 値を JIS Z 3110 として，新たに追加している（詳細は附属書 B 参照）.

3.1.3 放射線透過試験用透過度計及び像質計

国内における放射線透過試験用透過度計は，1968 年制定の JIS Z 3104（鋼溶接部の放射線透過試験方法及び透過写真の等級分類方法）をはじめ，アルミニウム，ステンレス鋼などの材料ごとに規定されていたが，これらの透過度計を統一して JIS Z 2306（放射線透過試験用透過度計）を 1991 年に制定し，2000 年の改正を経て，撮影方法における像質管理の手段として適用されてきた．一方，放射線透過試験の像質に関わる国際規格としては ISO 19232（Non-destructive testing — Image quality of radiographs）が 2004 年に制定され，2013 年に改正されている．この ISO 規格は Part 1 ～ 5 で構成されており，像質計，像質の決定及び評価についての規格となっている[1]～[5]．

JIS Z 3110 の制定に際してその基となった ISO 19232 は以下のパートに分類され，放射線透過試験の像質を規定している.

- ・ISO 19232-1：針金形透過度計を用いた IQI 値の決定
- ・ISO 19232-2：有孔階段形透過度計を用いた IQI 値の決定
- ・ISO 19232-3：像質クラス
- ・ISO 19232-4：IQI 値の実験的評価及び像質テーブル
- ・ISO 19232-5：複線形像質計を用いた像の不鮮鋭度の決定

JIS Z 2306 の国際整合化について検討が行われ，ISO 19232-1 及び ISO 19232-2 との整合化及び国内の使用状況を考慮した改正が行われた．したがって，これらのうち Part 1 及び 2 は JIS Z 2306 に，Part 5 は JIS Z 2307 に対応している.

また，ISO 19232-5 で規定している複線形像質計（duplex wire-type IQI）は透過画像における像の不鮮鋭度を決定するために用いられ，識別最小寸法を

得るために適用する透過度計とは目的が異なる．そのため，国内では複線形像質計の規定を JIS Z 2306 に組み入れないで，JIS Z 2307:2015（放射線透過試験用複線形像質計による像の不鮮鋭度の決定）として別規格を制定している．

ここでの IQI 値（Image quality value）は識別最小寸法に対応した寸法の針金，孔，又は線対に付けられた番号である．

Part 3 は平板突合せ及び管円周の溶接継手における母材の厚さに対する IQI 値を撮影配置毎に規定し，JIS Z 3104 などの各材料の溶接継手の撮影方法に含まれる内容である．また，γ 線源を用いた撮影における IQI 値の補正についても規定されている．

Part 4 は試験体と材質の異なる像質計を使用する場合に，Part 3 で規定した母材厚さに対する IQI 値のテーブルを実験的に作成する方法の規定である．

3.1.3.1　JIS Z 2306:2015（放射線透過試験用透過度計）

放射線透過写真の像質を評価し，管理するための透過度計は統一された規格に基づいて製作し，管理されることが望ましいことから，（一社）軽金属溶接協会から提出された原案を基に JIS Z 2306 として 1991 年に制定された．ここでの透過度計は図 3.1.24 に示すように，主として針金の線径の系列を 1.25 倍の等比数列で変化する構造の針金形透過度計と同一直径の針金からなる構造の帯形透過度計（その適用は国内のみである）であり，平板に直径の異なる貫通孔を設けた構造の有孔形透過度計がある．これらは透過写真の像質の管理上一般的な透過度計として階調計とともに用いられている．

国内では，ISO 1027:1983 との整合を図るため有孔階段形透過度計が規格に導入され，有孔形透過度計は ISO 1027 には規定されてないが，強制法規で規定されていることに配慮して，また，帯形透過度計も規定されていないが，従来から国内で使用されている実績を踏まえて，いずれも 2000 年に改正された．2013 年制定の ISO19232-1 〜 5 に整合する形で JIS Z 2306:2015 となり，2017 年には JIS Z 3110 を用いての D-RT の適用に不可欠な像質計の規格として JIS Z 2307:2017 が新たな像質計の規格として制定された．

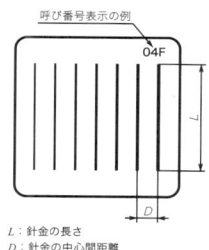

L：針金の長さ
D：針金の中心間距離

**（a）　一般形の針金形透過度計の
形状及び構造**

L：針金の長さ
D：針金の中心間距離

**（b）　帯形の針金形透過度計の
形状及び構造**

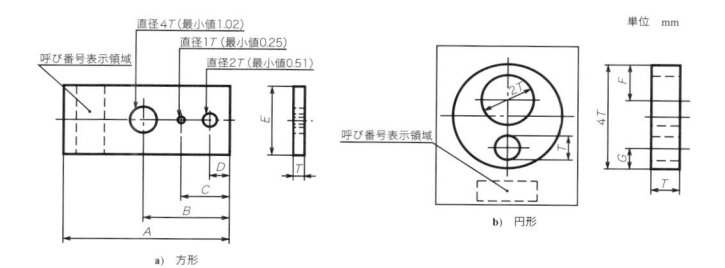

a)　方形

b)　円形

形状及び呼び番号		寸法						
		A	B	C	D	E	F	G
方形	X5～X50	38.0±0.4	19.0±0.4	11.0±0.4	6.4±0.4	13.0±0.4	—	—
	X60～X160	57.0±0.8	35.0±0.8	19.0±0.8	9.5±0.8	25.0±0.8	—	—
円形	X200	—	—	—	—	—	6.76±0.13	4.22±0.13

（c）　有孔形透過度計の形状及び寸法

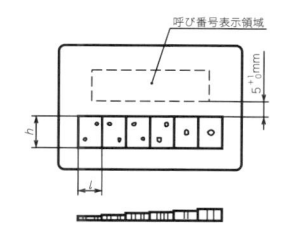

寸法	呼び番号			
	H1X	H5X	H9X	H13X
h	10	10	10	15
l	5	7	7	15

単位　mm

（d）　有孔階段形透過度計の形状及び寸法

図 3.1.24　各種透過度計の形状及び寸法の例
出所：JIS Z 2306 図 1 ～図 4

その内容は ISO 19232 の Part 1 及び Part 2 に規定している針金形透過度計及び有孔階段形透過度計について整合化を図りつつも，規格の構成としては従来の構成のままで JIS Z 2306 を ISO 19232-1 及び ISO 19232-2 の MOD として改正している．

また，透過度計は ISO 19232 において，複線形像質計と同様，像質計（Image Quality Indicator：IQI）と表現しているが，国内の規格としての JIS Z 2306 では透過度計（penetrameter）と呼称しており，長年にわたって現場で使用されてきた経緯からこの呼称を継続している．

(1)　適用範囲

ISO 19232 に規定されている針金形透過度計，有孔階段形透過度計に加えて，帯形透過度計は透過厚さの変化に対応でき，主に小口径管の撮影に有用である一方，有孔形透過度計は原子力分野においてその適用を規定していることから，帯形透過度計，及び有孔形透過度計の適用を含めている．

(2)　透過度計の分類，形状及び種類

針金形透過度計（一般形及び帯形），有孔形透過度計（方形及び円形），有孔階段形透過度計は従来のまま，又は一部を変更している．

帯形の針金形透過度計及び有孔形透過度計は，ISO 規格では規定されていないが，従来から使用されている．例えば，有孔形透過度計にあっては性能規定化された技術基準（強制法規）の解釈又は民間規定において使用が規定されている．

(3)　一般形の針金形透過度計の呼び番号，針金の直径及びその許容差並びに針金の中心間距離及び長さ

(a)　針金の中心間距離は ISO 規格では，針金直径に即して規定されており，透過度計の構成に対応した規定と異なるが，針金の中心間距離は針金の直径に対して十分な間隔があれば，技術的な差異とならないため，使用上の混乱を避けた規定となっている．

(b)　一般形の針金形透過度計の呼び番号の表記について，従来は最も太い針金の直径で表示しているのに対して，ISO 規格では最も太い針金の針金番

号で表示している．しかし，技術的な差異はないことから従来のままである．

(c) 一般形の針金形透過度計の呼び番号を構成する針金について，JIS Z 2306:2015 と ISO 規格とで一致しない部分については従来のままとなっている．参考のために，JIS と ISO 規格との比較を表 3.1.7 に示す．

ここで，63X は ISO 規格では規定されていない直径の針金を含む構成であるが，国内で使用されてきた経緯から，従来のままである．採用されてない W6 を構成する針金はすべて 16X 又は 08X の構成中に含まれているので，使用上の技術的差異とはならない．

(d) 一般形の針金形透過度計の呼び番号，針金の直径及びその許容差並びに針金の中心間距離及び長さ，有孔階段形透過度計の呼び番号並びに板の厚さ，孔の直径及びそれらの許容差について，一般形の針金の直径，又は有孔階段形の板の厚さ及び孔の直径の系列は標準数の引用でなく ISO 規格に整合させての数値表示である．

(e) 有孔形透過度計の呼び番号並びに板の厚さ，孔の直径及びそれらの許容差について，呼び番号の寸法規定を削除し，ISO 規格の有孔階段形透過度計の表示方法にあわせて呼び番号の表示領域を規定している．この場合，呼び番号が透過写真上で明瞭に識別される寸法であること及び呼び番号が透過写真上で透過度計の孔と重なり識別を妨げることがない配置とするように留意する

表 3.1.7 一般形の針金形透過度計の構成及び構成する針金の ISO 規格との比較
出所：JIS Z 2306 解説表 2

JIS 規格の構成 ［構成する針金の直径（mm）］	ISO 規格の構成 ［構成する針金の直径（mm）］
63X（6.3，5.0，4.0，3.2，2.5，2.0，1.6）	なし
16X（1.6，1.25，1.0，0.80，0.63，0.50，0.40）	W6（1.00，0.80，0.63，0.50，0.40，0.32，0.25）
08X（0.80，0.63，0.50，0.40，0.32，0.25，0.20）	

必要がある.

(f) 有孔階段形透過度計の呼び番号並びに板の厚さ, 孔の直径及びそれらの許容差について, 板の厚さ寸法の有効桁に比べて2桁小さい許容差には意味がないため, 板の製造及び加工において現実的な精度に変更し, 板の厚さ及び孔の直径の許容差を小数点以下2桁までとなっている.

(4)　規格の運用上参考となる事項及びその内容

(a) 透過度計の仕様

(i) 有孔形透過度計の呼び番号並びに板の厚さ, 孔の直径及びそれらの許容差について, 有孔形透過度計の呼び番号は, 板の材質を表す英文字と板の厚さ（ミル単位）に対応する番号によって表示する. 板の厚さについては19種類を規定して広範囲の試験体厚さに対応できるようにし, それぞれ1インチを 25.4 mm として換算した値を小数点第2位未満を四捨五入する.

各透過度計に設けられている貫通孔は厚さが 4.06 mm（X160）以下の透過度計については, 板の厚さの等倍, 2倍及び4倍の直径とし, そのうち厚さが 0.25 mm（X10）以下のものについては 0.25 mm, 0.51 mm 及び 1.02 mm の直径である. また, 厚さが 5.08 mm（X200）の透過度計は板の厚さの等倍及び2倍の直径である.

透過写真上で孔の識別状況及び透過度計の示す濃度が大きく変化しないように, 有孔形透過度計の厚さの区分に応じて, 厚さ及び直径の許容差を規定している. ただし, X20 以下の有孔形透過度計に対するこれらの許容差は, 加工精度などを考慮して 0.03 mm 以下となっている.

一方, 形状, 寸法及び構造については厚さが 4.06 mm（X160）以下の透過度計については, 直径の異なる3個の貫通孔を設けた方形とし, X5 〜 X50 までの板の寸法は 38.0 mm × 13.0 mm, X60 以上は 57.0 mm × 25.0 mm となっている. また, 厚さが 5.08 mm（X200）の透過度計については厚さの4倍の直径をもつ円形とし, 直径の異なる二つの貫通孔を設けた構造である.

(ii) 有孔階段形透過度計の呼び番号並びに板の厚さ, 孔の直径及びそれらの許容差について, 板の厚さ及び孔の直径は 0.125 mm 〜 6.3 mm までの 18

種類を，また板の厚さ及び孔の直径の許容差はマイナスの許容差は認めないでプラスだけである．

　一方，形状，寸法及び構造については有孔階段形透過度計は板の厚さと等倍の直径をもつ貫通孔を設けた板を組み合わせた構造で，板の厚さが 0.8 mm 以上の場合の孔の数は 1 個とし，0.8 mm 未満の場合は 2 個である．

(iii)　針金及び板の材質について鋼，ステンレス鋼，アルミニウム，チタン，銅及びそれらの合金材料については，それぞれに応じた材料が選択できる．モリブデン含有量が特に高いステンレス鋼など，材質と吸収係数の異なる合金材料及び上記以外の金属材料の場合，試験対象に合わせた他の材料を使用してもよいが，その際，材質はわかりやすい記号によって表記する必要がある．

(b)　試験方法

(i)　針金形透過度計について，針金の直径は，針金を型枠に埋め込む前にマイクロメータで計測して，許容差を満足し，さらに透過写真上で針金が配列されていることを確認する．

　針金の中心間距離及び長さについては，個々の透過度計について X 線透過写真を撮影し，透過写真上で測定を行い，寸法を確認する．また，透過写真上で表示記号（呼び番号）が明瞭に識別でき，極端な針金の屈曲，配列のずれ及び偏りなどの異常がないことを確認する．

　X 線吸収が大きい物質の粉末，くず（屑）などの混入，不良な接着剤などによって，透過写真上に異常な陰影を生じる場合があり，溶接部又は鋳造品の透過写真のきずの分類の際に支障をきたすおそれがある．

(ii)　有孔形及び有孔階段形透過度計について，厚さはマイクロメータで測定し，また，孔の直径については顕微鏡などを使用して測定し，許容差を満足していることを確認する．

　目視によって表示記号（呼び番号）及び極端な反り，表面きず，孔の周囲のばり又はつぶれなどの異常のないことを確認した後，X 線透過写真を撮影し，透過写真上で表示記号（呼び番号）が明瞭に識別でき，また異常がないことを確認する．

(iii)　試験成績書について，従来から，針金の材質が記号Fで表示される針金形透過度計については（一社）日本溶接協会，記号Sで表示される針金形透過度計については（一社）ステンレス協会，記号Tで表示される針金形透過度計については（一社）日本チタン協会，また記号Aで表示される針金形透過度計については（一社）軽金属溶接協会がそれぞれ検定を行い，試験成績書を添付している．

有孔形透過度計及び有孔階段形透過度計についても，同様の機関又は製造者が検定することが望ましく，試験成績書が添付される．

(d)　表示について，有孔形透過度計の表示記号は呼び番号とし，放射線吸収の大きい材料を使用して透過写真上で明瞭に確認できるようにする必要がある．また，表示記号の位置は試験に影響を及ぼさない位置である．

一方，有孔階段形透過度計の表示について，各構成の表示記号は，呼び番号とし，放射線吸収の大きい材料を使用して透過写真上で明瞭に確認できるようにする必要がある．

表示記号（呼び番号）の位置は，配置した階段の上方に5 mm離した位置である．

また，有孔階段形透過度計は放射線吸収の小さいアクリルなどの台板に呼び番号を示す表示記号とともに貼り付けて使用することができる．

3.1.3.2　JIS Z 2307:2017（放射線透過試験用複線形像質計による像の不鮮鋭度の決定）

ISO 19232-5:2013はD-RTに不可欠な複線形像質計（Duplex wire-type image quality indicator）による像の不鮮鋭度の決定方法を規定している．フィルム法（F-RT）とは適用の目的が異なる．

従来のF-RTの像質決定に用いられてきた透過度計を規定していたJIS Z 2306:2009（放射線透過試験用透過度計）とは別規格として，ISO 19232-5:2013（以下，対応国際規格という）を基に制定している．

2004年にISO 19232-5, Non-destructive testing — Image quality of radiographs

— Part 5: Image quality indicators (duplex wire type) — determination of image unsharpness value が第 1 版として制定され，同時に制定された ISO 19232-1 〜 ISO 19232-4 は透過写真の像質の評価に関わる規格であるのに対して，ISO 19232-5 で規定している複線形像質計は透過画像の像の不鮮鋭度を決定することが目的である．しかし，ISO 19232-5 を引用している ISO 規格は見当たらなく，対応する JIS も存在していなかった．

国内においては JIS Z 2307 を ISO 19232-5 の MOD として制定し，D-RT の迅速な普及・拡大が見込まれることに対処するため，複線形像質計の仕様及びそれを用いた像の不鮮鋭度の決定方法を規定している．

規定内容について，像質計の番号の表示方法等に細かい差異はあっても，技術的な点においては ISO 19232-5 に整合している．

この JIS Z 2307:2017 は上述したように，D-RT における像質の決定の方法規格として制定しているため，ISO 規格で規定している適合性評価に関する項目は削除している．

また，"total image unsharpness value"，"image unsharpness value"，"total image unsharpness" 及び "image unsharpness" の四つの異なる表現には，差異は認められないため，この規格では "像の不鮮鋭度" に統一している．

(1) 適用範囲

D-RT の撮影を含む放射線透過試験の像の不鮮鋭度を決定する方法の規格であり，複線形像質計は F-RT に適用してもよい．

(2) 像質計の名称

JIS Z 2300:2009（非破壊試験用語）では並列針金形像質計として記述しているが，帯形透過度計との混同が懸念され，また像の不鮮鋭度を測定するのに必要な要素である線対を表現するため，JIS Z 2307 では，複線形像質計と表記する．

(3) 複線形像質計の構成

ISO19232-5 と同様に，高密度の金属で作られた線対の系列を並べた図 3.1.25 に示す構成となっている．

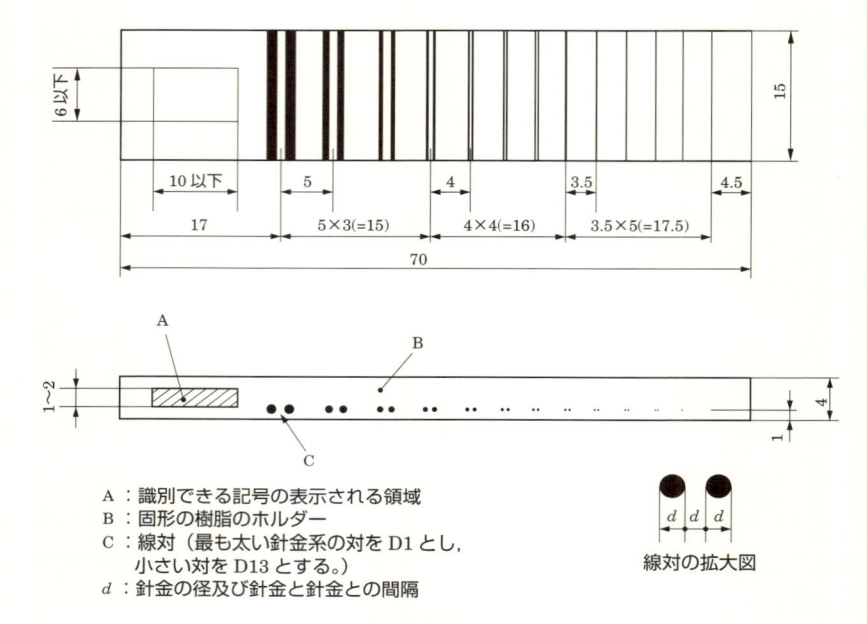

A ： 識別できる記号の表示される領域
B ： 固形の樹脂のホルダー
C ： 線対（最も太い針金系の対を D1 とし，
　　小さい対を D13 とする。）
d ： 針金の径及び針金と針金との間隔

線対の拡大図

図 3.1.25　複線形像質計の形状，寸法及び構造

　これらの線対は，用いる針金の直径と同じだけ間隔をあけて平行に配置する同径の 2 本の針金で構成し，その系列は針金の径の最も大きな 0.8 mm の線対から最も小さな 0.05 mm の線対までの 13 対である．

(4)　像の不鮮鋭度

JIS Z 2307 で用いる像の不鮮鋭度は検出器システムに固有の不鮮鋭度に幾何学的不鮮鋭度を含めた合計の不鮮鋭度である．線対にはそれぞれ番号が割り当てられ，像の不鮮鋭度は針金の寸法又は線対の番号のいずれかで表している．

　像の不鮮鋭度は，ISO 19232-5 と同様に試験対象物の線源側に置いた複線形像質計の像において，線対が 2 本の線に分離して識別できなくなる限度（JIS Z 3104 などの F-RT では識別できる限度で表している）から求めるが，JIS Z 2307 では定量的な判定基準として，D-RT のプロファイル機能を使用した像の不鮮鋭度の決定方法について規定している．図 3.1.16 に示すように，二つのピークの大きさに対する変調（ディップ）の値が 20 %以下となった場合に

分離して識別できないと判定する．それらの線対のうち最大の寸法の線対を構成する針金直径を基本空間分解能とし，その2倍が像の不鮮鋭度である．さらに詳細な像の不鮮鋭度の決定方法は規格によって異なるため，必要に応じてそれぞれの規格の方法に従って決定する[10), 11)]．

また，複線形像質計を用いて検出器の固有不鮮鋭度を測定する場合には，検出器に直接複線形像質計を置いて撮影する必要があり，撮影条件についてはJIS Z 3110 などの試験撮影方法の規格による．

これらの像の不鮮鋭度は，D-RT に必須の像質評価指標であるがF-RT にも適用することができる．

(5) 記号表示

ISO 19232-5:2013 では，ISO の文字及び複線形像質計の番号を，ISO 19232-5:2004 及び EN 462-5:1996 ではそれぞれの規格番号を埋め込むことになっているが，JIS Z 3110 では複線形像質計の識別できる記号及び番号が表示された像質計を使用できるように配慮している．

現在流通している製品に配慮して，像質計の番号については本体に埋め込む必要はなく，表示が確認できれば表面に印字するなどでもよい．

なお，この規格に準拠して製造した複線形像質計に JIS を示す識別できる記号を埋め込む場合には，例えば単に J の文字とするなど認証マークに抵触しないように留意する．

一方，JIS Z 2306 で規定している有孔形透過度計は複線形像質計とともに使用する透過度計として規格に取り上げている．

(6) 像の不鮮鋭度の決定

複線形像質計を用いて像の不鮮鋭度を決定する基本的な方法は，この JIS Z 2307 による．D-RT では，複線形像質計は検出器の水平方向又は垂直方向から数度（2°〜5°）傾けて配置する必要があり，また像の不鮮鋭度及び基本空間分解能の詳細な決定方法は規格によって異なる．その詳細は，例えば ISO17636-2 などに詳しく規定されているので，これらに従って像の不鮮鋭度及び基本空間分解能を決定する．

3.1.4　JIS Z 3861：1979（溶接部の放射線透過試験の技術検定における試験方法及び判定基準）

JIS Z 3105：1968（アルミニウム溶接部の放射線透過試験方法及び透過写真の等級分類方法）では "X線試験を行う技術者はアルミニウムの溶接に関する知識並びにX線装置，X線の遮蔽，写真処理を含むX線試験方法及び透過写真の等級分類方法について十分な技術と経験を有していなければならない" と規定していた．この "十分な技術と経験" に対応するものとして技術検定試験が必要であり，(社)軽金属協会から提出された規格原案（アルミニウム溶接部の放射線透過試験の技術検定における試験方法並びにその判定基準）が溶接部会溶接部放射線検査専門委員会の審議を経て，1971年にJIS Z 3861：1971として制定された．これを受けて，試験技術者についてJIS Z 3105は1977年にX線透過試験を行う技術者は原則としてJIS Z 3861に合格した者又はこれと同等以上の技量をもつ者とすると規定した．また，JIS Z 3108（アルミニウム管の円周溶接部の放射線透過試験方法）にも規定された．

一方，JIS Z 3104：1968（鋼溶接部の放射線透過試験方法及び透過写真の等級分類方法），JIS Z 3106：1971（ステンレス鋼溶接部の放射線透過試験方法及び透過写真の等級分類方法），JIS Z 3107：1973（チタン溶接部の放射線透過試験方法及び透過写真の等級分類方法）でも，放射線（X線）試験を行う技術者は溶接に関する知識並びに放射線（X線）装置，放射線（X線）の遮蔽，写真処理を含む放射線（X線）試験方法及び透過写真の等級分類方法について十分な技術と経験を有していなければならない旨を規定していた．このことはアルミニウム溶接部の場合と同様に技術検定試験が必要であることを意図している．そのため，JIS Z 3861：1971ではアルミニウム溶接部の放射線透過試験の技術検定に適用していたが，アルミニウム及びその合金以外の材料にも適用可能である旨の以下のような試験研究などの成果を得て，"アルミニウム" を削除して，適用範囲を溶接全般に拡張した．

すなわち，透過写真のコントラストΔDはX線フィルム及び濃度，焦点寸法及び撮影配置に変化がなければ，試験体の材質に関係なく一定である．したがっ

て，試験体の材質によって，ΔD に影響を与える因子は撮影条件における透過するX線の減弱係数 μ 及び散乱線量(率)の透過線量(率)に対する割合である散乱比 n である．ここで，厚さが同じアルミニウム板，チタン板及び鋼板の撮影にあたっての条件及びそれぞれの撮影条件における $\mu/(1+n)$ の値の例を表 3.1.8 に示す．

この表から明らかなように，アルミニウム板，チタン板及び鋼板の撮影での $\mu/(1+n)$ の値は，板厚が 4.0 mm の場合 3.6 から 4.0，10.0 mm の場合 1.2 から 1.3，20.0 mm の場合 0.84 から 0.89 のわずかの範囲を変化するだけで，同一形状の試験体であれば試験体の材質が変化してもほぼ同一の ΔD が得られることを示している．そこで，4.0 mm 厚さのアルミニウム及び鋼製の試験体を作成し，それぞれに対して軟X線装置及び鋼用の携帯式X線装置を用いて，異なる管電圧，ほぼ同じ露出時間で撮影した結果，階調計の濃度差（透過写真のコントラスト ΔD）は表 3.1.9 に示すように，ほぼ同一であることが実験的

表 3.1.8　X線フィルムに到達する線量率を同じにした場合のアルミニウム板，チタン板及び鋼板に対する撮影条件と $\mu/(1+n)$
出所：JIS Z 3861 解説表 1

試験体の材質	板 厚 mm	X線装置*	管 電 圧 kVp	線量率 mR/mAmin at 1 m	吸収係数 $\bar{\mu}$ cm⁻¹	散 乱 比** n	$\dfrac{\bar{\mu}}{1+n}$
アルミニウム		ウエルテス 60 – 2	50		4.1	0.14	3.6
チ タ ン	4.0	ウエルテス 150 S	70	10	5.2	0.35	3.9
鋼			98		6.0	0.50	4.0
アルミニウム			51		1.8	0.55	1.2
チ タ ン	10.0	ウエルテス 150 S	99	13	2.2	0.70	1.3
鋼			140		2.6	1.0	1.3
アルミニウム			46		1.6	0.80	0.89
チ タ ン	20.0	ウエルテス 150 S	100	1.8	1.8	1.1	0.86
鋼			148		2.1	1.5	0.84

注　*　ウエルテス 60–2 は携帯式の軟X線装置，ウエルテス 150 S はすえ置式のX線装置
　　**　照射野の大きさ φ300 mm

表 3.1.9　平板試験片の材質と透過写真のコントラストとの関係
出所：JIS Z 3861 解説表 2

写真番号	試験片の材質	X線装置	管電圧 kVp	露出時間 sec	濃度測定値			階調計濃度差
					母材部（最高値）	溶接部 中央部	最低値	
17	アルミニウム	ウエルテス 60-2	43	113	3.14	1.78	1.50	0.40
101	鋼	マクロタンク H	130	110	3.46	1.90	1.68	0.41
28	アルミニウム	ウエルテス 60-2	50	53	2.91	1.78	1.52	0.35
102	鋼	マクロタンク H	150	54	3.09	1.84	1.66	0.35
30	アルミニウム	ウエルテス 60-2	55	33	2.65	1.73	1.46	0.29
103	鋼	マクロタンク H	170	32	2.94	1.88	1.68	0.31

備　考　X線フィルム：フジ♯80, 増感紙：アルミニウムの場合なし, 鋼の場合 鉛はく0.03 mm フロント・バック共, 管電流：ウエルテス 60-2 の場合 4 mA, マクロタンク H の場合 5 mA, 焦点-フィルム間距離：60 cm

に確かめられている。

このことから，透過写真の撮影秘術において試験体の材質の違いによる難易の差はないことが明らかとなったため，アルミニウム製の試験体を試験体の代表として使用することは種々の材料に対しての撮影の技術を検定していることになるといえる．

なお，上述の技術的背景から，現在の JIS Z 2305 の技術者の資格及び認証において，放射線部門での資格試験の放射線透過試験には試験体の代表として軽量で取り扱いやすいアルミニウム材料が使用されている理由でもある．

3.1.5　放射線関連計測器

3.1.5.1　JIS Z 4324:2017（X 線及び γ 線用据置形エリアモニタ）

JIS Z 4324:2017 ［IEC 60532:2010（MOD）］は，原子力施設及び放射線施設の建屋内の作業環境のおける X 線及び γ 線の周辺線量当量率（以下線量率という．）を連続的に監視するための据置形エリアモニタについて規定している．ただし，パルス状の放射線の測定に関わる性能，及び事故時又は緊急時の

線量率測定に関わる特別な性能，また，この規格で規定する環境条件を超えてモニタを使用するために付加された機能の性能については規定していない．

　なお，可搬形のエリアモニタについては JIS Z 4344 に規定されている．

3.1.5.2　JIS Z 4344:2017（X 線及び γ 線用可搬形エリアモニタ）

　この規格は，原子力施設及び放射線施設の作業環境における X 線及び γ 線の周辺線量当量率（以下線量率という．）を連続的に監視するための据置形エリアモニタ（以下モニタという．）について規定している．ただし，パルス状の放射線の測定に関わる性能，及び事故時又は緊急時の線量率測定に関わる特別な性能，また，この規格で規定する環境条件を超えてモニタを使用するために付加された機能の性能については規定していない．

　なお，据置形のエリアモニタについては JIS Z 4324 に規定されている．

3.1.5.3　JIS Z 4345:2017（X・γ 線及び β 線用受動形個人線量計測装置 並びに環境線量計測装置）

　この規格は，2012 年に第 1 版として発行された IEC 62387:2012 を基とし，国内の使用状況に応じて技術的内容を変更して MOD で作成されている．

　個人線量当量，周辺線量当量及び方向性線量当量について，0.01mSv 〜 10Sv の線量範囲内で，最小定格エネルギー範囲及び試験エネルギー範囲に示すエネルギー範囲の X・γ 線及び又は β 線の，個人線量当量（体幹部の線量計測など），周辺線量当量及び方向性線量当量の測定に用いる受動形個人線量計測装置及び環境線量計測装置について規定している．

3.1.5.4　JIS Z 4346:2017（X・γ 線用受動形環境モニタリング用線量計測装置）

　この規格は，30keV 〜 3MeV の X・γ 線による空気吸収線量又は空気カーマの測定に用いる，受動形環境モニタリング用線量計測装置について適用する．また，X・γ 線はその散乱線を含んでいる．

3.1.6　その他の試験方法

JIS K 7091:1996（炭素繊維強化プラスチック板のX線透過試験方法）は，1996年に制定され，2016年に確認が行われている．厚さ20 mm以下の平板状炭素繊維強化プラスチック（CFRP）板に内在するボイド，異物などの欠陥を軟X線を用いて工業用X線フィルムの直接撮影によって検出する方法である．像質計としての透過度計は有孔板形であり，その材質はポリエステルフィルムである．階調計は一辺が15 mmの正方形である．この規格は試験方法を規定しており，像の分類の方法は記述されていない．

引 用 文 献

1)　非破壊検査技術シリーズ 放射線透過試験 I，日本非破壊検査協会，2006
2)　溶接構造物の試験・検査，日本溶接協会溶接検査認定委員会研究・教育委員会，2008
3)　放射線試験技術に関する写真及び解説，日本非破壊検査協会，2006
4)　工業分野におけるデジタルラジオグラフィの基礎とその適用―フィルムからデジタルへの展開―日本溶接協会非破壊試験技術実用化研究委員会発行，2014

参 考 文 献

1)　JIS Z 3104:1995 鋼溶接継手の放射線透過試験方法
2)　JIS Z 2306:2015 放射線透過試験用透過度計
3)　JIS Z 2307:2017 放射線透過試験用複線形像質計による像の不鮮鋭度の決定
4)　JIS Z 3110:2017 溶接継手の放射線透過試験方法―デジタル検出器によるX線及びγ線撮影技術
5)　ISO 11699-1:2008 Non-destructive testing—Industrial radiographic film—Part 1: Classification of film systems for industrial radiography
6)　ISO 16371-1:2011 Non-destructive testing—Industrial computed radiography with storage phosphor imaging plate—Part1: Classification of systems
7)　ISO 17636-2:2013 Non-destructive testing of welds—Radiographic testing—Part2: X- and gamma-ray techniques with digital detectors
8)　ISO19232-1:2013 Non-destructive testing—Image quality of radiographs—Part1: Determination of the image quality value using wire-type image quality indicators
9)　ISO 19232-2:2013 Non-destructive testing—Image quality of radiographs—Part2: Determination of the image quality value using step/hole-type image quality indicators
10)　ISO 19232-3:2013 Non-destructive testing—Image quality of radiographs—Part3: Image quality classes for ferrous metals

11) ISO 19232-4:2013 Non-destructive testing—Image quality of radiographs—Part4: Experimental evaluation of image quality values and image quality tables

12) ISO 19232-5:2013 Non-destructive testing—Image quality of radiographs—Part5: Determination of the image unsharpness value using duplex wire-type image quality indicators

13) ASTM E 2445/E 2445-14, Standard Practice for Performance Evaluation and Long-Term Stability of Computed Radiography Systems

14) ASTM E 2446-16, Standard Practice for Manufacturing Characterization of Computed Radiography Systems

15) EN 14784-2:2005, Non-destructive testing—Industrial computed radiography with storage phosphor imaging plates—Part 2: General principles for testing of metallic materials using X- rays and gamma rays

16) 大岡紀一, 平山一男, 松山格：アルミニウム及び鋼溶接部の透過写真のコントラスト—JIS Z 3861 の改正に伴って, 溶接部の非破壊検査に関するシンポジウム, 軽金属溶接構造協会, 1979

17) 大岡紀一, 高勇, 鴨志田敏行, 松山格：アルミニウム溶接部の撮影における X 線装置の選択, 日本非破壊検査協会, 第 1 分科会, NDT 資料（未公開）, pp.1-5, 1851(1980)

18) 大岡紀一, 中村圀夫, 菊池六夫, 高勇, 鴨志田敏行：各種材料の透過写真のコントラスト, 日本非破壊検査協会, 第 1 分科会, NDT 資料（未公開）, pp.11-15, 1755（1983）

19) 大岡紀一, 窪田聡, 稲見隆, 柏俊文, 加藤潔, 釜田敏光, 谷口良一, 脇部康彦：ISO 16371-1 規格の紹介及び動向, 平成 24 年第 8 回放射線による非破壊評価シンポジウム講演論文集 4-3, 2011

20) 脇部康彦, 加藤潔, 稲見隆, 釜田敏光, 窪田聡, 谷口良一, 柏俊文, 藤岡和俊, 大岡紀一：ISO 17636-2 規格の紹介と今後について, 平成 24 年第 8 回放射線による非破壊評価シンポジウム講演論文集 4-4, 2011

21) 大岡紀一, 成川康則, 牧原善次, 根本好弘, 横田和重：デジタルラジオグラフィにおける複線形像質計（Duplex wire）の使用方法の教育訓練の必要性, 平成 28 年第 10 回放射線による非破壊評価シンポジウム講演論文集 3-2, 2016

22) 大岡紀一, 成川康則：JIS Z 3104 及び ISO 17632-2 における撮影配置の決定方法について, 日本非破壊検査協会平成 27 年度放射線透過試験部門講演大会, 2015

23) 平成 28 年度非破壊試験技術実用化研究委員会成果報告書, AN 委員会, 日本溶接協会, 2015

24) 大岡 紀一, 成川 康則：JIS Z 3104 及び ISO 17636-2 における撮影配置の決定方法について—ISO 17636-2 への JIS Z 3104 の撮影配置の適用について—, 平成 27 年度第 2 回放射線部門講演会, 資料 No.RT00061, 2015

3.2　超音波探傷試験

　材料中に超音波を伝搬させて，その内部の状況を調べる方法を超音波探傷試験と呼び，一般には"やまびこ"のように，きずなどから反射する超音波をエコーとして受信して反射源の有無や状況を知る方法が用いられる．図3.2.1に示すように，探触子から出た超音波を試験体の表面に垂直方向に伝搬させる垂直探傷法と斜めに伝搬させる斜角探傷法に大別され，前者は鋼板や鍛鋼品などに，後者は主として溶接部の検査に用いられる．

　超音波探傷試験に関連するJISは，大別して表3.2.1に示すように，装置の性能及び試験方法に関するもの，対象となる材料によるもの，各種材料の溶接・接合に関するものに分類される．装置の性能及び試験方法に関しては，通則，超音波探傷器及び探触子の性能，音速，減衰の測定などに関して9件のJISが規定されている．対象となる材料については，鋼板，鋼管，鍛鋼品の他に非金属も含めて9件のJISが規定されている．また溶接・接合部については，鋼，アルミなど6件のJISが制定されている．

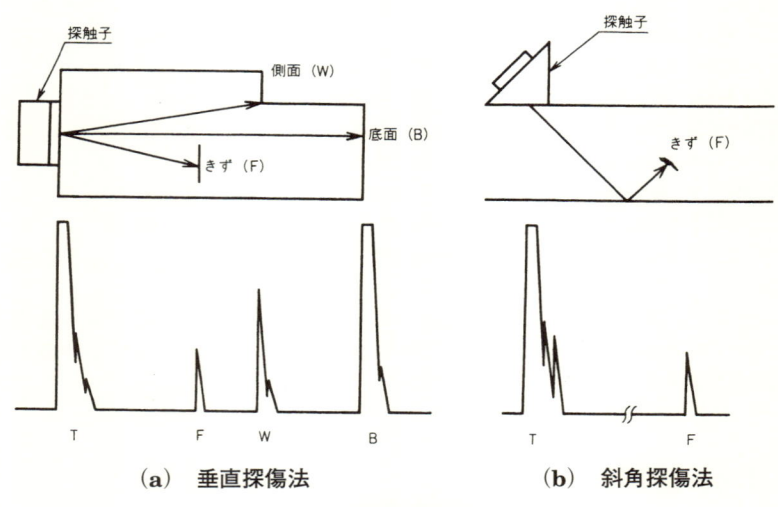

（a）　垂直探傷法　　　　　**（b）　斜角探傷法**

図3.2.1　超音波探傷試験の原理
出所：JIS Z 2344 図1

表 3.2.1　超音波探傷試験に関わる **JIS** の分類

分　類	適用項目	JIS 番号
(1) 装置の性能，試験方法	試験方法通則	JIS Z 2344:1993
	標準試験片	JIS Z 2345:2000
	探触子の性能測定方法	JIS Z 2350:2002
	探傷器の電気的性能測定方法	JIS Z 2351:2011
	探傷装置の性能測定方法	JIS Z 2352:2010
	音速の測定方法	JIS Z 2353:2003
	減衰係数の測定方法	JIS Z 2354:2012
	厚さ測定 1（方法）	JIS Z 2355-1:2016
	厚さ測定 2（装置）	JIS Z 2355-2:2016
(2) 対象となる材料部	鋼管	JIS G 0582:2012
	アーク溶接鋼管	JIS G 0584:2014
	鍛鋼品	JIS G 0587:2007
	圧力容器用鋼板	JIS G 0801:2008
	ステンレス鋼板	JIS G 0802:2016
	建築用鋼板	JIS G 0901:2010
	チタン管	JIS H 0516:1992
	CFRP 板	JIS K 7090:1996
	黒鉛素材	JIS Z 2356:2006
(3) 材料の溶接・接合部	鋼溶接部	JIS Z 3060:2015
	異形棒鋼ガス圧接部	JIS Z 3062:2014
	鋼溶接部の自動探傷	JIS Z 3070:1998
	アルミニウムの突合せ溶接部	JIS Z 3080:1995
	アルミニウム管溶接部	JIS Z 3081:1994
	アルミニウムの T 形溶接部	JIS Z 3082:1995

3.2.1　装置の性能及び試験方法に関連する規格

超音波探傷試験に関する一般事項を規定した通則，装置の調整などに用いられる試験片，探傷装置の性能測定などに関する JIS としては，以下のものが挙げられる．

3.2.1.1　JIS Z 2344:1993（金属材料のパルス反射法による超音波探傷試験方法通則）

基本表示（A スコープ表示）の超音波探傷器を用いたパルス反射法によって，金属材料の不健全部を検出し評価するときの一般事項について規定したもので，超音波探傷試験に関連するすべての JIS のベースとなる規格である．内容としては，探傷図形に現れるエコーの記号付け，試験の際に指定する事項，探傷装置の点検，試験方法全般などに関わる基本的事項について，共通項目をまとめて記載してある．

例えば，探傷図形に現れるエコーに対しては，送信パルスを T，きずエコーを F，底面エコーを B，水浸法の表面エコーを S というように記号付けすることを規定している．また，試験の際に指定する事項としては，試験の方法，超音波探傷器の性能，探触子の種類と性能，関連規格など，必要最小限の項目を明記している．さらに，探傷装置の日常点検，定期点検及び特別点検についてこれらの位置付けを明確に規定している．

試験の方法に関しては，試験の時期，探傷方法の選定，探傷方向及び探傷面，周波数など探触子の選定，音響結合方法及び接触媒質，探傷器の調整，エコー高さ及び反射源位置の測定と記録，きずの寸法の測定などの基本事項について，それらの概要を記載している．また，試験結果の評価並びに記録及び報告事項について列記している．この内容を踏まえて，必要に応じて超音波探傷試験に関連する多くの JIS から引用されている．

3.2.1.2　JIS Z 2345:2000（超音波探傷試験用標準試験片）

超音波探触子も含めた探傷装置の性能測定，試験を実施する際の測定範囲，

表 3.2.2 標準試験片の種類と使用目的

種 類	記 号	探傷方法	探傷の対象物の例	主な使用目的(参考)
G 形	STB-G V2 STB-G V3 STB-G V5 STB-G V8 STB-G V15-1 STB-G V15-1.4 STB-G V15-2 STB-G V15-2.8 STB-G V15-4 STB-G V15-5.6	垂直探傷	極厚板,条鋼及び鍛造品	探傷感度の調整,垂直探触子の特性の測定,探傷器の総合性能の測定
N1 形	STB-N1	垂直探傷	厚板	探傷感度の調整
A1 形	STB-A1	垂直探傷及び斜角探傷	溶接部及び管	斜角探触子の特性の測定,斜角探触子の入射点及び屈折角の測定,測定範囲の調整,探傷感度の調整
A2 形系	STB-A2 STB-A21 STB-A22	斜角探傷	溶接部及び管	探傷感度の調整,探傷器の総合性能の測定
A3 形系	STB-A3 STB-A31 STB-A32 STB-A7963	斜角探傷	溶接部	斜角探触子の入射点及び屈折角の測定,測定範囲の調整,探傷感度の調整

出所:JIS Z 2345 表 1

探傷感度などの装置の調整を行うために用いる,標準きずを加工した試験片を標準試験片(STB:Standard Test Block)といい,これらの形状・寸法,材料などを規定したもので,用途に応じて表3.2.2に示す種類のものがある.

　対応する ISO としては,STB-A1 に該当する ISO 2400 と STB-A7963 に該当する ISO 7963 があるが,いずれも対比試験片(RB:Reference Block)としての位置付けであり,JIS のような検定や合否判定の規定はない.また,そ

表 3.2.3　探触子の表示記号

表示の順序	内容	種類　記号
1	周波数帯域幅	広帯域の場合は B, 狭帯域の場合は $N^{(1)}$ を付ける.
2	周波数	公称周波数を MHz 単位で表す.
3	振動子材料	水晶：Q, ジルコンチタン酸鉛系磁器：Z, Z 以外の圧電磁器：C, ポリマー系：P, コンポジット系：K, その他：E, 材料を特定しないとき：M
4	振動子寸法	円形：直径（単位 mm） 二振動子のものは, それぞれの振動子寸法とする$^{(2)}$. 角形：高さ×幅（単位 mm）$^{(3)}$
5	波のモード	縦波：$L^{(4)}$, 横波：$S^{(5)}$, SH 波：H, 表面波：R
6	形式	垂直：N, 斜角：A, 可変角：V, 水浸：I, タイヤ：W, 二振動子：D を加える.
7	屈折角	低炭素鋼中への公称屈折角で表し, 単位は度とする. その他の材料用の場合は, その材料を表す記号などを付ける.
8	集束深さ又は交軸深さ	点集束形のものは PF, 線集束形のものは LF, 二振動子形のように交点をもつものは F を付け, その深さを mm 単位で表す.

の他の標準試験片は日本独特のものである.

3.2.1.3　JIS Z 2350：2002 （超音波探触子の性能測定方法）

　ISO 10375：1997 と ISO 12715：1999 を基に, 対応する部分について日本語に翻訳し, 一部技術的内容を変更して作成した MOD 規格で, 周波数が 0.5MHz 以上 15MHz 以下の超音波探触子の性能測定方法について規定したものである.

　この中で特に日本独特の規定として, 探触子の表示法が挙げられる. 探触子

出所：JIS Z 2350 表1

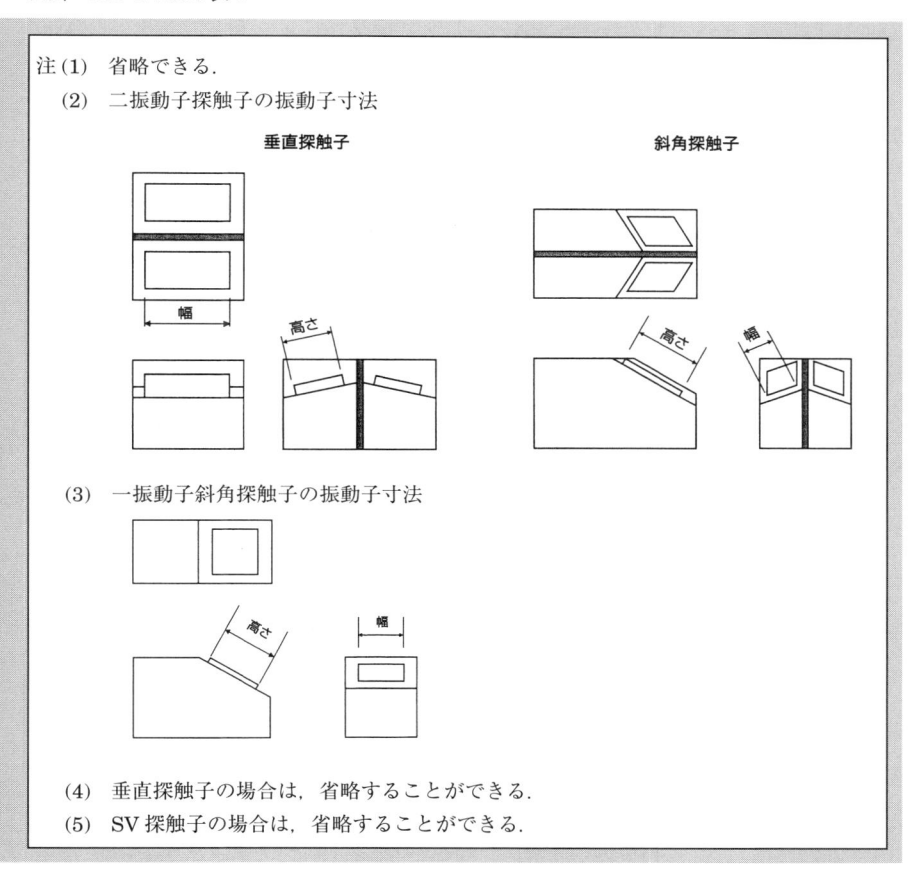

注(1)　省略できる.
　(2)　二振動子探触子の振動子寸法

垂直探触子　　　　　　　　　　　**斜角探触子**

　(3)　一振動子斜角探触子の振動子寸法

　(4)　垂直探触子の場合は，省略することができる.
　(5)　SV 探触子の場合は，省略することができる.

の分類の基本は，周波数，振動子の材料，振動子寸法などであり，これらを簡潔に表示するための規定が表 3.2.3 のように記載されている．例えば，公称周波数：2MHz，振動子材料：ジルコンチタン酸鉛系磁器，振動子の直径が 20 mm の垂直探触子の場合は "2Z20N" と表示される．また，公称周波数：5MHz，振動子材料：ジルコンチタン酸鉛系以外の圧電磁器，振動子寸法が一辺 10 mm の正方形，公称屈折角：70 度の斜角探触子の場合は "5C10 × 10A70" と表示される.

　振動子材料については，記号の K で表示されるコンポジット系が近年多く使用されるようになった．これは圧電素子を格子状に細かくカットしてその隙間をエポキシ系の樹脂で埋めたもので，広帯域の周波数特性をもち，かつ高感度という特長をもつと同時に，電極の寸法がそのまま素子の寸法に一致することから特にフェーズドアレイ探触子として使用する場合に有利である．

　対象となる探触子の種類は，通常の垂直探触子及び斜角探触子のほかに，二振動子探触子，集束探触子，水浸探触子が含まれる．測定項目は，すべての探触子に共通な項目として，周波数応答性，時間領域応答性，相対感度及び電気インピーダンスが規定されており，探触子個別の項目として，超音波ビーム形状に関連する性能測定が規定されている．

3.2.1.4　JIS Z 2352:2010 (超音波探傷装置の性能測定方法)

　超音波探傷器と探触子を組み合わせた性能測定方法及び点検方法について規定したもので，ISO 18175:2004 を基に，対応する部分について日本語に翻訳し，一部技術的内容を変更して作成した MOD 規格である．もともと 1992 年に制定されたときは，まだブラウン管表示器をもつアナログ探傷器が主流であったため，デジタル探傷器に関する規定はなかったが，今ではほとんどすべてデジタル探傷器がこれにとって代わって用いられるようになったため，2010 年の改正の際にデジタル探傷器に対応する規定を盛り込んだ．

　記載内容は，超音波探傷装置における基本性能である，時間軸直線性，増幅直線性，分解能及び感度余裕値であり，ISO に規定される方法を中心にする一方で，従来まで国内で使用されてきた旧 JIS による方法も選定できるように規定してある．

3.2.1.5　JIS Z 2355-1:2016 (非破壊試験—超音波厚さ測定—第1部：測定方法)

　超音波パルス反射法によって，主として金属構造物の保守検査における厚さ測定を，手動又は半自動で実施する方法について規定した JIS Z 2355 (超音波パルス反射法による厚さ測定方法) が 1987 年に制定され，その後 1994 年

及び 2005 年に改正されたが，対応する ISO がない国内独自の JIS として用いられてきた.

一方 ISO 規格として，2012 年に，"測定方法" を規定した ISO 16809 及び "厚さ計の性能測定方法" を規定した ISO 16831 が制定され，これに倣ってそれぞれ JIS Z 2355-1 及び JIS Z 2355-2 として旧 JIS の内容を分けて新たに制定した.

JIS Z 2355-1 は，金属材料などの保守検査及び製品検査における厚さ測定方法について規定し，一般事項を記載した本体と以下の附属書から構成されている. 基本的には ISO 16809 に準拠しているが，旧 JIS において重要な位置を占めていた附属書を踏襲して，附属書 JA, JB 及び JC に参考として記載した.

・附属書 A（参考）測定条件の選定
・附属書 B（参考）鋼の腐食
・附属書 C（参考）装置の調整
・附属書 D（参考）精度に影響のあるパラメータ
・附属書 JA（参考）管材の厚さ測定方法
・附属書 JB（参考）高温試験体の厚さ測定方法
・附属書 JC（参考）コーティング上からの厚さ測定方法
・附属書 JD（参考）点検記録例

3.2.1.6　JIS Z 2355-2:2016（非破壊試験―超音波厚さ測定―第 2 部：厚さ計の性能測定方法）

厚さ計の性能に関しては，旧 JIS の附属書 1（規定）"パルス反射式超音波厚さ計の性能測定方法及び表示方法" に規定されていたものを，ISO 16831 との整合を図った上で，JIS Z 2355-2:2016 として制定した. 性能の規定に関しては三つの試験区分に分類して以下のとおり規定されている.

（a）試験区分 1

供給者が超音波厚さ計の技術的使用を確認するための試験であり，試験項目，確認方法，適合基準などを規定している.

(b)　試験区分 2

すべての超音波厚さ計に対して行われる試験であり，出荷前検査，定期点検及び特別点検として実施される．

(c)　試験区分 3

試験技術者によって，超音波厚さ計の健全性確認のために日常点検として行う試験で，始業前点検として目視試験及び測定誤差の確認を行う．

また国内事情に合わせて，一般事項を規定した本体の他に，対比試験片を記載した以下の附属書から構成されている．

　　・附属書 JA（規定）超音波厚さ計側用対比試験片（RB-T）
　　・附属書 JB（規定）超音波厚さ計側用対比試験片（RB-I）

3.2.2　材料関連規格

超音波探傷試験方法の適用対象となる代表的な材料としては，鍛鋼品と鋼板が挙げられる．この他に鋳鋼品も対象となる場合があるが，超音波の伝搬特性が不均一となることがあり JIS としては規定されていない．

3.2.2.1　JIS G 0587：2007（炭素鋼鍛鋼品及び低合金鋼鍛鋼品の超音波探傷試験方法）

厚さ 20 mm 以上で外形の曲率半径が 50 mm 以上の炭素鋼及び低合金鋼の鍛鋼品を対象とした規格で，対応する国際規格はなく，1987 年に制定されて以来 2 回の改正を経て現行のものが制定された．試験の対象となるものは比較的大型のものが多く，形状も軸（中心孔のあるもの及びないもの），リング状，ディスク状，円筒状など多種多様である．一般には 1，2 又は 2.25 MHz の周波数の探触子が用いられるが，厚さ 100 mm 以下のもの又は表面近傍のみを対象として 4 又は 5 MHz の探触子を使用することができる．なお，試験に先立って，試験対象部の減衰係数を測定することが規定されている．

探傷方法は，通常のパルス反射法の基本表示（A スコープ表示）を用いて，底面エコー方式と試験片方式が規定されており，いずれの場合も ϕ 4 mm の

平底穴が基準レベルとなるように探傷感度の調整を行う．底面エコー方式では，与えられた線図を用いて感度補正量を求めて ϕ 4 mm の平底穴のエコーが表示器上で 10 ％を下回らないようにするか，又は添付された DGS 線図を用いて目盛板上に距離振幅特性曲線を作成して基準レベルを設定する．試験片方式では対比試験片の標準穴を用いて距離振幅特性曲線を作成して基準レベルを設定する．

なお，附属書 A には，斜角探傷試験方法に関する規定があり，附属書 B に試験結果からきずの分類を行う方法を規定している．

3.2.2.2　JIS G 0801：2008（圧力容器用鋼板の超音波探傷検査方法）

原子力，ボイラー，圧力容器などに用いる厚さ 6〜300 mm の炭素鋼及び低合金鋼（ただし，ステンレス鋼を除く）の鋼板に適用する規格で，ISO 17577：2006 を基に，技術的内容を変更して作成した MOD である．探傷方法は手動及び自動の両方に適用することができ，厚さの薄いものに対しては二振動子探触子を，厚いものに対しては通常の垂直探触子を用いる．

探触子の走査は，特に鋼板四周辺及び開先予定線を中心に，一定の間隔で直線状又は桝目上に行い，受渡当事者間の協議によって走査区分を選定する．二振動子探触子を用いる場合は，附属書 JA に規定される厚さの異なる階段状の対比試験片 RB-E を用いて，距離振幅特性を考慮して補正を行う．探傷感度は，標準試験片 STB-N1 の ϕ 5.6 mm の標準穴を基準としているが，二振動子探触子では底面エコーを用いて所定の感度だけ高め，垂直探触子の場合も厚さが 60 mm を超えるときは STB-G V15-4 や V15-2.8 を用いることが規定されている．検出したきずエコーは，エコー高さから軽きず，中きず又は重きずのいずれかに分類され，きずの広がり及び指示長さを測定して評価を行う．

なお，附属書 JA には二振動子垂直探触子用 E 形対比試験片（RB-E）が，附属書 JB には二振動子垂直探触子の性能及び表示が，また附属書 JC には厚さ 200 mm を超え 300 mm 以下の超音波探傷検査が規定されている．

3.2.3 溶接部関連規格

溶接部の超音波探傷試験に関する規格のうち，鋼溶接部及びアルミニウム溶接部に関わる JIS を以下に示す．

3.2.3.1 JIS Z 3060:2015 （鋼溶接部の超音波探傷試験方法）

表 3.2.1 に示した超音波探傷試験に関連する JIS のうち，最も代表的な鋼溶接部の超音波探傷試験に適用される JIS Z 3060 について紹介する．この JIS は，共通する事項として，使用する装置・材料，試験準備，装置の調整，きずエコーの測定方法，報告書の記載事項などが規定されている本文と，以下に示す附属書から構成されている．

- ・附属書 A（規定）　探傷器及び探触子
- ・附属書 B（規定）　平板継手溶接部の探傷方法
- ・附属書 C（規定）　円周継手溶接部の斜角探傷方法
- ・附属書 D（規定）　長手継手溶接部の斜角探傷方法
- ・附属書 E（参考）　鋼管分岐継手溶接部の斜角探傷方法
- ・附属書 F（参考）　ノズル継手溶接部の探傷方法
- ・附属書 G（規定）　試験結果によるきずの分類方法
- ・附属書 H（参考）　端部エコー法によるきずの指示高さの測定方法
- ・附属書 I（参考）　TOFD 法によるきずの指示高さの測定方法

JIS Z 3060 が適用される対象物は "厚さ6 mm 以上のフェライト系鋼の完全溶込み溶接部" と規定されている．したがって，厚さ6 mm 未満の薄板，オーステナイト系鋼，部分溶込み溶接部などは適用対象外となる．また "超音波パルスを用いた基本表示の超音波探傷器で，超音波探傷試験を手動で行う場合のきずの検出方法，位置及び寸法の測定方法について規定する" とあり，特殊なスキャナーを用いる場合，結果を画像化する自動探傷などには適用しない．

JIS Z 3060 を適用する場合に留意すべき事項として，溶接継手形状，板厚，音響異方性，感度調整用試験片の選定などが挙げられる．それらのポイントを以下に示す．

(a) 溶接継手形状

平板突合せ継手，T 継手及び角継手に対しては，附属書 B が適用され，探傷面の曲率半径が 1000 mm 以上の円周継手及び 1500 mm 以上の長手継手も平板突合せ継手と見なされ附属書 B が適用される．探傷面の曲率半径が 1000 mm 未満の円周継手に対しては，附属書 C が適用されるが，探傷面の曲率半径が 50 mm 未満の場合は適用範囲外となる．探傷面の曲率半径が 1500 mm 未満の長手継手に対しては，附属書 D が適用されるが，ここでも探傷面の曲率半径が 50 mm 未満の場合は適用範囲外となる．

鋼管分岐継手には附属書 E が適用されるが，このとき探傷面の曲率半径は 150 mm 以上で 1500 mm 未満という条件がつき，それ以外は適用範囲外となる．また，ノズル継手には附属書 F が適用されるが，このとき探傷面の曲率半径は 250 mm 以上で 1500 mm 未満という条件がつき，それ以外は適用範囲外となる．これらの継手の場合は形状に起因する妨害エコーが多く現れ，かつ三次元的な曲率をもつため超音波の伝搬経路の解析が非常に困難であるため参考として用いられる．したがって，実際には，モックアップ試験体を用いて特別な訓練を受けた技術者が試験を実施することが要求される．

(b) 板 厚

本文の適用範囲に記載されているように，この規格は厚さ 6 mm 未満の溶接部に対しては適用されないが，厚さの上限についての規定はない．ただし，長手継手及びノズル継手に対しては肉厚対外径比が 16 % 以下と規定されている．これは，肉厚対外径比が 16 % を超えると，斜角探触子の屈折角を小さくしても超音波が内面に到達しなくなり，内面きずを見落とす可能性が生じるためである．

溶接部の斜角探傷では，使用する探触子の屈折角が決まれば，試験体の厚さが厚くなるほどビーム路程が長くなり，超音波ビームの広がりが大きくなる．すなわち，超音波の減衰によりきずの検出精度が低下するとともに，位置の推定精度も悪くなる．これを改善するためには，振動子の大きな探触子を用いることによりビームの拡散を抑制し，散乱減衰を小さくするために周波数を低く

するなどの工夫が必要である.

(c)　音響異方性

音響異方性とは,材料中において超音波の音速,減衰などの超音波伝搬特性が,伝搬方向すなわち探傷方向によって異なる特性のことである.これは,金属の結晶組織に起因するもので,鋳造や溶接金属の場合は粗大結晶粒や柱状晶が超音波伝搬特性に影響して,音速や減衰が不均一になるのに対して,圧延材料では圧延方向(L 方向)とその直角方向(C 方向)で音速や減衰が異なることがある.

これが大きく問題視され始めたのは,制御圧延鋼材(TMCP 鋼)が一般に用いられるようになり,この溶接部を屈折角の大きな斜角探触子を用いて探傷したとき,L 方向と C 方向で顕著な音響異方性が現れたことが発端となっている.すなわち,横波の偏波方向が L 方向と C 方向によって音速が異なり,その結果同じ斜角探触子を用いても,L 方向と C 方向で屈折角が異なる現象が生じるため,反射源の位置推定精度に影響を及ぼすことになる.

JIS Z 3060 では,横波垂直探触子を用いて,横波の振動方向と試験体の斜角探傷時の超音波ビームの方向が同じ方向になるようにして測定された横波音速(V)と,標準試験片で測定された横波音速(V_{STB})との比である STB 音速比(V/V_{STB})を求め,この値によって使用する屈折角を規定している.公称屈折角が 60° 以上の場合は,試験体の板厚によって異なるが,探傷に使用する屈折角が限定され,標準試験片による屈折角(STB 屈折角)ではなく,STB 音速比で補正した屈折角又は試験体を用いて測定した屈折角を探傷屈折角として使用することが規定されている.

(d)　感度調整用試験片の選定

JIS Z 3060 では,感度調整用試験片として縦穴を標準きずとする STB-A2 及び横穴を標準きずとする RB-41 が規定されている.なお,RB-41 には,試験体と同様の素材から切り出して製作する場合などで音響特性が近似した材料を用いる RB-41A と,均質な低減衰材料で探傷面を仕上げた材料を用いる RB-41B がある.

STB-A2，RB-41A 又は RB-41B のいずれを選定するかは，仕様書や手順書において取決めを行う．なお，STB-A2 は使用する最大ビーム路程が 150mm以下の場合に適用する．また，RB-41A の場合は試験体と音響特性が近似したものであるため感度補正の必要はないが，STB-A2 及び RB-41B の場合は試験対象物の方の探傷面が粗く減衰も大きいことが考えられるため必要に応じて感度補正して正当な評価ができるように配慮しなければならない．

さらに反射源となる縦穴（STB-A2）と横穴（RB-41A 及び B）の違いについては以下の特性を考慮する必要がある．

STB-A2 の標準きずは直径 ϕ 4 mm で高さが 4 mm の縦穴であるため，斜角探傷においては開口スリットと同じようなコーナ反射となり，裏面ときずの面の両方で反射した超音波が受信される．すなわち，反射面に対する横波の入射角によっては縦波へのモード変換に起因する反射損失が生じる．試験体が鋼材の場合は，入射角が約 33.2 度以上ではモード変換は生じないが，例えば 20度で反射率は 50％，30 度で反射率が 13％となる．したがって，使用する探触子の屈折角が 45 度であれば，STB-A2 の標準きずの反射率は 100％であるのに対して，70 度では 50％，60 度では 13％となる．また，STB-A2 の標準きずは高さが 4 mm であるため，超音波ビームの拡散減衰のみを考えたときの距離振幅特性は，距離が短いところではエコー高さが距離の 3/2 乗に反比例するが，距離が長くなるとエコー高さは距離の 2 乗に反比例する．

RB-41 の標準きずは直径 3 mm の横穴であり，探触子の屈折角に関係なくモード変換損失は生じない．また，超音波ビームの拡散減衰のみを考えたときの距離振幅特性において，エコー高さは距離の 3/2 乗に反比例する．

JIS Z 3060 では，上記のうちモード変換損失の影響を考慮して，探傷感度の調整方法として，RB-41 を用いる場合は標準穴のエコー高さを H 線に合わせるのに対して，STB-A2 を用いる場合は使用する探触子の屈折角によって異なり，70° では標準穴のエコー高さを H 線に合わせ，65° では標準穴のエコー高さを M 線に合わせ，45° では標準穴のエコー高さを H 線に合わせてさらに6 dB 感度を高めるように規定している．なお，屈折角が 60° の探触子は，モー

ド変換損失の影響が著しく探触子を前後走査させたときの最大エコーの検出が不安定で困難となるため, STB-A2 と組み合わせて用いない方がよい.

またJIS Z 3060 では, 試験体の板厚が 75 mm 以上の場合, 又は音速異方性を考慮する場合は RB-41 を選定することが規定されている. なお, 使用する最大のビーム路程が 15 mm 以下の場合は STB-A2 を選定することができるとしている.

3.2.3.2　JIS Z 3080：1995 (アルミニウムの突合せ溶接部の超音波斜角探傷試験方法)

JIS Z 3080 では, 探触子の選定方法について以下のように規定している.

一探触子法に使用する斜角探触子の屈折角は, 対象とするきずによって表3.2.4 による. 基本となる探傷は, 公称屈折角 70° とし, 特に開先面の融合不良などの検出を目的とするときは, 開先面を考慮して決定する.

すなわち, 検出対象とするきずに適した方法をそれぞれのきずごとに選定する考え方で, 使用する探触子又は探傷方法の数が多くなるが, いたずらに探傷感度を高めて不要なエコーを検出するより合理的な考え方で, きずの種類や寸法の評価にも結びつくことなる. 検出すべききずが明確な場合は, 非常に有効な方法である.

なおアルミニウム管溶接部及びアルミニウム T 形溶接部の対する超音波探傷試験方法については, それぞれ JIS Z 3081：1994 及び JIS Z 3082：1995

表 3.2.4　一探触子法に使用する斜角探触子の公称屈折角
出所：JIS Z 3080 表 4

対象とするきず	公称屈折角 (θ)
全般	70°
開先面の融合不良	90°−(ベベル角) に近い角度
裏面に開口した溶込み不良	45° (母材の厚さが 40 mm 以下の場合は 70° を使用してもよい)

に規定されている.

3.2.4 超音波探傷試験の試験条件の選定

JIS Z 3060 に従った溶接部の超音波探傷試験の試験条件の選定方法の概略を以下に示す.

(1) 母材の厚さ測定

事前に図面などで探傷面となる母材部の厚さを調べておくことはもちろんであるが,実際の探傷作業にあたっては,超音波厚さ計を用いて母材部の実際の厚さを測定し,記録しておく.超音波厚さ計がなければ,超音波探傷器に垂直探触子を接続して測定することができる.

(2) STB 音速比の測定

横波垂直探触子を用いて STB-A1 の横波音速を測定した後,試験体に対して横波の振動方向が探傷方向と一致するように横波垂直探触子を配置して音速を測定し,両者の音速比を求める.

(3) 使用する屈折角の選定

試験体の板厚と上記で求めた STB 音速比の値から,表 3.2.5 に従って使用する屈折角を求める.ただし,公称屈折角が $45°$ の探触子を用いる場合は STB 音速比にかかわらず STB 屈折角が $43°$ 以上 $47°$ 以下とする.

(4) 使用する最大ビーム路程

試験体の板厚 t と表 3.2.5 から選定した屈折角 θ を用いて,探傷範囲が直射法の場合は 0.5 スキップのビーム路程 $W_{0.5S}$ が,探傷範囲が直射法及び一回反射法の場合は 1.0 スキップのビーム路程 $W_{1.0S}$ が使用する最大ビーム路程となり,それぞれ次式により計算で求める.

$$W_{0.5S} = t/\cos\ \theta \tag{3.2.1}$$

$$W_{1.0S} = 2t/\cos\ \theta \tag{3.2.2}$$

(5) 周波数,探傷面及び探傷方法の決定

試験対象物の継手の形状及び使用する最大ビーム路程によって,表 3.2.6 及び表 3.2.7(平板突合せ継手,T 継手及び角継手の場合)に従って,使用する

表 3.2.5　STB 音速比による屈折角の選定
出所：JIS Z 3060 表 5

試験体の板厚　　mm	STB 音速比	探傷に適用する屈折角
6 以上 25 以下	0.990 未満	探傷屈折角 63° 以上 72° 以下
	0.990 以上 1.020 以下	STB 屈折角 63° 以上 72° 以下
	1.020 を超える	探傷屈折角 63° 以上 72° 以下
25 を超え 75 以下	0.995 未満	探傷屈折角 58° 以上 72° 以下
	0.995 以上 1.015 以下	STB 屈折角 58° 以上 72° 以下
	1.015 を超え 1.025 以下	STB 屈折角 58° 以上 67° 以下
	1.025 を超える	探傷屈折角 58° 以上 72° 以下
75 を超える	0.995 未満	探傷屈折角 58° 以上 67° 以下
	0.995 以上 1.025 以下	STB 屈折角 58° 以上 67° 以下
	1.025 を超える	探傷屈折角 58° 以上 67° 以下

周波数，探傷面及び探傷方法を決定する．

(6)　探触子の選定

使用する周波数及び屈折角が決まれば，表 3.2.8 に従って振動子寸法を決定して，使用探触子を選定する．

(7)　測定範囲の選定

試験体の板厚，使用する探触子の屈折角及び探傷方法（直射法又は一回反射法）から，最終的に使用する最大のビーム路程を決定して，適した測定範囲を選定する．一般には，100 mm，125 mm，200 mm，250 mm などから，使用する最大のビーム路程より大きくかつ最小の値が選定される．

(8)　探傷感度及び検出レベルの選定

使用する標準試験片及び屈折角から探傷感度の調整方法を決定し，試験の目的，検出対象とするきずなどを考慮して，M 検出レベル又は L 検出レベルのいずれかを選定する．検出レベルの選定は仕様書などで規定されるが，検出対象とするきずの種類が明確でありそれを効率よく検出できる探傷方法を規定し

表 3.2.6 斜角探傷に通常使用する公称屈折角
出所：JIS Z 3060 表 1

使用する最大のビーム路程 mm	公称周波数 MHz
100 mm 以下	3.5 ～ 5
100 mm を超え 150 mm 以下	2 ～ 5
150 mm を超え 250 mm 以下	2 ～ 3.5
250 mm を超える	2

表 3.2.7 探傷面，探傷範囲及び周波数
出所：JIS Z 3060 附属書 B 表 B.2

継手の種類	探傷面	探傷方法	使用する最大のビーム路程 mm	周波数 MHz
突合せ継手	片面両側	直射法及び1回反射法	100 以下	3.5 ～ 5
			100 を超え 150 以下	2 ～ 5
			150 を超え 250 以下	2 ～ 3.5
			250 を超える場合	2
	両面両側	直射法の範囲	100 以下	3.5 ～ 5
			100 を超え 150 以下	2 ～ 5
			150 を超え 250 以下	2 ～ 3.5
			250 を超える場合	2
T 継手	片面両側	直射法及び1回反射法	100 以下	3.5 ～ 5
			100 を超え 150 以下	2 ～ 5
			150 を超え 250 以下	2 ～ 3.5
			250 を超える場合	2
	両面両側	直射法の範囲	100 以下	3.5 ～ 5
			100 を超え 150 以下	2 ～ 5
			150 を超え 250 以下	2 ～ 3.5
			250 を超える場合	2
角継手（閉断面の場合）	片面片側	直射法及び1回反射法の範囲	100 以下	3.5 ～ 5
			100 を超え 150 以下	2 ～ 5
			150 を超え 250 以下	2 ～ 3.5
			250 を超えるもの	2

表 3.2.8 斜角探傷に通常使用する振動子の公称寸法
出所：JIS Z 3060 表 3

公称周波数 MHz	振動子の公称寸法 mm
2 ～ 2.5	14×14, 20×20
3 ～ 4	10×10, 14×14, 20×20
4.5 ～ 5	5×5, 10×10

ている場合は M 検出レベルで十分であり，対象とするきずが多種多様である
場合又はより小さなきずの検出が要求される場合は L 検出レベルを選定する．

例えば，開先面の融合不良を検出目的として，ベベル角を考慮して超音波き
ずの面に垂直入射するように屈折角を選定すると，エコー高さときずの寸法に
相関関係が得られる．このような場合は検出目的とする最小のきずの寸法から
推定されるエコー高さを用いて検出レベルを選定できる．しかしながら，対象
とするきずが特定されない場合は L 検出レベルを選定するのが妥当である．

(9)　試験条件の選定例

外径が 356mm，板厚が 19 mm の鋼管の円周継手溶接部に対して，JIS Z
3060 附属書 C に従って超音波探傷試験を実施する場合の試験条件の選定方法
について考える．ここでは，STB-A1 との音速比が $0.990 \leqq V/V_{STB} \leqq 1.020$
を満足しており，音響異方性について考慮する必要がないものとする．

(a)　使用する試験片の選定

円周継手溶接部に対しては，図 3.2.2 に示すように，曲率半径が 50 mm を
超え 250 mm 未満の試験体を探傷する場合は，対比試験片として実際に探傷
する試験体と近似した曲率半径をもつ図 3.2.3 に示す RB-42 又は図 3.2.4 に示
す RB-A6 を用いてエコー高さ区分線を作成して感度の調整を行う．なお，い
ずれの対比試験片も，試験体と同等の音響特性の鋼材，探傷面の状態で，厚さ
及び曲率は試験体の ± 10%以内と規定している．

板厚が薄い場合又は曲率半径が小さい場合には RB-42 の製作が困難になり
RB-A6 が適用しやすいが，試験体の板厚が 15 mm を超える場合の探傷感度の
調整には，RB-42 の使用が望ましいとしている．これは，RB-A6 を使用した
場合，近距離での探傷感度が過度に高くなるためである．また，エコー高さ区
分線を作成する場合，直射のエコー高さより近距離は水平に描くため，板厚が
厚くなればエコーの強さは低くなり感度を高く調整する．この場合きずの評価
を過大評価することとなる．このため板厚中央部に横穴を加工している RB-42
を推奨している．

以上のことを考慮して，ここでは RB-42 を用いることとする．

調整項目	曲率半径		
	50 mm	250 mm	1 000 mm
エコー高さ区分線の作成 探傷感度の調整	RB-42又はRB-A6	RB-41A，RB-41B，RB-42， 又はRB-A6	

図 3.2.2　試験片の適用範囲
出所：JIS Z 3060 附属書 C 図 C.1

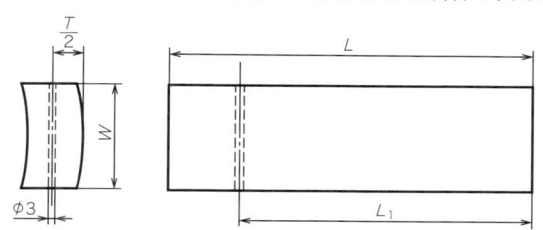

- L：　対比試験片の長さ。対比試験片の長さは，使用するビーム路程による。感度補正の V 透過を行う長さ又は
    その 2 倍の長さ以上とする。
- L_1：　5/4 スキップ以上の長さ，40 mm 以上とする。
- T：　対比試験片の厚さ
- W：　試験片の幅
    $W > 2 \times \lambda \times S/D$
- λ：　波長
- S：　使用する最大のビーム路程
- D：　振動子の幅

図 3.2.3　対比試験片 RB-42 の例
出所：JIS Z 3060 附属書 C 図 C.2

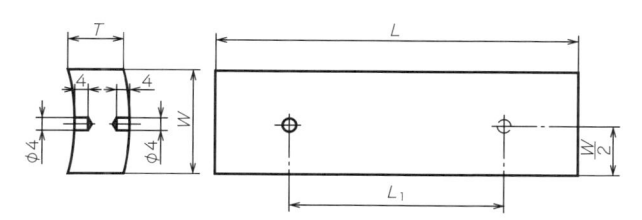

- L：　対比試験片の長さ。対比試験片の長さは，使用するビーム路程による。感度補正の V 透過を行う長さ又は
    その 2 倍の長さ以上とする。
- L_1：　1.5 スキップ以上の長さ。
- T：　対比試験片の厚さ
- W：　試験片の幅，60 mm 以上とする。

図 3.2.4　対比試験片 RB-A6
出所：JIS Z 3060 附属書 C 図 C.3

(b)　探触子の屈折角の選定

使用する探触子の公称屈折角については，試験体の板厚が 19 mm であり
STB 音速比の値から，表 3.2.5 より，63° 以上 72° 以下の屈折角を選定するこ
とができる．ここでは一般によく用いられる公称屈折角が 70° の探触子を選択
することとする．

(c)　探傷面及び探傷方法の選定と使用する最大のビーム路程の決定

ここでは外面からのみ探傷可能であることを想定すると，表 3.2.9 のように
外面両側から直射法及び一回反射法で探傷する方法を選定することとなる．板
厚 19 mm の試験体を屈折角 70° で探傷する場合に，最大のビーム路程となる
1 スキップのビーム路程 $W_{1.0S}$ を計算すると以下のようになる．

$$W_{1.0S} = 2 \times 19/\cos70 = 111.10 \tag{3.2.3}$$

表 3.2.9　探傷面，探傷範囲及び周波数
出所：JIS Z 3060 附属書 C 表 C.2

内外面の探傷	探傷面	探傷範囲	使用する最大のビーム路程 mm	周波数 MHz
外面だけ 探傷可能な 場合	外面 (凸面) 両側	直射法及び 1 回反射法 の範囲	100 以下	3.5 ～ 5
			100 を超え 150 以下	2 ～ 5
			150 を超え 250 以下	2 ～ 3.5
			250 を超える場合	2
内外面ともに 探傷可能な 場合	外面 (凸面) 両側	直射法及び 1 回反射法 の範囲	100 以下	3.5 ～ 5
			100 を超え 150 以下	2 ～ 5
			150 を超え 250 以下	2 ～ 3.5
			250 を超える場合	2
	両面 両側	直射法の 範囲	100 以下	3.5 ～ 5
			100 を超え 150 以下	2 ～ 5
			150 を超え 250 以下	2 ～ 3.5
			250 を超える場合	2

(d)　使用する探触子の周波数及び振動子寸法の選定

上記の結果から，使用する最大のビーム路程は 100 mm を超え 150 mm 以
下となり，探触子の周波数は 2 ～ 5 MHz となる．また，振動子寸法は 10 ×
10 mm 又は 20 × 20 mm のいずれかと規定しているが，曲率を考慮して幅の

小さい 10 × 10 mm とすると，一般によく使用される周波数 5 MHz，屈折角 70° の 5M10 × 10A70 を選定することができる．

なお，ここで，$W_{1.0S}$ が 150 mm となるときの屈折角 θ を求めると

$$\theta = \cos^{-1}\left(2t/W_{1.0S}\right) = \cos^{-1}\left(2 \times 19/150\right) = 75.3\cdots \qquad (3.2.4)$$

となり，実測屈折角が 72° を超えないように管理しておけば条件を満足することとなる．

(e) 探触子の接触面

表 3.2.10 に示すように曲率半径が 50 mm を超え 250 mm 未満の試験体を探傷する場合は，探触子の接触面に対しては，冶具の使用又は曲面加工を行うように規定されている．接触面の曲面加工及び冶具の使用は以下の通り実施する．

探触子の接触面に曲面加工する場合は，探傷面にサンドペーパを敷き，探傷面の曲率半径に合わせて探触子の接触面を摺り合わせる方法が一般的である．サンドペーパの粗さは始め #50 程度の粗い目のもので形状を整え，仕上げは #200 程度の細かい目で探触子の表面が平滑になるよう仕上げるのがよい．また，ジグを使用する場合は，探触子の接触面の一部がギャップ法になるよう探触子の周囲をジグで囲い，ジグの接触面は探傷面の R と同じ径に加工したものを用いて接触媒質が漏れないようにするか，又は接触媒質を供給しながら探傷できるように加工されたものがよい．

表 3.2.10　探触子の接触面の曲面加工

出所：JIS Z 3060 附属書 C 表 C.1　　　単位　mm

	試験体の曲率半径	
	50 以上 250 未満	250 以上
外面からの探傷	ジグの使用又は接触面の加工を行う	ジグの非使用及び接触面の加工を行わない
内面からの探傷	接触面の加工を行う	接触面の加工を行わない

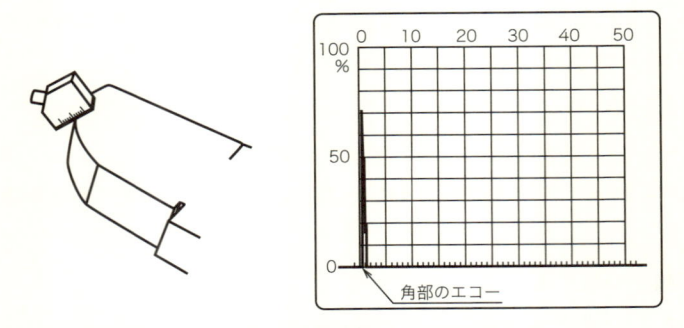

図 3.2.5　接触面の加工を行った探触子の入射点測定
（試験片角部のエコーによる方法）
出所：JIS Z 3060 附属書 C 図 C.4 a)

(f)　探触子の入射点の測定

　上記のように探触子の接触面の加工又は冶具を使用する場合は，図 3.2.5 に
示すように，STB-A1 の R100 角部又は STB-A3 の R50 角部に探触子の接触
面を接触させた状態で，角部のエコーが最も高くなる位置を求めて入射点とす
る．

(g)　測定範囲の選定

　ここでは，RB-42 を用いて ϕ 3 mm の横穴によって 5/4 スキップまで距離
振幅特性曲線を作成する必要がある．そこで，実測屈折角が 72° とすると，
5/4 スキップのビーム路程は

$$W_{1.0S} = 2t \times 5/4/\cos\theta = 38 \times 5/4/\cos 72 = 153.7\cdots \qquad (3.2.5)$$

となるため，測定範囲は 200 mm を選定する．

(h)　測定範囲の調整

　接触面を曲面加工した使用探触子と同じ形式の接触面を加工していない探触
子を用いて測定範囲を予備調整する．次に，曲面加工した使用探触子に付け替
えて，ゼロ点調整する．

(i)　探傷屈折角の測定

　図 3.2.6 に示す探触子の配置で，深さ d の標準きずからのエコーが最大とな
る探触子・きず距離 y を測定し，次式より探傷屈折角 θ を求める．

$$\theta = \tan^{-1} \times \left(\frac{y}{d}\right) \tag{3.2.6}$$

(j) エコー高さ区分線の作成

エコー高さ区分線は，使用する探触子を用いて，以下の手順で作成する．

図 3.2.7 に示す①，②及び③のそれぞれの位置で探触子を走査し，それぞれのエコー高さを表示器に記録する．図 3.2.8 に示すように，これらの各点を結

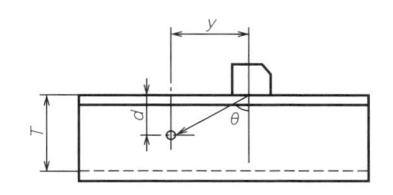

図 3.2.6 RB-42 による外面からの探傷屈折角の測定
出所：JIS Z 3060 附属書 C 図 C.5 a)

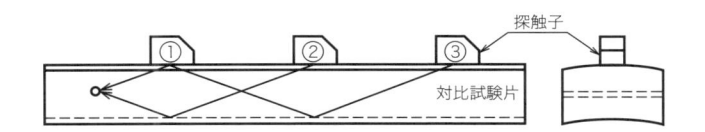

図 3.2.7 RB-42 を用いてエコー高さ区分線作成を作成するときの探触子走査位置
出所：JIS Z 3060 附属書 C 図 C.6 a)

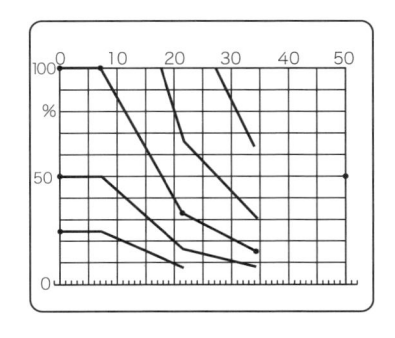

図 3.2.8 RB-42 を用いたエコー高さ区分線作成例

びエコー高さ区分線とする．ゼロ目盛から最もビーム路程の短い記録点までの範囲は水平の線とする．また，それぞれのビーム路程（表示器の横軸）において，6dB ずつ異なる 3 本以上のエコー高さ区分線を作成する．

(k)　検出レベルの選定

検出対象とするきずの種類が明確であり，そのきずに最適な探傷方法を規定している場合は，例えば開先面の融合不良を検出目的として，ベベル角を考慮して超音波きずの面に垂直入射するように屈折角を選定すると，エコー高さときずの寸法に相関関係が得られる．このような場合は検出目的とする最小のきずの寸法から推定されるエコー高さを用いて検出レベルを選定できる．しかしながら，対象とするきずが特定されない場合は L 検出レベルを選定するのが妥当である．

(l)　探傷感度の調整

RB-42 の標準穴のエコー高さが H 線に一致するようにゲイン調整し，探傷感度とする．なお，この場合は試験体と同様の音響特性をもつ対比試験片を使用しているため，感度補正を必要としない．

参 考 文 献

1)　JIS Z 2344:1993　金属材料のパルス反射法による超音波探傷試験方法通則
2)　JIS Z 2345:2000　超音波探傷試験用標準試験片
3)　JIS Z 2350:2002　超音波探触子の性能測定方法
4)　JIS Z 2352:2010　超音波探傷装置の性能測定方法
5)　JIS Z 2355-1:2016　非破壊試験—超音波厚さ測定—第 1 部：測定方法
6)　JIS Z 2355-2:2016　非破壊試験—超音波厚さ測定—第 2 部：厚さ計の性能測定方法
7)　JIS G 0587:2007　炭素鋼鍛鋼品及び低合金鋼鍛鋼品の超音波探傷試験方法
8)　JIS G 0801:2008　圧力容器用鋼板の超音波探傷検査方法
9)　JIS Z 3060:2015　鋼溶接部の超音波探傷試験方法
10)　JIS Z 3080:1995　アルミニウムの突合せ溶接部の超音波斜角探傷試験方法
11)　飯塚幸理：JIS Z 2355-1, 2:2016　非破壊試験—超音波厚さ測定—の制定の要点と解説，非破壊検査 Vol.67, No.1(2018), pp.16-21
12)　三原毅，名取孝夫，立川克美，守井隆史：JIS Z 3060:2015 「鋼溶接部の超音波探傷試験方法」の紹介，非破壊検査 Vol.67, No.1(2018), p.10-15

3.3 磁気探傷試験

磁気探傷試験に関する規格としては，磁粉探傷試験—第1部，第2部及び第3部，漏えい（洩）磁束探傷試験方法の四つの規格がある．ここでは，これらの規格の主に技術的な内容について解説を行う．表3.3.1に磁気探傷試験に関わるJISを示す．

磁粉探傷用交流極間式磁化器（JIS 2321:1993）は2017年3月に発行された磁粉探傷試験—第3部（JIS Z 2320-3:2017）に統合され，それに伴い廃棄された．

表3.3.1 磁気探傷試験に関わる **JIS** の分類

分　類	適用項目	JIS 番号
(1) 磁粉探傷	一般通則	JIS Z 2320-1:2017
	検出媒体	JIS Z 2320-2:2017
	装置	JIS Z 2320-3:2017
(2) 漏えい磁束探傷	試験方法	JIS Z 2319:2018

3.3.1 JIS Z 2320-1:2017（非破壊試験—磁粉探傷試験—第1部：一般通則）

この規格は，最初，ISO 9934-1:2001（Non-destructive testing—Magnetic particle testing—Part1:General principles）の日本語版を制定するにあたり，旧JIS G 0565:1992（鉄鋼材料の磁粉探傷試験方法及び磁粉模様の分類）を包摂した形で，2007年に制定された（以下，旧規格という）．これは，ISO の流れをくむ工程確認方式と JIS の流れをくむ標準試験片確認方式の二つに分けて規定し，使用者がいずれかを選択できるようにしたものである．

しかし，一つの規格に二つの手法が存在することは利用者にとって混乱を招くという意見が多かったため，2015年に第2版として発行された ISO 9934-1（以下，ISO 規格という）の様式に一本化し，JIS G 0565:1992 の規定内容で必要な項目を取り入れるとともに，現場での要求事項を反映させたかたちで2017年に改正された．

(1) 用語及び定義

"衝撃流" については，一般的に "衝撃電流" 又は "パルス電流" という用語が使われているが，これまで磁気探傷試験で使用されてきた実績及びなじみやすさから衝撃流に統一された．図 3.3.1 に衝撃流の波形の一例を示す．

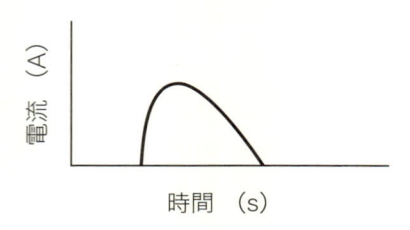

図 3.3.1　衝撃流の波形の一例
JIS Z 2320-1 解説図 1

(2) 磁　化

ISO 規格では，残留法が規定されていなかったが，この規格では，"連続法は試験体を磁化しながら検出媒体を適用する方法であり，残留法は磁化終了後に検出媒体を適用する方法である．残留法では，試験体が磁気飽和する以上の磁界を与える．連続法では，試験面の最小磁束密度は 1T 程度が望ましい" と規定された．

これを達成するための磁界の強さは材料の比透磁率によって決まる．この比透磁率は，材料，温度及び適用される磁界の強さによって変わる．したがって，適用する磁界の強さを一意に規定することはできない．一例として，連続法による低合金鋼及び低炭素鋼の探傷においては，試験面に平行な磁界の強さとして 2 000 A/m が必要とされている．

ここで，磁束密度と磁界の関係式より

$$B = \mu\,H = \mu_0 \mu_r H \tag{3.3.1}$$

この式において，$B = 1\,(T)$，$H = 2\,000\,(\mathrm{A/m})$，$\mu_0 = 4\,\pi \times 10^{-7}\,(\mathrm{H/m})$ とすると，比透磁率 μ_r は

$$\mu_r = B / (\mu_0 H) = 398 \tag{3.3.2}$$

表 3.3.2 探傷に必要な磁界の強さ

出所：JIS Z 2320-1 解説表 1

試験方法	試験体	磁界の強さ（波高値）（A/m）	磁界の強さ（交流の場合の実効値）（A/m）
連続法	一般の構造物及び溶接部	1 200 ～ 2 000	850 ～ 1 420
	鋳鍛造品及び機械部品	2 400 ～ 3 600	1 700 ～ 2 550
	焼入れした機械部品	5 600 以上	4 000 以上
残留法	一般の焼入れした部品	6 400 ～ 8 000	—
	工具鋼などの特殊材部品	12 000 以上	—

となる．この値は，鉄鋼材料としてはそれほど高い比透磁率ではないが，このような比較的低い透磁率をもつ材料にも探傷可能な値として設定していると考えられる．一般的に低合金鋼の比透磁率は 1 000 前後であるのでこれを上記の式に代入すると，探傷に必要な試験体表面に平行な磁界の強さは約 800 A/m となり，この値で十分探傷可能な場合もある．

　一般に構造物及び溶接部の探傷における磁界の強さは，1 200 ～ 2 000 A/m（波高値）とされている．表3.3.2 に各試験体の探傷条件の例を示す．一般の構造物及び溶接部における比透磁率を考えると，探傷に必要な磁束密度が 1 T 以上ということは満足されている[1]．

　附属書 A（参考）に，各磁化方法によって試験体を磁化する場合に必要な電流値を求めるための計算式が示されており，これらは電磁気の法則から導出される．その式の根拠を，次に示す．

(a) 軸通電法

試験体を図 3.3.2 に示す円柱状とすると，公式から，

$$H = \frac{I}{2\pi r} = \frac{I}{p} \qquad (p = 2\pi r：周長) \tag{3.3.3}$$

$H = Hc$ として I について解くと，

$$I = H_c p \tag{3.3.4}$$

SI 単位系では，p：m，H_c：A/m である．

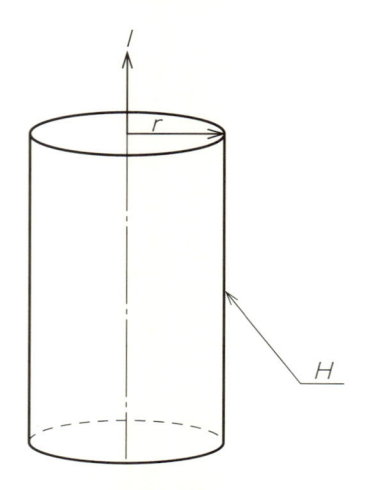

図 3.3.2　軸通電法における必要磁化電流値
出所：JIS Z 2320-1 解説図 3

(b)　プロッド法

米国機械学会の ASME 規格の Boiler and Pressure Vessel Code などでは，プロッド間隔をインチ（25.4 mm ≒ 25 mm）で測って，インチ当たり 100 A ～ 150 A の数字で規定している．これを ISO 9934-1 で推奨されている $H_c =$ 2 000 A/m を用いて表すと，表 3.3.3 のようになる．

よって，

$$\frac{I}{d} = H_a = (2 \sim 3)H_c \tag{3.3.5}$$

表 3.3.3　ASME 規定値と H_c との関係
出所：JIS Z 2320-1 解説表 2

I/d （ASME 規定値）	Ha （ASME 規定値を換算）	H_c で表示
100 A/in	4 000 A/m	$2\,H_c$
125 A/in	5 000 A/m	$2.5\,H_c$
150 A/in	6 000 A/m	$3\,H_c$

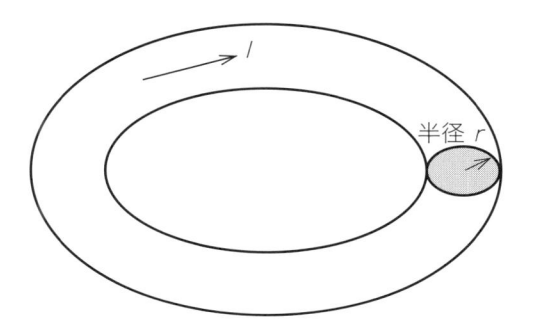

図 3.3.3　磁束貫通法における必要誘導電流値
出所：JIS Z 2320-1 解説図 4

係数（k）として，2.5 又は 3 が採用され，次の式が与えられている．

$$I = kH_c d \tag{3.3.6}$$

(c)　磁束貫通法

　試験体を図 3.3.3 に示すドーナツ状とし，また，試験体の曲率半径は試験体の半径に比べて大きいとして，曲率半径の影響を無視して直線と考えれば，試験体表面の磁界の強さは，

$$H = \frac{I}{2\pi r} = \frac{I}{p} = H_c \tag{3.3.7}$$

よって，

$$I = pH_c \tag{3.3.8}$$

　ただし，I は試験体中に誘起される誘導電流であり，この場合の一次側の励磁条件を計算によって求めることは一般に困難であるため，架線電流計（クランプメータ）などを用いて，試験体中の I を実測して確認することが行われている．また，磁気センサ（テスラメータ又は磁界強度計）などを用いて，試験体表面に平行な磁界の強さ H を測定する方法も有効である．

(d)　電流貫通法

　円筒試験体の外表面を試験する場合（図 3.3.4 参照）は，外径を r_o とすると，

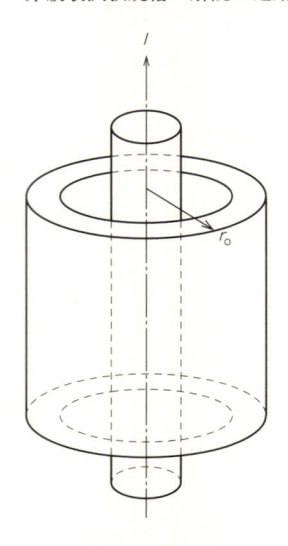

図 3.3.4　電流貫通法における必要磁化電流値
出所：JIS Z 2320-1 解説図 5

$$H = \frac{I}{2\pi r_0} = \frac{I}{p_0} = H_c \tag{3.3.9}$$

よって，

$$I = p_0 H_c \tag{3.3.10}$$

　内表面を試験する場合は，式 (3.9.9) において，r_0 の代わりに内径 r_i を用いればよい.

(e)　隣接電流法

図 3.3.5 において，

$$H_r = \frac{I}{2\pi r} = \frac{I}{2\sqrt{2}\pi d} \tag{3.3.11}$$

$$H_c = \frac{I}{\sqrt{2}} = H_r \tag{3.3.12}$$

よって，

$$I = 4\pi d H_c \tag{3.3.13}$$

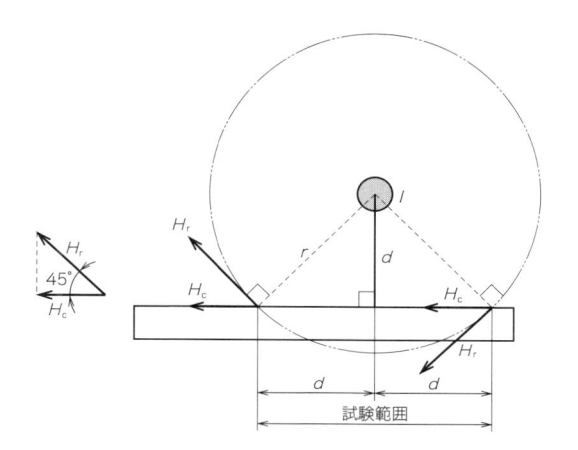

図 3.3.5　隣接電流法における必要磁化電流値
出所：JIS Z 2320-1 解説図 6

　ただし，式 (3.3.13) で得られる電流値は，電流法で問題となる反磁界の影響を全く考慮しない場合の値である．同じく反磁界の影響が大きいコイル法では，試験体の形状比（L/D 比）に基づく反磁界係数から有効磁界の強さが比較的容易に求められるが，隣接電流法では，非常に複雑であり計算で求めることは困難である．したがって，検出限界寸法のきずをもつ試験体を用いるか，又は試験体中の磁束をサーチコイルなどを用いて測定する方法などで，磁化を確認する必要がある．

　磁化における波形の確認として，時間的に変動する電流を使用する場合は，再現を可能とするために，波高率（波形）及び電流の測定方法を管理することが重要である．電流の測定値は計測器の特性に影響されるため，測定は波形に忠実に応答する計測器を使用しなければならない（例えば，適切な波高率対応範囲をもった真の実効値計測器）ひずみのない交流波形は波高率が低く，波高値と真の実効値との差も少なく，磁粉探傷試験に適している．波高率（波高値を実効値で除した割合）が 3 以上の波形は，その技法の有効性の文書化された証明がない限り，使用はできないとされている．

　磁粉探傷試験は表面きずの検出に有効な手法である．しかし，表面下のきず

の検出も可能である．時間的に変化する電流波形では，磁化の深さ（表皮深さ）は電流の周波数に依存し，表面下のきずによる漏えい磁束は，その表面からの距離により急激に減衰する．そのため，磁粉探傷試験は表面きず以外の検出には推奨できないが，平滑な直流又は脈流を使用する場合は，表面直下のきずも検出できる．

　磁化の確認は，以下の方法のいずれか一つ以上で確認することとされている．ただし，残留法においては，③を除く方法で確認する．

　①最も適切な位置に検出すべき自然きず又は人工きずをもつ試験体を試る．

　②試験体表面に平行な磁界の強さを測定する．

　③計算により試験体表面に平行な磁界の強さを計算する（通電法の場合）．

　④確立された原理に基づいた他の方法を使用する．

　　確立された原理の一例として，連続法の場合には A 型又は C 型標準試験片を用いることができる．

　ただし，標準試験片の適用に当たっては，あらかじめ使用する検出媒体及び適用方法に則って，磁粉模様が形成されるときの磁界の強さの確認を行う必要がある．特に，極間法を用いて隅肉溶接部を探傷する場合又はコイル法のように空間に存在する磁界が直接標準試験片に影響を及ぼす状況において，標準試験片を磁化の確認に使用する場合は注意が必要である．これらの使用方法についてはいくつかの報告がなされている[2)3)]．

(3)　磁化方法

　旧規格では，工程確認方式として，軸通電法，プロッド法，磁束貫通法，電流貫通法，隣接電流法，極間法及びコイル法の七つの方法が規定されており，標準試験片確認方式ではこの中の隣接電流法が規定されておらず，逆に直角通電法が規定されている．この規格では両方式を合わせた八つの磁化方法を規定している．これらの磁化方法の中では，携帯形交流極間法が最も多く利用されている．また，可搬形を極間法と定置形の二つに分けて規定しており，コイル法も固定式とケーブル式の二つに分けている．ここで規定している方法以外でも磁化の確認が適正に行われれば探傷に用いることは可能である．また，隣接

表 3.3.4 磁化方法の種類

種類	符号	方法
軸通電法	EA	電極の間に試験体を挟んで軸方向に電流を流して磁化する方法である.
プロッド法	P	面積の広い試験体の表面に2個の電極（プロッド）を押し当て，電流を流して磁化する方法である.
磁束貫通法	I	試験体の孔などに通した磁性体に交流磁束などを与えて，試験体を変圧器の2次側として働かせ，試験体の中に発生する誘導電流によって試験体を磁化する方法である.
電流貫通法	B	孔のある試験体の孔の部分に導体を通して電流を流し，電流の周りに形成される円形磁界によって磁化する方法である.
隣接電流法	AC	1本又はそれ以上の導体を，試験体の表面と平行に，試験される範囲に隣接して設置して通電し，電流の周りに形成される磁界によって磁化する方法である.
極間法（定置形）	FM	試験体又は試験体の一部を電磁石の磁極に接して設置し，電磁石によって発生した磁束を試験体の中に投入して磁化する方法である.
極間法（可搬形）	PM (Y)	試験体表面に接して設置した交流磁代器（ヨーク）によって発生した磁束を試験体の中に投入して磁化する方法である.
コイル法（固定）	RC	試験体をコイルの中に入れて通電し，コイルが作る磁界によってコイルの軸方向に磁化する方法である.
コイル法（ケーブル）	FC	ケーブルをたるみがないように試験体に巻き付けてコイルを形成して通電し，コイルが作る磁界によって試験体を磁化する方法である.
直角通電法	ER	試験体の軸に対して直角な方向に直接電流を流して磁化する方法である.

電流法の場合は，反磁界の影響が大きいので使用にあたっては注意が必要である.

　表 3.3.4 にこの規格で規定されている磁化方法を示す.

(4) 探傷有効範囲

　極間法の探傷では，探傷ピッチが重要な探傷条件となる．この規格では，磁極に内接する円内（磁極回り 25mm を除く）を探傷有効範囲としている．これを図示すると，図 3.3.6 a) となる．ただ，この規格の中で探傷有効範囲の例として，図 3.3.6 b) が示されている．そのため，探傷範囲を狭く考える場合が

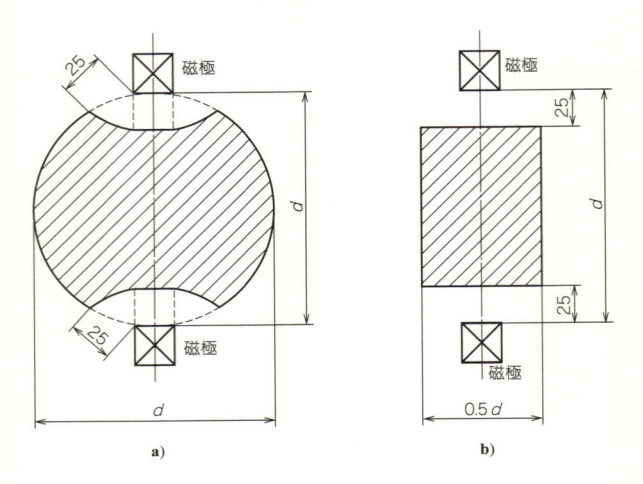

図 3.3.6　極間法に於ける探傷有効範囲
出所：JIS Z 2320-1 解説図 2

あるので注意が必要である．

　この範囲内であれば市販の磁化器で充分試験体表面で 1T を満足しているが，実際に探傷有効範囲を決定するときには，その表面の磁界の強さをテスラメータ等で測定するか，もしくは標準試験片を貼布し，探傷を行い，磁粉模様が現れることを確認する必要がある．

　ここで，検出媒体（磁粉）はできるだけゆるやかに，かつ均一に通用するようにしなければならない．試験体の傾きにもよるが，通電時間は少なくとも 5 秒以上は必要である．

　定置形磁化器を用いた探傷では，試験体に磁粉を適用する場合，部位によって検査液の流れが速くなる部分ができる．そのため，検査液がゆるやかに流れる範囲を適用範囲をとし，試験面を分割して探傷する必要がある．円筒形の試験体を探傷する場合には，少なくとも 3，4 分割以上が必要となる．

(5)　電流値の設定

　通電法において，電流値の設定は計算により求めることができる．軸通電法の場合，公式により　$I = 2\pi\,\mathrm{rH}$　で与えられ，試験体の大きさにより電流値

が異なる．この規格では通電法に分類されていないが電流貫通法についても同様な計算が成り立つ．

　電流の種類は表面きずの場合は直流又は交流を用い，表層部及び表層近傍の内部のきずの場合は直流を用いる必要がある．

　コイル法の電流値設定は，この規格では　$NI = 0.4\,HK/(L/D)$　で与えられているが，他にコイルの内部磁界の公式より

$$NI = \sqrt{(d^2 + l^2)}\,H[1 + (\mu_r - 1)N_d] \tag{3.3.14}$$

　　　　ここに，d：コイル直径，l：コイル長さ，N_d：反磁界係数

　あるいは，ASTM 規格（E709-2015）では

$$NI = 45\,000/(L/D) \tag{3.3.15}$$

などの式がある．これらは，どの式を用いても探傷可能であるが，試験体表面の磁束密度が 1T であることを確認しなければならない．コイルの形状によってコイル内部の磁界が変わること，また，試験体の材質，形状によって反磁界の大きさが変わることを考慮して，電流値を決定する必要がある．

　磁束貫通法では，一般に磁束貫通法の磁化電流値を計算により求めることは難しく，磁化条件の確認は計算以外の方法で行われる．

3.3.2　JIS Z 2320-2:2017（非破壊試験―磁粉探傷試験―第 2 部：検出媒体）

(1)　適用範囲

用語について，2007 年制定の規格で混用されていた湿式法における検出媒体と検査液とを，2017 年の改正において，検出媒体に統一された．また，紫外線は放射線の一種であり，エネルギーであることから，紫外線強度を紫外線放射照度に変更した．ただ，紫外線強度計は製品として普及していることからそのまま強度を使用することにしている．

　以前の JIS（旧 JIS G 0565）では検出媒体そのものの評価は規定されておらず，試験体に標準試験を貼付して，その探傷を行い，磁粉模様が現れることを確認する総合試験の中で検出媒体の評価も行っていた．旧規格で新たに永久磁石による対比試験片タイプ 1 及びタイプ 2 が規定され，これを用いて検出

媒体の評価を行うこととなったが，この規格でも変更はない．図 3.3.7 と図 3.3.8 に対比試験片タイプ 1 及びタイプ 2 の概略図を示す．

　検出媒体の試験は，メーカによる形式試験，バッチ試験，及び使用者が行う使用期間中試験がある．

単位　mm

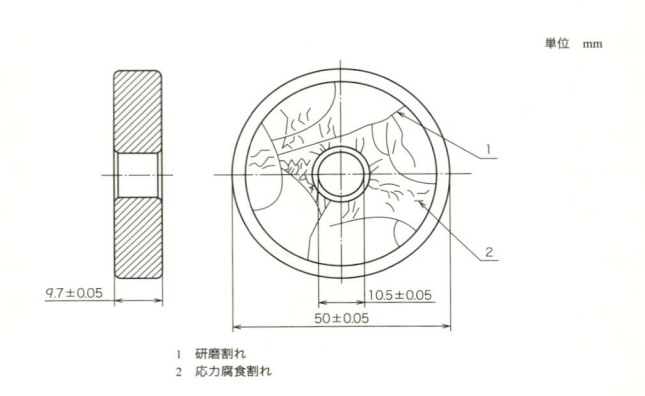

1　研磨割れ
2　応力腐食割れ

図 3.3.7　対比試験片タイプ 1
出所：JIS Z 2320-2 図 B.1

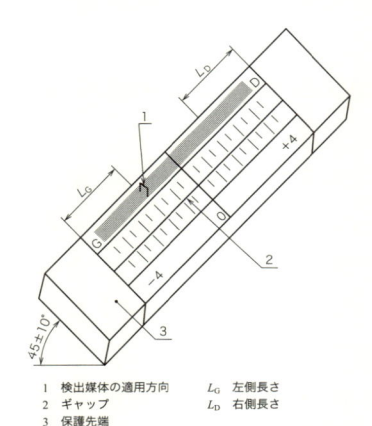

1　検出媒体の適用方向　　　L_G　左側長さ
2　ギャップ　　　　　　　L_D　右側長さ
3　保護先端

注記　中心で 0.015 mm のギャップをもった，10 mm× 10 mm× 100 mm の 2 本の鋼角棒。
　　　網線部分に検出媒体を適用する。

図 3.3.8　対比試験片タイプ 2
出所：JIS Z 2320-2 図 B.2

(2)　検出媒体に要求される特性

検出媒体に要求される特性は性能，色彩，粒子径，耐熱性，蛍光係数，蛍光安定性，引火点，分散媒の蛍光，検出媒体による腐食，粘度，機械的安定性，超泡性，pH，貯蔵安定性，磁粉分散濃度，硫黄及びハロゲンの含有量の 16 項目がある．この中の耐熱性と機械的安定性については対比試験片タイプ 1 又はタイプ 2 を用いて試験・確認を行う．

使用期間中試験は，性能と色彩について規定されており，性能はこの規格の附属書 JA の手順に従って A 型標準試験片又は C 型標準試験片による試験を採用することとし，さらに，B 型対比試験片を単独で，又はこれに A 型標準試験片又は C 型標準試験片を貼付して使用できることとしている．ただし，使用期間中試験の総合的な評価という点からは，タイプ 1 もしくはタイプ 2のいずれか，又は，試験体で通常発見されるきずと同等のきずをもつ試験体を用いて，既知の磁粉模様と差がないことを確認することが望ましい．

粒子径の測定方法として，ISO 規格では，コールター法及びこれと同等な方法が記載されているが，この規格では，測定方法は本文で規定するとともに，国内で光学的測定法として用いられてきた顕微鏡法も採用し，附属書 JB として規定している．

コールター法と顕微鏡法との整合のため，ISO 規格で規定されている "下限粒子径以下の粒子 10% 未満，上限粒子径以上の粒子 10% 未満の粒子径範囲"に合わせ，顕微鏡法では下限粒子径以下の粒子 10% 未満に対応する累積分布の 90% となる粒子径，上限粒子径以上の粒子 10% 未満に対応する累積分布の 10% となる粒子径の範囲で示すこととし，粒子径範囲として累積分布の 10 及び 90% とした．また，平均粒子径は粒子の分布範囲の 50% の位置における粒子径（中央値）で表している．

検出対象とするきずが小さい場合は，小さな粒子径の磁粉が，大きなきずの場合は大きな粒子径の磁粉がよいとされている．この規格では粒子径は 40μm 以下と規定しているが，実際に，乾式磁粉として平均粒子径が 50 μm～60 μm のものも市販されている．必要とされる検出きずに対して，最も検出

感度が高くなる磁粉を選択することが必要である．

　蛍光係数及び蛍光安定性について，この規格の図 1 に測定装置の配置の例が示してあるが，国内で入手できる輝度計を使用した場合には配置が変わる場合があり，注記として，これを参考に測定を再現できる配置であればよいとしている．

　磁粉の蛍光安定性については，磁粉表面における紫外線放射照度に対する輝度の比を蛍光係数と定義し，磁粉を 20 W/㎡以上の A 領域紫外線に 30 分間露出したとき，蛍光係数が 5 ％以上減少してはならないと規定している．最近の蛍光磁粉については性能が向上しており，30 分程度の紫外線の照射では蛍光輝度の劣化はほとんど認められない．

　引火点について，ISO 規格では，測定はオープンカップ法によるとなっているが，国内では石油製品の引火点の測定はクローズドカップ法が一般的であるため，両者を併記した．また，引火による火災事故など安全面を考慮し，有機分散媒の引火点として，常温での引火の危険が少ない，消防法危険物第四類第三石油類に該当する 70℃ 以上を採用し，注記としてその使用が望ましい旨が記載されている．

　粘度の測定方法は，分散剤など高粘度のものもあることから，JIS K 2283 の動粘度測定方法，JIS Z 8803 の静粘度測定方法，塗料などの測定に用いられるフローカップ法（フォードカップ，ザーンカップなどの種類がある）など製造業者によって確立された試験方法によるとしている．

　また，低い温度では，分散媒の粘度は高くなり，磁粉の流動抵抗となって検出性に影響を与える可能性があるため，注記として，低い温度で使用するときも 5 mm²/s 以下であることが望ましい旨が記載されている．

　有機分散媒及び検出媒体の試験に要求される項目の試験対象として，湿式用磁粉及び分散剤を追加している．旧規格では，水分散検出媒体が記載されていたが，これに使用する分散剤の試験について規定されていなかったため，表中に注として "分散剤の試験において，製造業者の推奨する濃度で作製した分散剤水溶液について試験する項目" が記載されている．

なお，水分散検出媒体にした場合，粘度の測定や分散媒の蛍光色の観察が難しくなるため，分散剤水溶液について試験することとしている．

また，試験証明書に関連する通常の場合と特別な場合とを区分し，それぞれの場合の試験品目及び項目を実用に合わせて見直している．

エアゾール製品については，あらかじめ製造業者によって調製された湿式検出媒体を充填したものであり，使用期限内では機械的攪拌などによってほとんど劣化することはないため，使用期間中試験，形式試験及びバッチ試験の機械的耐久性試験の対象から除いている．

硫黄及びハロゲンの含有量について，ISO 規格では，"硫黄及びハロゲンが 200 mg/L（200 ppm）のとき ± 10 mg/L（10 ppm）まで正確に測定できる方法によって測定する．" と規定されているが，測定精度を考慮して，含有量はそれぞれ 200 mg/L（200 ppm）未満に変更している．これは，主にオーステナイトステンレス鋼に対する応力腐食割れを防止するためである．

磁粉分散濃度の測定ついて，JIS Z 2320-1 の 9.1 及びこの規格の 5.3 c）において磁粉分散濃度の設定と管理が規定されている．

湿式検出媒体（検査液）中の磁粉分散濃度を検査液濃度とも呼ぶが，ASTM E 709-15　APPENDIXES に規定されている沈殿管（通称：梨形沈殿計）又は JIS K 2503 に規定されている図 3.3.9 のような沈殿管（沈殿計）を用いて，あらかじめ検量線を求めておき，適時に湿式検出媒体中の磁粉の沈殿体積（mL/100 mL）を測定することによって磁粉分散濃度が測定できるため，検出媒体の性能管理を行うことができる．ただし，検出媒体に異物混入など汚濁がある場合には不向きである．

なお，梨形沈殿計には蛍光磁粉用と非蛍光磁粉用とがあり，最適な濃度範囲を考慮してそれぞれの最小目盛は，蛍光磁粉用では 0.05 mL，非蛍光磁粉用では 0.1 mL になっている．梨形沈殿計の寸法，目盛などの詳細は ASTM E 709-15 "Standard Guide of Magnetic Particle Testing" を参照されたい．

検出媒体の管理は，使用期間中試験として，タイプ 1 又はタイプ 2 対比試験片，もしくは A 型標準試験片を用いたきず検出性の確認を性能試験として

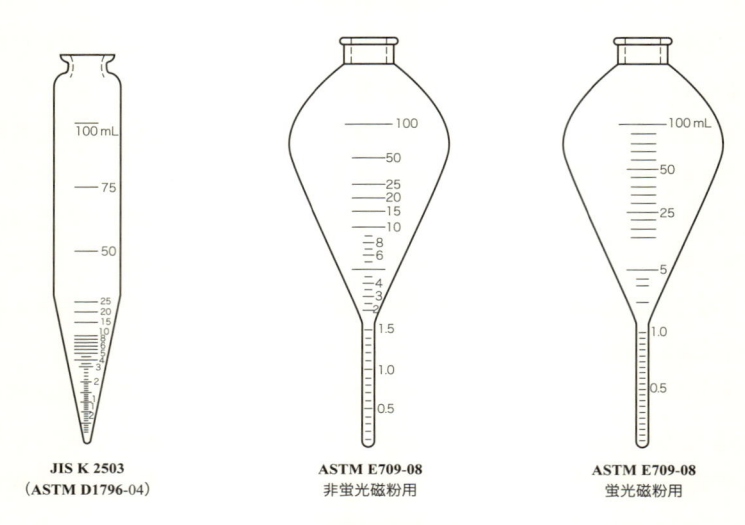

図 3.3.9　沈殿管（沈殿計）の例
出所：JIS Z 2320-2 解説図 1

実施する．検出媒体の管理に当たって，磁粉分散濃度とこれらの試験片の検出
性との相関をつかんでおくことが必要である．

3.3.3　JIS Z 2320-3:2017（非破壊試験—磁粉探傷試験—第 3 部：装置）

(1)　適用範囲

磁粉探傷試験の装置の種類として，この規格では可搬形電磁石，定置形磁化
台及び専用試験システムの三つに分けている．これらを構成する磁化装置，脱
磁装置，照明装置及び観察装置について規定している．

(2)　装置の様式

可搬形電磁石は，交流極間式磁化器，又はヨーク式磁化器といわれ，最も多
く用いられている装置である．装置の大きさとしては磁極断面が 25 × 25 mm，
磁極間距離 135 mm 程度のものが一般的である．他に磁極断面が 15 × 15
mm，磁極間距離 120 mm やさらに小形のもの，あるいは磁極が 4 極の装置
などがある．

(3) 装置の性能 (全磁束)

全磁束は，鋼板の中央に磁極を設置し，磁極を結ぶ線に直角に鋼板に巻いたコイルの端子を，精度±5%の交流磁束計に接続して測定し，その（波高値）/（コイル巻数）を全磁束とする．ただし，リフティングパワーで全磁束の代用としてもよいこととしている．

磁化器の性能として，4.5 kg（44 N）以上の鋼板を持ち上げるリフティングパワーが必要とされている．一般に市販されている装置は全磁束が 5×10^{-4} Wb 以上あり，4.5 kg のリフティングパワーは充分に満足されている．

リフティングパワー試験に用いる鋼板は，ISO 規格では，EN 10084 鋼種（C22）（JIS G 4501 S20C 相当）と規定されていたが，S20C は国内ではほとんど流通していない．そのため，（一社）日本非破壊検査協会標準化委員会磁粉専門別委員会において，S20C に最も近い材質である S25C 及び最も入手しやすい SS400 について，磁気特性及びリフティングパワーを調査した．

図 3.3.10 に S20C，S25C 及び SS400 の磁化曲線の測定結果を示す．

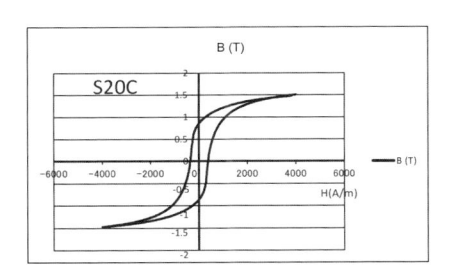
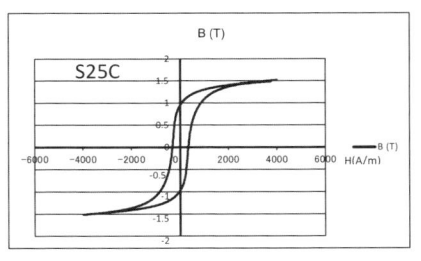
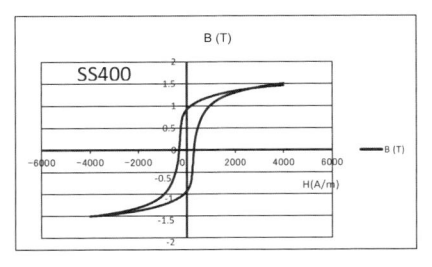

図 3.3.10　S20C，S25C 及び SS400 の磁化曲線
出所：JIS Z 2320-3:2017 解説図 1

この結果から，S20C，S25C 及び SS400 では磁気特性に大きな差はないことがわかり，また，リフティングパワーにも差がなかったため，リフティングパワー試験に用いる鋼板として S25C 又は SS400 を追加することとした．ただし，鋼材は，焼き入れすると磁気特性が変わるため，圧延のままのものか焼きなましされたものとしている．

最少要求事項の測定条件で周囲温度の記載が ISO 規格では 30 ℃と規定されているが，日本の気候風土では常温は 20 ℃とされる場合が多く，その両方を包含できる，25 ± 5 ℃を採用した．

可搬型電磁石の要求仕様として，にぎり部の表面温度は旧規格では 50 ℃以下であったが，ISO 規格に合わせ 40 ℃以下とした．これは，装置の要求仕様が使用率 10 ％以上，通電時間 5 秒以上であることから十分満足できる値と考えられる．

(4) 磁化器の形式

防まつ形とは電気機器の水の浸入に対する保護構造の一種で，JIS C 0920:2003 ［電気機械器具の外郭による保護等級（IP コード）］の "6. 第二特性数字で表される水の浸入に対する保護等級" の項に防水に対して 0 ～ 8 までの等級が規定されており，その 4 等級（水の飛まつに対して保護する）に相当する．

また，非防水形は，保護等級 0 に相当し，特別な防水処理を行っていない．そのため，湿式法に用いるときは装置の絶縁不良やスイッチの不良等の注意が必要である．

(5) 紫外線照射装置

紫外線照射装置（以下，ブラックライトという）の紫外線に関する特性は，JIS Z 2323 によっている．

ブラックライトは，これまでは光源として高圧水銀灯或はメタルハライドランプが使用されていたが，最近，LED を使用したブラックライトが開発され，応用範囲が広がってきている．また，内部検査には光ファイバも有効である．しかし，ISO 規格はこれらを規定していない．そこで，これらを使用したブラッ

クライトは，光源からの距離 400 mm にかかわらず，試験面での紫外線放射照度が $10 \ \mathrm{W/m^2}$ 以上あれば使用できることとしている．

安全性に関する注意事項として，作業時長袖及び手袋等を着用し皮膚を紫外線から保護すること，及び，眼球に直接紫外線を照射しないことなどの注意が必要である．

(6) 観察条件

旧規格において "可視光照度 $\leq 20 \ \mathrm{lx}$，ただし，より強い A 領域紫外線を用いて，対象試験体と同様のきず磁粉模様又は標準試験片の磁粉模様が確認されるならば，20 lx 以上の可視光照度であってもよい" と規定されていた．しかし，2017 年の改正において，観察条件が "JIS Z 2323（ISO 3059）を参照" に変更された．しかし，JIS Z 2323（ISO 3059）には上記（より強い A 領域紫外線を用いるとき）の内容が反映されていない．そのため，より強い A 領域紫外線を用いてコントラストが確認されれば，20 lx 以上の可視光照度であってもよいことを，検査室の要求仕様として残すこととしている．ただし，より強い紫外線を使用する場合には，安全性に対する注意が必要である．

(7) 測 定

電流波形にひずみがない場合，すなわち正弦波と考えられる場合は実効値，波高値及び平均値いずれも 1 対 1 の関係が成り立っており，それぞれ互いに換算できる．電流波形にひずみがある場合は，真の実効値を求める必要がある．真の実効値は，1 周期における平均電力と定義されている．

実効値測定器の性能を表す量として，次の式で与えられる波高率を用いる．

$$\text{波高率} = \text{波高値} / \text{実効値} \tag{3.3.16}$$

ここで，波高値は波形のピーク値である．

波高率は，測定器の入力レンジの何倍までの入力まで線形に動作するかを表すもので，正弦波の場合波高値を I とすると実効値は $I/\sqrt{2}$ であるので

$$\text{波高率} = I/(I/\sqrt{2}) = 1.41 \tag{3.3.17}$$

となる．

(8)　脱磁装置

脱磁設備は，磁化装置と一体となっている場合と磁化装置とは別置きの場合とがある．磁粉模様の観察が脱磁後に行われる場合には，磁粉模様が適切な方法によって保持されるものでなければならない．一般に 400 A/m ～ 1 000 A/m）まで脱磁できる（受渡当事者間で別の取決めがない場合に限る）装置が必要である．

(9)　機器の検証及び校正

校正間隔期間中の測定誤差がこの規格の規定範囲内となるように，機器の検証及び校正を，手順に従って実施する．この作業は，機器の製造業者の推奨に従うか，又は使用者の品質保証システムに沿って行わなければならない．

3.3.4　JIS Z 2319:2018 ［漏えい（洩）磁束探傷試験方法］

JIS Z 2319 ［漏えい（洩）磁束探傷試験方法］は，1991 年に制定（以下，旧規格という）され，主に鋼管・棒鋼など鉄鋼生産ラインで適用されてきた．海外では鋼管を対象とした漏えい磁束検査規格として，ISO 10893-3（Non-destructive testing of steel tubes—Part 3: Automated full peripheral flux leakage testing of seamless and welded (except submerged arc-welded) ferromagnetic steel tubes for the detection of longitudinal and/or transverse imperfections）が 2011 年に整備され，国内ではこれを基に技術的内容を変更して作られた JIS G 0586:2012 ［鋼管の自動漏えい（洩）磁束探傷検査方法］が制定された．旧規格は油井用鋼管の探傷試験を目的とした鋼管試験の一般通則及び試験方法として作成された．しかし，最近では漏えい磁束探傷試験は鋼管以外にも鋼板，機械部品などの探傷試験，石油タンクの減肉検査，ワイヤロープの保守検査[12] などにも適用範囲が拡大している．また，センサの開発，探傷装置のデジタル化及び交流励磁による位相検波の適用など漏えい磁束探傷法の技術的な革新が進み，現状の探傷技術とのかい（乖）離が生じていた．その上，広い対象物に適用できる漏えい磁束探傷方法の一般通則がないため，その必要性が望まれてきた．そこで，漏えい磁束探傷の一般通則としての旧規格を見直

し，現状の漏えい磁束探傷試験技術に基づいた内容に2018年に改正されている．

以下に改定された規格の概要を示す．

(1) 技術者の資格

従来，漏えい磁束探傷は主に鉄鋼生産ラインで用いられてきたため，鉄鋼製品の雇用主による非破壊試験技術者の資格に関する ISO 11484:1994 が制定され，我が国でもこれを基にした JIS G 0431:2001（鉄鋼製品の非破壊試験技術者の資格及び認証）が制定され，この中の非破壊検査方法に"漏えい(洩)磁束探傷試験（FT）"が規定されている．一方，JIS Z 2305:2013（非破壊試験技術者の資格及び認証）内の試験方法に漏えい磁束探傷試験は含まれていない．このため，この規格での技術者の資格は，"JIS G 0431，JIS Z 2305（ET 及び／又は MT）又は同等規格で資格付けされていることが望ましい"とされている．

(2) 漏えい磁束探傷試験システム

漏えい磁束探傷試験システムは，探傷ヘッド，探傷試験装置，走査装置，附属装置などから構成される．鉄鋼生産ラインにおいては試験品又は探傷ヘッドが高速に移動し，自動探傷が可能な大型のシステムから，ロープテスタのように，片手で操作できるハンディ型のものまで，目的に応じて幅広いシステム構成が考えられる．システムにおいて改正された要点を以下に示す．

(a) 探傷ヘッド

探傷ヘッドはこの規格で新しく定義された．漏えい磁束探傷試験においては，きずの検出部は磁化器と磁気センサから成り，これが高速に移動するか又は試験体が高速に移動しながら測定をする．そのため，磁化器と磁気センサは一体の構造となり，これが漏えい磁束探傷における広い意味でのセンサであり，これらの組み合わせたものを探傷ヘッドと定義している．探傷ヘッド内の磁極面と磁気センサが試験体表面間とのクリアランスを一定に，かつ感度を高くするためにこのクリアランスをなるべく狭く保持できる構造にすることが特性を保つ上で重要となる．

(b)　磁化器

この改正で，交流磁化が加えられたため，磁化器を次のように定義している．

・**コイル磁化器**：空心コイルを用いた磁化器．励磁電流は，直流又は交流を
　　　　　　　　用いる．

・**電磁石磁化器**：鉄心とコイルとを組み合わせた磁化器．交流を用いた交流
　　　　　　　　磁化器及び直流を用いた直流磁化器に分類できる．

・**永久磁石磁化器**：永久磁石と鉄心とを組み合わせた磁化器．

(c)　磁気センサ

磁気センサは，試験の目的，探傷方式によって適切なもの選択して用いることができる．漏えい磁束を検出する磁気センサとして，サーチコイル，ホール素子，磁気抵抗素子，磁気インピーダンス素子などがある．サーチコイルの出力は検出する磁界変化の周波数に比例するので，低い周波数帯域では使用できないが，交流磁界励磁や高速に移動する試験に有利である．他の磁界センサについては，好感度で直流磁界にも強いものの，周波数帯域や検出磁界強度に制限があるので，使用状況に合わせて選択する必要がある．

　磁気センサの信号出力はリフトオフの変化に大きく影響を受ける．そのため，磁気センサは試験体表面に設定されたクリアランスを一定に保つことのできる倣い機能を設けて保持されることが望ましい．このため，シューで保護された磁気センサを試験体表面に接触させて，試験を行うことも多く，保護シューには，超硬プレート，ステンレスプレート，樹脂などが用いられる．

　磁気センサは，試験体の表面に対して垂直方向成分もしくは平行方向成分を検出する方向に設置される．このとき計測される波形は，きずを中心として，垂直成分を検出する場合は図 3.3.11 に示すように正負のピークをもち，水平成分を検出する場合は図 3.3.12 のように一つのピークをもって測定される．水平成分を検出するときには，図 3.3.12 に示すように磁化器からの漏れ磁束 Φn が信号に重なって出力される．そのため，試験体と磁化器のクリアランスが一定に保たれないと，変動する漏れ磁束 Φn が加わることになる．水平成分の漏えい磁束を計測した信号は，単一ピークできずの位置は判別しやすいが，

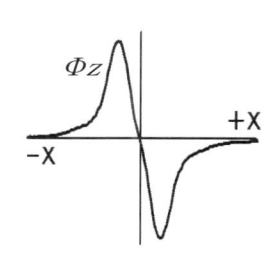

図 3.3.11　垂直成分検出波形	図 3.3.12　水平成分検出波形
出所：JIS Z 2319 図 1 を一部修正	出所：JIS Z 2319 図 2 を一部修正

磁化器からの漏えい磁束Φnが重畳されることを考慮しなければならない．一方，垂直成分を用いた測定では，この影響を受けにくい利点がある．この磁化器からの漏えい磁束は，試験時に生じる磁化器のリフトオフ変動によって生じるため，このリフトオフ変動を極力抑える工夫が必要となる．

(d)　探傷試験装置

この改正で，交流励磁を用いた試験が加わった．交流励磁を用いた探傷試験装置には交流発信器，位相検波及びこれを用いたきず診断のための位相解析が用いられている．このため，探傷試験装置の構成がデジタル化され，かつ内部又は外部にコンピュータが接続され，高機能化が図られている．

(3)　磁化条件

磁化器を用いて，試験体を磁化させて漏えい磁束を検出するのは磁粉探傷試験と同じ原理である．しかし，大きく異なる点は，磁粉探傷試験では磁粉が最適に吸着する領域に磁化条件を決めるのに対して，漏えい磁束探傷試験では，センサがきずからの漏えい磁束を検出し，それを増幅した信号とセンサや増幅器から発生されるノイズとの比（S/N 比）が十分大きい磁化条件にすればよく，強い磁場を必ずしも必要とするわけではない．さらに，磁化方式も直流だけでなく交流励磁も使うことができる．交流励磁を使うことによって，位相検波が適用でき，ノイズの除去及び位相によるきずの判定が可能となる．この手法は試験周波数を最適に選ぶことによって，表面近傍の微小き裂の計測，表面と裏

面とのきずを区別した計測などに適用範囲が広がっている．これらの手法の高度化に伴い，目的とするきずを検出すべき磁化条件を最適にする基本的な理解が必要になった．以下に，磁化条件の設定について説明する．

磁化条件は検出すべききずの大きさとその位置（深さ）及び検出速度とを考慮して決定される．漏えい磁束は強磁性体試験体の高い比透磁率とき裂部の比透磁率が 1 である透磁率の差によって発生する．したがって，その漏えい磁束の強度はきずの深さ及びきずの開口幅に大きく影響される．このため，表面近傍の開口していないきず又は裏面のきずを対象とする場合は，表面に生じる漏えい磁束は小さくなる．また，漏えい磁束は，きず表面から離れるに従い，指数的に減衰する．このため，磁束検出センサのリフトオフ変動があると信号強度は大きく変動することになる．また，ロープの素線断線のように，断線位置によって検出信号が大きく変化することも考慮しなければならない．このような条件を考慮し，磁化器形状と磁気センサを最適にするように設計しなければならない．このため磁化条件は，検出すべききずの深さ及び形状，磁化方式，相対検出速度及び交流励磁を用いるときは励磁周波数も考慮して決定しなければならない．この設計には，電磁気の数値解析による支援が有用である [13~16]．これらに影響を与える表皮効果及び速度効果について次に説明する．

(a)　表皮効果

導体の表面に一様な磁界が加わっているとき，導体の内部への磁束の侵入を妨げるように渦電流が発生し，導体内の磁束は表面から指数的に減衰する．表面の磁束から $1/e$（$\fallingdotseq 0.37$，e は自然対数の底）の値になる深さ δ を表皮深さと定義し，次の式で表される．

$$\delta = \sqrt{\frac{2}{\omega \sigma \mu}}$$

$$\begin{aligned} &\text{ここに，}\quad \omega：角周波数（= 2\pi f） \\ &\qquad\qquad \sigma：導電率 \\ &\qquad\qquad \mu：透磁率 \end{aligned} \qquad (3.3.18)$$

　一般の鉄鋼材であれば，表皮深さは 50 Hz で約 1 mm，1 kHz で約 0.2 mm である．この値は，鋼種の導電率及び透磁率，さらに熱処理や圧延によって大きく変化するので，あらかじめこれらのデータを測定しておく必要がある．また，この式は無限平面モデルであり，磁化器の極間距離が狭くなると表面からの磁束の侵入はこれより浅くなることを考慮しなければならない．また，表面の磁界の強さが大きすぎると，表面の磁束密度が飽和し，表皮深さは実効的に深くなる．この状態では，試験体表面の空間に平行な成分の磁束が多く発生し，センサは不要な磁束を検出することになる．これらを考慮し，検出すべききずの形状及び深さに対してこの表皮深さを目安に周波数を決定すればよい．

(b)　速度効果

　相対的に移動している状態において，試験体内の磁束密度分布は数値解析に頼らなければならない．図 3.3.13，3.3.14 は鉄板の上に磁化器が設けられ，磁化器コイルに直流磁界が加えられているとき及びそれが 1 m/s で移動しているときの数値解析による磁束密度の分布をそれぞれ示している．図 3.3.13 の直流磁界では，磁極間では鉄板の内面に均一に磁束密度が分布している．しかし，図 3.3.14 の鉄板が相対的に移動している状態では，表面での磁束密度が高く，裏面に向かって指数的に減衰している．これは表皮効果と同じ振舞いである．

　このように磁化器と鉄板の相対速度が V(m/s) で移動しているモデルについて考察してみる．鉄板のある点からみると時間的に磁束が変化することになる．これを正弦波の半波で時間的に変化すると仮定して考えれば，磁極の外幅を L としたとき実効的な周波数は fv ≒ V/2L とみなすことができる．この解析モデルでは，L=0.2 m，V=1 m/s なので，fv は 2.5 Hz となる．静止状態で交流磁化 2 Hz のときの磁束密度の解析結果を図 3.3.15 に示す．この図と 1 m/s で移動している図 3.3.14 の磁束密度の分布はほぼ一致している．このように，磁化器と試験体が相対的に移動しているときは表皮効果と同様の速度効果があることがわかる．したがって，磁化器がより小型で，かつ相対速度が速くなると，この速度効果による表皮深さがさらに浅くなることがわかる．表面からの微小のきずを検出するために交流磁化を用いる場合は，相対速度と励磁周波数

の両者を合わせて，最適な条件を考慮しなければならない．このため，検出すべききずの深さをパラメータにして，励磁周波数と相対速度に対する検出特性とをあらかじめ求めておくことが必要である．さらに図3.3.14からわかるように，磁束密度の分布は進行方向の逆の方向に磁束密度が遅れて分布している．したがって，磁極間距離が狭く，かつ移動速度が大きいときには，この磁束密度の非対称性にも注意して，磁化器の形状又は磁気センサの計測エリアを考慮する必要がある．

(4)　対比試験片

旧規格では管に限定した対比試験片の形状と用いる人工きずの寸法を規定していたが，種々の試験，試験装置などに制限を受けることのないように，この改正では使用する人工きずの呼称及び寸法の表記方法についてだけ規定し，具体的な寸法等は要領書等の文書で示されることとしている．

対比試験片は，探傷試験装置の感度などの調整，日常点検，定期点検及び総合点検を行うときに用いられる．この対比試験片は，人工きず又は自然きずの存在するものを加工したものを用いるとし，化学成分，熱処理条件が試験体と同じでない場合には，電磁気的特性が同等であることを確認するとしている．また，代表的な人工きずは，スリット（角溝），貫通穴又は平底のドリル穴としている．これらの人工きずの種類については，それぞれ記号で表し，スリットはN，ドリル穴はDとし，スリットでは深さ，幅，長さ（mm）を，ドリル穴では，ドリル穴の深さ，直径（mm）を表すこととしている．よって，深さ0.3 mm，幅0.5 mm，長さ25 mmのスリットであれば，"N-0.3/0.5-25"のように表示される．

また，対比試験片に，自然きずや人工きずの加工したものを用意することが難しい例として，ワイヤロープのような特殊な試験体の対比試験片について解説に示している．図3.3.16は素線を切断して作られた対比試験片の1例である．このように，試験体に合わせて人口きずを作成し，きずの加工方法や寸法は文書に示されることとした．

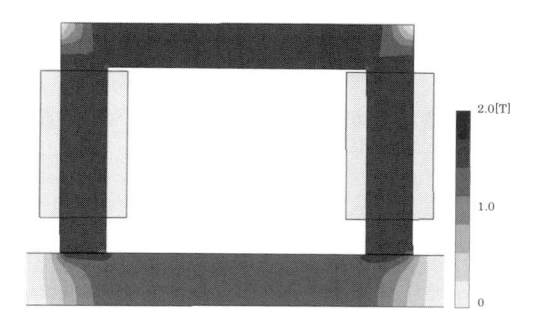

図 3.3.13 静止状態
出所：JIS Z 2319 解説図 1

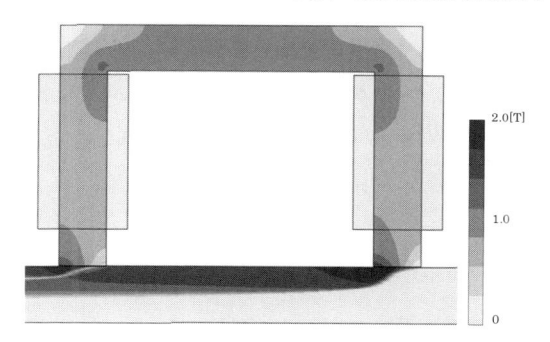

図 3.3.14 相対速度：1 m/s
出所：JIS Z 2319 解説図 2

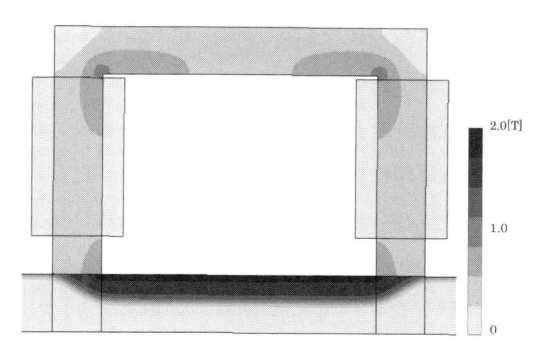

図 3.3.15 静止状態，交流磁化（2 Hz）
出所：JIS Z 2319 解説図 5

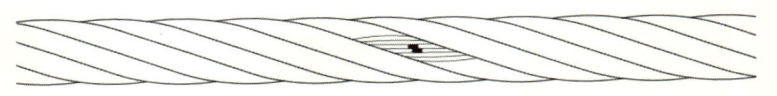

図 3.3.16　素線を切断して作成した対比試験片の説明図
出所：JIS Z 2319 解説図 7

(5)　走査方式

き裂の方向によって，探傷ヘッドの向きを最適にしなければならない．一般には圧延方向や機械加工の方向などで，発生するきずの性状はあらかじめわかっているので，そのきず長さ方向に直交する磁束が入るように磁化器の方向を決める．きずの方向に合わせて捜査する磁気ヘッドの例を示す．図 3.3.17 は，鋼管を対象とした軸方向きず検出用であり，探傷ヘッドは高速に回転し，その中を鋼管移動する．図 3.3.18 は鋼管を対象とした周方向きず検出用の探傷ヘッドの例で，磁気ヘッドを固定して管が移動する．磁気ヘッドは回転しないが，センサを複数配置して一度に全表面の検査を可能にしている．

(6)　検証

確実で有効な漏えい磁束探傷試験を実施するための検証として，各点検と総合機能点検が定義されている．

点検には日常点検と定期点検が定義され，漏えい磁束探傷試験システムの各構成要素の性能及び特性が，常に許容範囲内に維持されていることを確認しなければならない．そのための点検手順書を作成し，日常点検，定期点検を行い，必要があればその是正処置を行うとしている．

システムの全体機能の検証として，総合機能点検が義務付けされている．総合機能点検は，漏えい磁束探傷試験システムによって行った試験の有効性を検証するために実施される．総合機能点検を実施した結果，漏えい磁束探傷システム全体の設定された性能が許容限度から外れていた場合には，前回の正常な総合機能点検以降に試験したすべての製品は，試験していないものと考えて，これらの製品に対する是正処置方法（例えば，再調整後の再試験，他の非破壊試験法による試験の実施など）を決定し，その実施結果を記録することとなっ

ている.

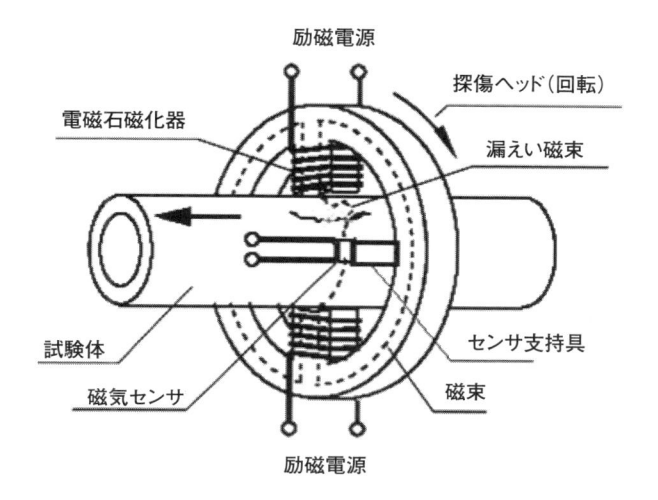

図 3.3.17 鋼管の軸方向きず検出用探傷ヘッド
出所：JIS Z 2319 解説図 11

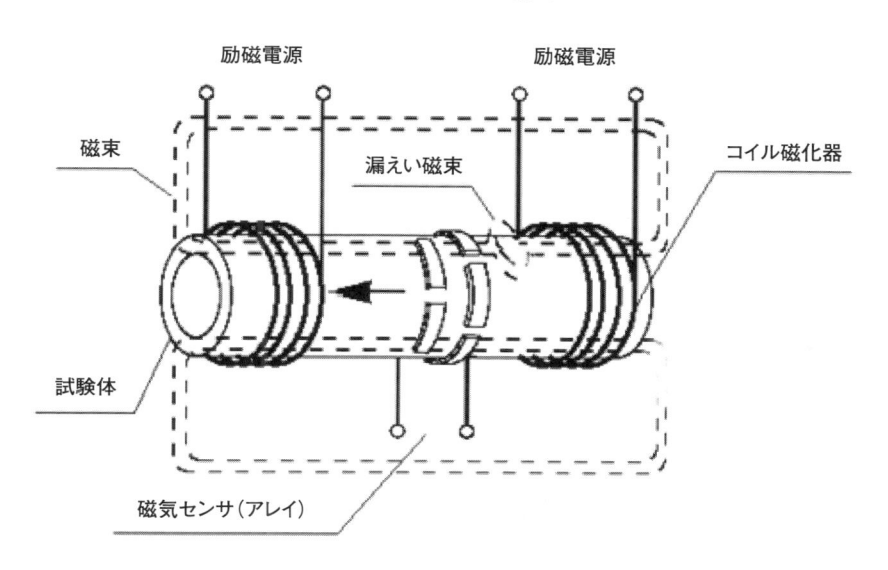

図 3.3.18 鋼管の周方向きず検出用探傷ヘッド
出所：JIS Z 2319 解説図 12

引 用 文 献

1）非破壊検査技術シリーズ　磁粉探傷試験Ⅲ，日本非破壊検査協会，1998
2）佐藤研一，笠井尚哉：磁粉探傷用A型標準試験片について，非破壊検査，Vol.59，No.9，
　　pp.446-450
3）松田弘道，池田忠夫：A型標準試験片の使用方法について，非破壊検査，Vol.62，No.11，
　　pp.551-554

参 考 文 献

1）相山英明，相村英行，松島勤：JIS Z 2320-1 〜 3　磁分探傷試験の改正動向について，
　　非破壊検査，Vol.65，No.11，pp. 536-540
3）JIS Z 2320-1 〜 3:2017　非破壊検査—磁粉探傷試験　第1部〜第3部
4）JIS K 2503:1996　航空潤滑油試験方法
5）ASTM E 709-15 非蛍光磁粉用
6）ASTM E 709-15 蛍光磁粉用
7）ISO 10893-3:2011 Non-destructive testing of steel tubes—Part 3: Automated full
　　peripheral flux leakage testing of seamless and welded (except submerged arc-welded)
　　ferromagnetic steel tubes for the detection of longitudinal and/or transverse
　　imperfections
8）JIS G 0586:2012　鋼管の自動漏えい（洩）磁束探傷検査方法
9）ISO 11484:1994　Steel tubes for pressure purposes—Qualification and certification of
　　non-destructive testing (NDT) personnel
10）JIS G 0431:2001　鉄鋼製品の非破壊試験技術者の資格及び認証
11）JIS Z 2305:2013　非破壊試験技術者の資格及び認証
12）吉元慎治，小坂大吾，橋本光男，大西友治，石田礼：漏洩磁束探傷法によるワイヤロー
　　プ検査の数値解析による評価，非破壊検査，Vol.59，No.3，pp.131-137，2010
13）後藤雄治，橋本光男：交流漏洩磁束探傷試験の近似的数値解析法の検討，非破壊検査，
　　Vol.46，No.11，pp.815-820
14）藤岡仁志，後藤雄治，高橋則雄「交流漏洩磁束探傷法を使用した支持鋼板付伝熱鋼管の
　　外面減肉検査手法」非破壊検査，vol.60, no.10, pp.608-614, 2011
15）後藤雄治，橋本光男：鋼管表面検査に適用する交流漏洩磁束探傷試験法の等価正弦波交
　　流非線形解析法の実験による評価，非破壊検査，Vol.48，No.11，pp.770-776
16）後藤雄治，高橋則雄：三次元交流非線形渦電流解析と実験による交流漏洩磁束探傷試験
　　法の評価，電気学会論文誌A，Vol.122，No.1，pp.72-78

3.4　浸透探傷試験

3.4.1　浸透探傷試験の関連規格

浸透探傷試験（以下，PT という）関連の国際規格は ISO3452 Non-destructive testing—Penetrant testing のシリーズとして ISO 3452 - 1 〜 6 の整備が進められてきた．制定の経緯は，1998 年に ISO 3452-3 Non-destructive testing—Penetrant testing—Part 3: Reference test blocks 及び ISO 3452-4 Non-destructive testing—Penetrant testing—Part 4: Equipment が制定されたのを最初に，引き続き ISO 3452-2 Non-destructive testing—Penetrant testing—Part 2: Testing of penetrant materials が 2000 年に制定され，ISO3452-1 Non-destructive testing—Penetrant testing—Part 1: General principles，ISO 3452-5 Non-destructive testing—Penetrant testing—Part 5: Penetrant testing at temperatures higher than 50 degrees C 及び ISO 3452-6 Non-destructive testing—Penetrant testing—Part 6: Penetrant testing at temperatures lower than 10 degrees C が 2008 年に制定され，6 部構成となった．

最近では ISO 3059 Non-destructive testing—Penetrant testing and magnetic particle testing—Viewing conditions が 2012 年 に 改 正 さ れ， さ ら に ISO3452-1，ISO 3452-2 及び ISO 3452-3 が 2013 年に改正されている．これらの主な改正内容は次のとおりである．

1）"プロセス管理試験"が，ISO 3452-2 から ISO 3452-1 に移された（ISO 3452-1 及び ISO 3452-2）．

2）簡易的な疑似模様の確認法として，ワイプオフ法が追加された（ISO 3452-1）．

3）染色浸透探傷試験の場合，余剰浸透液の除去処理において，350lx の明るさが追加要求された（ISO 3452-1 及び ISO 3059）．

4）蛍光浸透探傷試験の場合，余剰浸透液の洗浄処理において，紫外線強度の緩和及び周囲明るさを 100 lx まで許容範囲が変更された（ISO 3452-1 及び ISO 3059）．

表 3.4.1　浸透探傷試験に関わる JIS の分類

分　類	適用項目	JIS 番号
(1)　試験・測定の方法	試験方法通則	JIS Z 2343-1:2017
	高温での浸透探傷試験	JIS Z 2343-5:2012
	低温での浸透探傷試験	JIS Z 2343-6:2012
	観察条件	JIS Z 2323:2017
(2)　装置の性能	浸透探傷剤の試験	JIS Z 2343-2:2017
	対比試験片	JIS Z 2343-3:2017
	装置	JIS Z 2343-4:2001

　5）染色浸透探傷試験の場合，観察における照明光の質が規定され，色温度の要求がなされた．（ISO 3452-1 及び ISO 3059）

　6）紫外線強度計及び照度計の校正期間が 12 か月以内に変更された．（ISO 3059）

　PT 関連の JIS については，ISO 3452-1 〜 6 に従って JIS Z 2343-1 〜 6（非破壊試験―浸透探傷試験）も 6 部で構成されている．JIS Z 2343-1 は，"一般通則：浸透探傷試験方法及び浸透指示模様の分類"，JIS Z 2343-2 は，"浸透探傷剤の試験"，JIS Z 2343-3 は，"対比試験片"，JIS Z 2343-4 は，"装置"，JIS Z 2343-5 は，"50℃を超える温度での浸透探傷試験"，JIS Z 2343-6 は，"10℃より低い温度での浸透探傷試験" の 6 部構成である．また，観察条件については，ISO3059 に従って，JIS Z 2323 "非破壊試験―浸透探傷試験及び磁粉探傷試験―観察条件" が制定されている．浸透探傷試験に係る JIS の分類を表 3.4.1 に示す．

3.4.2　JIS Z 2343-1:2017（非破壊試験―浸透探傷試験―第 1 部：一般通則：浸透探傷試験方法及び浸透指示模様の分類）

　この規格は浸透探傷試験の基本事項について定めたものであり，この規格シリーズの第 1 部として根幹をなしている．浸透探傷試験は，金属材料，非金属と幅広く適用されるため種々の試験方法が規定されている．それぞれの試験方法は，対象とする試験体の形状，数量，表面粗さ，又は予測されるきずの種

類と大きさなどにより，方法を選択する必要がある．この規格は，ISO 3452-1 と整合させて制定している．ただし，浸透指示模様及びきずの分類については，ISO 規格には規定がないが JIS Z 2343:1992 に記載されていた内容を採用している．特に注意すべき事項としては，5.5 の有効性が挙げられる．この理由としては，浸透探傷試験は，一般的に試験時に対比試験片を使わないことによる．

規格の条項及びその概要を以下に示す．

(1) 適用範囲

適用範囲としては，製造中，供用中の材料及び製品（試験体）の表面に開口しているきずを検出するための探傷方法及び浸透探傷指示模様の分類方法について規定している．つまり，適正な試験方法の選定は，すでに述べたように，試験を実施する技術者が，対象とする試験体の形状，数量，表面粗さ，又は予測されるきずの種類と大きさなどにより，選定する必要がある．

(2) 引用規格

引用規格は，JIS に置き換えている．

(3) 用語及び定義

用語及び定義は，JIS Z 2300 に置き換えている．これ以外にワイプオフ法を追加している．

(4) 安全上の予防措置

安全上の予防措置は，探傷剤が，引火性又は揮発性があるため，試験区域は，労働安全衛生法及び消防法の規制を受ける．また，ブラックライトの使用についても，健康上及び安全上の規制を受けるため注意事項が記述されている．

(5) 一般事項

一般事項に関して，一般，方法概要，試験順序，装置及び有効性の 5 項目を規定している．試験技術者の資格を ISO 9712 から JIS Z 2305 又は JIS G 0431 に置き換えている．

(a) 一般 試験体のきずなどに応じた探傷剤を選定し，試験手順の詳細を定める必要がある．

(b)　方法概要　試験体表面の乾燥，浸透〜現像，観察を行う．他の検査に先立ち，実施する必要がある．これは，超音波探傷試験のカップラントなどの使用による表面の汚染を避けることを意味している．

(c)　試験順序　試験準備〜後処理

(d)　装置　試験体の数量，寸法，形状に応じて決める．

(e)　有効性　浸透探傷試験が他の非破壊試験と根本的に違うのは，標準試験片による確認を実施しないで適用することである．このことから，5.5において，試験の有効性を確認することが要求されている．

確認項目としては，探傷剤及び試験装置の種類，表面仕上げ及び表面条件，試験体及び予想されるきずの種類，試験体の表面温度，浸透時間及び現像時間，観察条件，が挙げられている．

試験の有効性を確保するための考え方の例を図 3.4.1 の（1）〜（9）に示す．

目的とするきず検出のために検討すべき事項（有効性の確認項目）の流れを示した．

ここで特筆すべきことは，図 3.4.1 の（1）〜（9）のいずれか1項目でも適切な選択又は要求を満たさない場合には，“目的のきず”が検出できない．多くの場合には無欠陥“きず指示模様なし”と判断される．つまり適性を欠くこと

（1）検出すべききずの大きさと種類の確認
（2）試験体の表面状態（仕上げ程度）の確保
（3）使用可能設備，作業環境の整備
（4）試験方法の決定（試験技法の選択）
（5）試験手順書，指示書（詳細探傷条件）の作成
（6）試験技術者（有資格者）
（7）試験実施条件（実施環境を含む．）
（8）試験結果（指示の有無：目的のきず検出）
（9）適正な判定　要求品質の確保
　　探傷結果が無欠陥（きず指示模様なし）の場合には，上記の各項目がすべて適正であって初めて，妥当な結果であることを証明できる．

図 3.4.1　試験の有効性を確保するための考え方

で試験結果が合格判断になってしまうことに留意が必要である.

放射線透過試験を例にとると，基準の透過度計が検出されなければ透過写真が要求事項を満たさないことが一目瞭然である．PT はこのような標準試験片を用いないで試験していることに特段の注意を払う必要があることを意味している.

今回の改正で，プロセス管理試験（附属書 B）を第 2 部から第 1 部に移行している．このことは，使用中の探傷剤の管理責任は，使用者にあることを明確にしたともいえる.

(6) 探傷剤の組合せ，感度及び分類

探傷剤の組合せ，感度及び分類は，探傷剤の組合せに加えて，探傷剤の分類，感度，組合せの呼称を規定している.

(a) 探傷剤の組合せ 浸透液（タイプ） 余剰浸透液の除去（方法） 現像剤（フォーム）

(b) 探傷剤の分類 タイプ I，II，III 方法 A ～ E フォーム a ～ j

(c) 感度 組合せで決める（第 2 部：蛍光 5 種類，染色 2 種類，二元性 1 種類）.

(d) 探傷剤の組合せの呼称 例として，JIS Z 2343-1-IAa-2 と表示する.

(7) 探傷剤と試験体との適合性

探傷剤と試験体の適合性は，使用する探傷剤の選定，探傷剤の種類の組合せ制限及び探傷剤の腐食性の 3 項目について規定している.

(a) 一般事項 試験目的に適合できる探傷剤の選定などを要求している.

(b) 探傷剤の適合性 異なる探傷剤の混入防止を避ける必要がある.

(c) 試験体への探傷剤の適合性 腐食試験結果を考慮する必要がある．応力腐食割れの防止などの注意が記述されている.

(8) 試験手順

試験実施手順について，処理工程ごとの注意，制限事項が規定されている.

(a) 試験手順書 試験前に確立させて，承認を得ておく必要がある.

(b) 準備及び前処理 前処理は試験体の状況に応じ，機械的前処理及び／

又は化学的前処理を実施する.

(c)　浸透液の適用　通常の温度（10℃〜50℃）では，5 分〜60 分の範囲で決める必要がある.

(d)　余剰浸透液の除去　洗浄剤としては，水，有機溶剤，乳化剤があり，きず内部以外の余剰浸透液を除去する.

余剰浸透液の除去についての考え方を，以下に示す.

余剰浸透液の除去については種々の方法があることから，JIS Z 2343-1 への取り込みについての検討概要を示す.

PT における余剰浸透液の除去方法としては，溶剤除去性染色浸透探傷試験に代表される有機溶剤を少し湿らせたウエスで拭き取る方法と水洗性，又は後乳化性浸透探傷試験のように水を使う方法に二分される. 前者の拭き取り法を"除去処理"，水を用いて洗浄する方法を洗浄処理と扱ってきた. 洗浄処理は，水温，水圧を定め水スプレで洗浄するのが一般的である.

ISO 3452-1:2013 では，一般に使用している"水スプレ"の記載がなく，また，あまり使用されていない浸漬法や水による拭き取り法についても許容している.

このことから，ASTM 規格等の要求と比較し，適用についての検討を実施した.

ASTM E165/E165M-12（Standard Practice for Liquid Penetrant Examination for General Industry 以下，ASTM E165 という.）では，余剰浸透液を水で除去する方法として粗いスプレ又は湿らせた布での拭き取りによる手作業での除去，自動又は半自動の水スプレ装置，水中への浸漬を挙げ，浸漬法では空気又は機械的に撹拌している水槽に部品を完全に浸漬するとしている. 水スプレによる手動洗浄と自動又は半自動の水スプレ装置による洗浄を水スプレによる洗浄として纏めると，ISO 3452-1:2013 で規定している水による余剰浸透液の除去方法は ASTM E165 と同様に水スプレによる洗浄，水中への浸漬及び湿らせた布による拭き取りである. また，ISO 3452-1:2013 で規定している"水による余剰浸透液の除去方法"は，ASTM E165 の規定と同じ

である.

　また，蛍光浸透液における除去確認のための紫外線放射照度は，最小 1 W/ ㎡であり，かつ，照度は，100 lx を超えてはならない.

　染色浸透試験における除去確認は 350 lx 以上でなければならない.

　(e)　乾燥　乾燥では，試験面温度が 50 ℃を超えない設定にする規定の他に，熱風循環式乾燥器での炉内の空気の温度が，70 ℃を超えないことを追加している. つまり，炉内の温度が 70℃を超えない設定をすると共に，試験面温度が 50 ℃を超えない時間内に取り出すことを要求している. 熱風循環乾燥システムを使用する場合, 空気の温度は 70℃を超える設定をしてはならない. また, 試験体の温度は 50℃を超えない時間内に取出すことを要求している.

　(f)　現像剤の適用　現像剤の適用は，10 分〜 30 分の範囲で決めることが望ましい.

　現像剤の適用の一般事項（8.6.1）において，無現像法を，注記として記載している. 無現像の場合には，以下のような点に注意する必要がある.

　この理由としては，国内で無現像法の適用事例があり JIS への取込みを検討したが，対応 ISO 規格には記載がなく技法として認めていない. このことから，関連する規格を調査した結果 ASTM（American Society for Testing and Materials）規格，ASTM E1417（Standard Practice for Liquid Penetrant Testing）では，鋳造アルミニウム合金などに限り特例として認めている例があることから，このことを注記として示した. なお，適用にあたっては，適用製品の確認及び試験条件を守るなど，受け渡し当事者の合意を得る必要があることを条件としている. 詳細について以下に示す.

　無現像法は，対応 ISO 規格では認められていない. しかし，国内で適用例があり，この規格に記載してほしいとの意見があり，国内外の規格を調査した結果，ASTM E 165 には規定されていないが，ASTM E1417 の 7.5 には，特例として，"受渡し当事者の合意がある場合には，比較的低応力しかかからないアルミニウム鋳造品などに適用できる"ことが記載されている. この記述を踏まえて，注記として無現像法の適用が追加されている. 無現像法を適用する

と現像剤を使用しないために，後処理工程を省略できるなど工数低減の効果がある．しかし，指示模様の拡大率が現像剤を適用した場合に比べて著しく小さく，指示模様の明瞭さに欠けるなどの問題がある．

(g)　観察　観察は，染色浸透探傷試験は 500 lx 以上の照度で，蛍光浸透探傷試験は 10 W/㎡ を超える紫外線放射照度で実施する必要がある．

観察条件にワイプオフ法が，疑似指示ときず指示模様の簡易判別法として取り入れられた．このワイプオフ法の呼び名としては，拭き取り法，再現像法又は類似法であるブリードバック法などとする意見が出された．最もわかりやすい拭き取り法とする方向で検討が進んだが，余剰浸透液の除去方法に同様の表現があり混乱を避けるため，原文に近いワイプオフ法を採用することとしている．詳細について以下に示す．

ワイプオフ法は，今回の JIS Z2343-1 改正において新しく追加されている．PT の結果得られた指示模様がきずに起因するものか，疑似指示によるものかを簡便に判断の方法としてワイプオフ法を追加している．指示模様が現われない場合には，きずが存在しないことを保証するものでないことに留意が必要である．

ワイプオフ法が，ISO 規格に取り入れられた背景には以下が挙げられる．

・欧州において，すでに一部の業界では使用されている．

・現行の JIS では，疑似指示かどうか疑わしいときは，前処理から再試験の実施を要求してきたが，再試験を実施すると結果を得るまでに相当の時間が必要になる．しかし，ワイプオフ法を適用すると，前処理からの再試験に比べて確認時間が少なくなるメリットがある．

・この技法は，蛍光浸透探傷試験に限ることなく種々の浸透探傷試験に適用することができる．また，前提条件として当事者の合意を要求している．このことから，適用にあたっては，対象製品の重要度，探傷方法，実施する試験技術者の熟練度などの観点から，当事者間の合意が必要となる．

参考としてワイプオフ法を適用して指示模様の確認された例を図 3.4.2 (a)，図 3.4.2 (b) に示す．

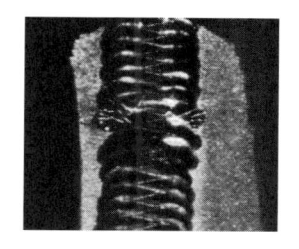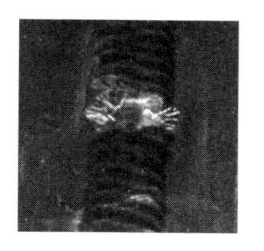

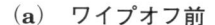
（a） ワイプオフ前　　　　　　　（b） ワイプオフ後

図 3.4.2　ワイプオフ法の指示模様の確認例

　使用した探傷剤は，浸透液：スーパーグロー OD-2800 Ⅱ，洗浄液：スーパーチェック UR-ST，現像剤：スーパーグロー DN-600S である．また，ワイプオフ法に使用した器具は，絵筆，アセトン，綿棒である．

(h)　記録　筆記で説明，写真撮影などいずれでもよい．

(i)　後処理及び保護処理　必要に応じ実施する必要がある．

(j)　再試験　必要な場合には前処理から実施する必要がある．

(9)　試験報告書及び様式

報告書に記述すべき項目及び様式例が示されている．

(a)　試験報告書　試験体の情報，試験員など報告すべき項目が示されている．

(b)　試験報告書の様式　様式は附属書 C（参考）に示されている．ただし，省略もできる．

(10)　浸透指示模様及びきずの分類

浸透指示模様及びきずの分類については，ISO 3452-1 に規定されていない．これは旧 JIS（JIS Z 2343:1992）からの継続した規定であり，日本独自の規定である．ここでは，浸透探指示模様の大きさで評価するか，指示模様を除去してきずそのものの大きさ・形状で評価するかどうかを検査仕様書，検査手順書など確認しておくことが重要である．

(a)　浸透指示模様の分類　分類は，まず疑似模様でないことを確認した後に行う．指示模様は，独立指示模様（割れ指示模様，線状指示模様，円形状指

示模様），連続指示模様，分散指示模様に分類される．

(b)　きずの分類　きずの分類は，指示模様の分類後に実施する．きずは形状及び存在の状況から，独立したきず（割れ，線状，円形状），連続したきず，分散したきずに分類する（図3.4.3参照）．

なお，浸透指示模様の測定方法などについて，解説に事例としてわかりやすく図解している．

(11)　表　示

全数検査か抜取検査かを示すもので旧JIS（JIS Z 2343:1992）からの継続した規定であり，日本独自の規定である．

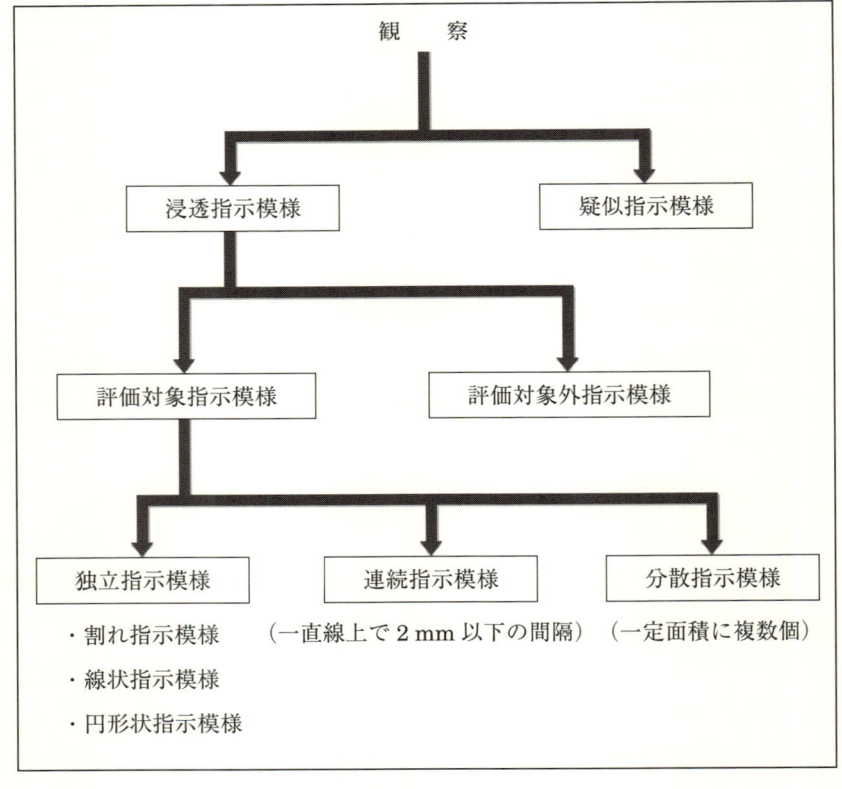

図3.4.3　きずの分類フロー

(12) 附属書 A（規定） 浸透探傷試験の主要工程：試験方法ごとの工程を表示している．

(13) 附属書 B（規定） プロセス管理試験：プロセス管理試験の内容について規定している（この附属書は，JIS Z 2343-2 から移行されている）．

(14) 附属書 C（参考） 試験報告書例：報告書の例を示す（規定するものではない）．

3.4.3 JIS Z 2343-2:2017（非破壊試験—浸透探傷試験—第 2 部：浸透探傷剤の試験）

この規格は，浸透探傷試験に使用する探傷剤の試験について規定している．探傷剤製造業者はこの規定に基づく性能を有していることを確認し，販売することが要求される．また，探傷剤を開放容器で長期間使用する場合には，使用者の義務として使用中の探傷剤に対してその性能を定期的に管理確認することが要求される．

規格の条項及びその概要を示す．

(1) 適用範囲

適用範囲は，探傷剤に対し形式試験及びロット試験に適用する．

(2) 引用規格

引用規格は，JIS に置き換えている．

(3) 用語及び定義

用語及び定義は，ISO 12706 及び JIS Z 3452-1 による．これ以外に，ロット及び供試溶剤を追加している．

なお，原文ではバッチとなっているが国内ではなじみがないので，バッチをロット試験と扱っている．

(4) 分 類

(a) 探傷剤 浸透液はタイプ I，II，III の 3 種類，余剰液の除去剤は A，B，C，D，E の 5 方法，現像剤は a，b，c，d，e，f の 6 フォームに分類されている．

(b)　感度レベル　蛍光浸透液は 5 種類［感度レベル 1/2（超低感度），1（低感度），2（普通感度），3（高感度），4（超高感度）］あり，染色浸透は 2 種類（レベル 1 普通，2 高感度）ある．なお，二元性浸透液は，ISO に合わせて 1 種類（感度分類をしない）を規定しているが，国内での使用例は報告されていない．

(5)　探傷剤の試験

探傷剤の試験は，探傷剤製造業者が JIS に則った探傷剤を開発，販売するにあたっての要求事項を示している．

(a)　試験の種類　形式試験で銘柄を決める（探傷剤の形式）．販売する個々の探傷剤については，この要求を満足することを，それぞれのロットごとに試験し，製品とする．使用中の探傷剤は，プロセス管理試験を使用者が行う（探傷剤製造業者に委託する場合もある）．

(b)　報告　型式試験の結果に基づく製品表示，及びロット試験の結果に基づく証明書の提示を行う必要がある．また，探傷操作管理試験は，記録する必要がある．

(c)　要求される試験　浸透液，除去剤（方法 A を含まない），現像剤，スプレー缶のロット試験についてそれぞれの要求項目について試験が実施される．

(6)　試験方法及び要求事項

試験方法及び要求事項は，以下の各項目及びその試験方法が要求されている．

6.1 外観，6.2 侵透探傷システムの感度，6.3 密度，6.4 粘度，6.5 引火点，6.6 洗浄性，6.7 蛍光光度，6.8 紫外線安定性，6.9 熱安定性，6.10 水分許容性，6.11 腐食性，6.12 硫黄及びハロゲン含有量（低ハロゲン，低硫黄用探傷剤），6.13 蒸発残さ／固形分の含有量，6.14 浸透液含有量，6.15 現像剤の性能，6.16 再分散性，6.17 溶媒の密度，6.18 製品性能（加圧式容器），6.19 粒度分布，6.20 水分含有量

(7)　包装及びラベル表示

包装及びラベル表示は，トレーサビリティを保証するためのロット番号などが要求されている．

(8) 附属書 A（規定） 蛍光輝度の比較：蛍光光度計の性能が要求されている.

(9) 附属書 B（参考） 蛍光浸透指示模様の視認性を決めるための装置：基準浸透液と供試用浸透液の視認性を比較評価するための評価基準などが規定されている.

3.4.4 JIS Z 2343-3:2017（非破壊試験―浸透探傷試験―第 3 部：対比試験片）

浸透探傷試験においては，標準試験片を用いないで，対比試験片を用いて検出感度，条件設定などを実施するための規定となっている. この規格では，ISO 3452-3 に規定されていないアルミ焼き割れ試験片をタイプ 3 として追加しているために，MOD となっている.

使用頻度の多いタイプ 1 及びタイプ 3 対比試験片を図 3.4.4 に示す.

規格の条項及びその概要を示す.

(1) 適用規格

適用規格は，タイプ 1 対比試験片（一対のめっき割れ）は探傷剤の感度レベルの決定に，タイプ 2（5 個の星形のめっき割れとざらつき面をもつ），タイプ 3（アルミ焼き割れ）は使用中探傷剤の性能確認に使用する.

(2) 引用規格

引用規格は，JIS に置き換えている.

(3) 用語及び定義

用語及び定義は，主な用語を JIS Z 2300 に追加している.

(4) 対比試験片の種類

(a) タイプ 1 対比試験片 めっき厚さの違いにより 4 種類（10 μm, 20 μm, 30 μm, 50 μm）が定められている. このうち 10 μm, 20 μm, 30 μm は蛍光浸透探傷に使用する.

(b) タイプ 2 対比試験片 洗浄能力を測定するために粗さの異なる 4 個のざらつき面及びきず検出確認のために大きさの異なる 5 個の星形割れが付与

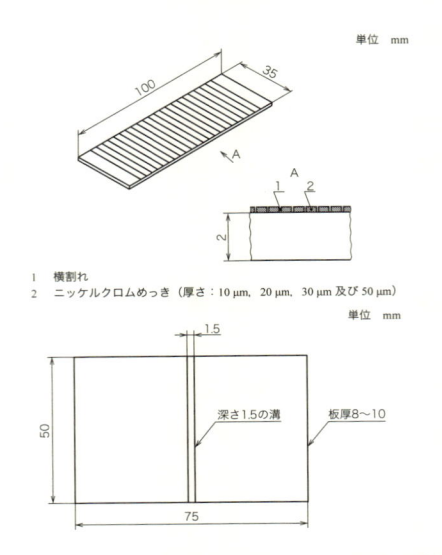

図 3.4.4　タイプ1及びタイプ3退避試験片
出所：JIS Z 2343-3 図1，図4

されている.

(c)　タイプ3対比試験片　アルミ板に焼割れが付与されている.

(5)　対比試験片の形状及び寸法

対比試験片の形状及び寸法は，それぞれ以下の対比試験片について寸法形状を定めている.

・タイプ1対比試験片の形状及び寸法
・タイプ2対比試験片の形状及び寸法
・タイプ3対比試験片の形状及び寸法

(6)　識　別

識別は，それぞれの対比試験片の識別方法と証明書の添付を要求している.

(7)　附属書JA（参考）　JISと対応国際規格との対比表：対比表が示されている.

3.4.5 JIS Z 2343-4:2001（非破壊試験—浸透探傷試験—第 4 部：装置）

浸透探傷試験の装置について規定している．装置には，現場試験用の簡便な
ものと据置型試験装置に分けて定めている

規格の条項及びその概要を示す．

(1) 適用範囲

適用範囲は，試験数量及び試験体の大きさを考慮して現場に適した装置と据
置型装置に分けて規定している．

(2) 引用規格

引用規格は，ISO 規格を対応する JIS に置き換えている．

(3) 一 般

使用装置は適用する浸透探傷試験方法に適したものの選択を要求している．

(4) 現場試験用試験設備

現場試験用試験設備としては，ポータブルスプレー装置，ウエス，ブラッシ
などを適宜使用することでよい．

(5) 据置型試験装置

据置型試験装置は，それぞれ以下について要求している．

(a) 一般要求事項 化学薬品への耐性材料を使用する必要のあること．排
水規制を満足させることができるものであること．健康，安全のための密閉性
を確保する必要があること．

(b) 試験準備及び前処理設備 適切な装置の使用が必要である．

(c) 浸透処理設備 浸透液が適切に適用できる設備，排液台，ブラックラ
イトなどが必要である．

(d) 浸透液排液設備 底面が傾斜した排液台が必要である．

(e) 余剰浸透液の除去設備 浸せきタンク，スプレー洗浄設備，乳化処理
設備などが必要である．

(f) 乾燥処理設備 吸引装置，回転装置，熱風循環式乾燥機などが必要で
ある．

(g) 現像処理設備 使用する現像剤に応じてスプレーガン，エアーフライ

ング設備，タンクなどが必要である.

(h)　試験設備　試験員が試験しやすい大きさであり，JIS Z 2323 の要求を備えた観察条件を確保することが必要である.

(6)　附属書 ZA（規定）　関係する欧州刊行物について対応表が示されている.

3.4.6　JIS Z 2343-5:2012（非破壊試験—浸透探傷試験—第5部：50℃を超える温度での浸透探傷試験）

50℃を超える温度での浸透探傷試験における使用探傷剤及び安全事項を含む試験の注意事項などについて規定している.

JIS Z 2343-1:2001 の 8.3.2 の温度において，"試験面の温度は，通常 10 ～ 50℃ の範囲としなければならない．（中略）10℃未満又は 50℃を超える温度については，JIS Z 2343-2 に基づきこの目的に対し推奨された探傷剤の組合せ及び試験手順で適用しなければならない"と，規定されていた．このことから，適正温度範囲を外れる場合には適用する温度での使用する探傷剤を含む手順を使用者が定め確認試験を実施することで手順を確立してきたが，JIS Z 2343-5 が制定されたことにより，高温での探傷が明確にされた.

規格の条項及びその概要を以下に示す.

(1)　適用範囲

適用範囲は，高温（50℃以上）で浸透探傷試験を実施する場合の特殊要求事項及び適応する探傷剤の格付けを要求している.

(2)　引用規格

引用規格は，ISO 規格を対応する JIS に置き換えている.

(3)　用語及び定義

用語及び定義は，ISO 規格を対応する JIS Z 2300 に置き換えている.

(4)　高温での探傷試験についての要求項目

高温での探傷試験についての要求項目は，適用する温度条件で格付けされた探傷剤の使用及びこの規格で要求がない場合には，探傷剤製造業者の指示に従

う必要がある.

(5) 安全上の予防処置

安全上の予防処置は,装置及び探傷剤は探傷剤製造業者の指示に従うとともに,安全を重視し,危機管理を要求している.特に,肌焼け,燃焼性,揮発性など温度変化に伴う潜在的な危険要素にも注意を払い,慣例法令や規則の順守を要求している.

(6) 試験技術者

試験技術者は,適切な資格(JIS Z 2305)を要求するとともに,高温での注意事項についても周知を要求している.

(7) 探傷剤の分類

探傷剤の分類は,JIS Z 2343-2 の表1により分類する.検出感度の例としては,例として,タイプ1,方法C,フォームa,レベル2,温度Mの場合の表示として(Ica-2/M)を例示している.

(8) 探傷剤の一般的性質

探傷剤の一般的性質は,結果の評価基準とする探傷剤はJIS Z 2343-2 の要求事項を満足する必要がある.温度安定試験は,使用高温度より20 ℃高い温度での試験を要求している.

(9) 対比試験片

対比試験片は,JIS Z 2343-3 のタイプ1又はタイプ3の使用を要求している.

(10) 探傷器材

探傷器材は,従来のものに加えて高温で使用できる手袋,刷毛,表面温度計などの準備を要求している.

(11) 観察条件

観察条件は,JIS Z 2323 の要求を満足する必要がある.

(12) 試験温度

試験温度は,温度範囲をM,Hなどと表示することを要求している.

(13) 格付け試験手順

格付け試験手順は,探傷剤製造業者が実施する高温探傷剤を格付けするため

の手順を要求している.

(14)　結果の評価

結果の評価は，高温での探傷結果と常温での探傷との結果の比較方向について要求している.

(15)　付属書A（参考）　タイプ3対比試験片（切断形）

原文では，アルミ焼き割れ試験片の作成方法が規定されているが，すでにJIS Z 2343-3 でアルミ焼き割れ試験片を規定している．ここでは高温と常温比較のため対比試験片を切断して使用する必要がある．このことから，わかりやすくするためにタイプ3対比試験片（切断形）と表示している.

タイプ3対比試験片（切断形）を使用した常温と高温（200℃用探傷剤）の試験結果の例を図3.4.5 と図3.4.6 に示す.

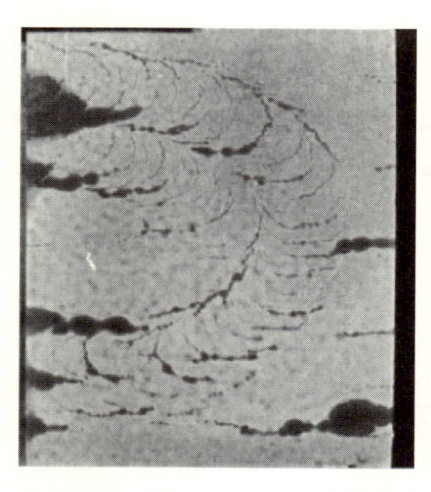 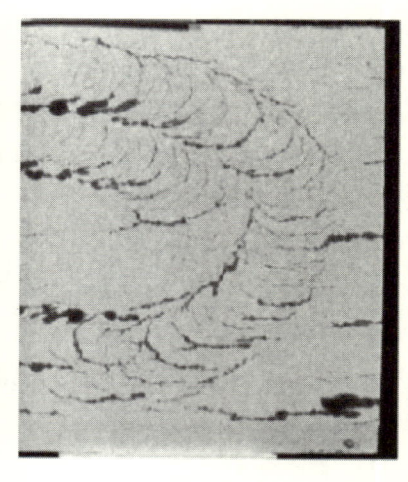

図3.4.5　常温（20℃）における試験結果
出所：文献4)

図3.4.6　高温（200℃）における探傷結果
出所：文献4)

3.4.7　JIS Z 2343-6:2012（非破壊試験—浸透探傷試験—第 6 部：10 ℃より低い温度での浸透探傷試験）

この規定は，上述の 3.4.6 項と同様に，適正温度条件を外れる場合の 10 ℃をより低い温度での浸透探傷試験を実施する場合の特殊要求事項及び使用する探傷剤などを定めている．JIS Z 2343-6 が制定されたことにより，低温での探傷が明確にされた．しかし，高温での探傷と異なり低温時に使用する探傷剤については規定がなく，適用温度に対応できる探傷剤をあらかじめ選定しておく必要がある．

規格の条項及びその概要を以下に示す．

(1)　適用範囲

適用範囲は，低温（10 ℃未満）で浸透探傷試験を実施する場合の特殊要求事項及び適応する探傷剤の格付けを要求している．

(2)　引用規格

引用規格は ISO 規格を対応する JIS に置き換えている．

(3)　用語及び定義

用語及び定義は，ISO 規格を JIS Z 2300 に置き換えている．

(4)　低温探傷における一般事項

低温探傷における一般事項は，この規格又は探傷剤製造業者の指示がない場合には，JIS Z 2343-1 が適用することを要求している．技術事項としては，結露又は凍結に注意すること，スプレー缶の圧力低下の対策，探傷剤の凝固などへの注意を喚起することなどが要求される．安全対策としては，加熱器を使う場合の火炎に対する注意，低温用衣類の使用等の配慮が必要となる．対比試験片は，冷蔵庫などを利用しないで実際の状態で使用しなければならない．浸透液は低温で粘度が上昇することが知られているが，凍結しなければ割れの検出性能に問題がない．

試験技術者は，適切な資格（JIS Z 2305）を有しており，さらに低温での試験に対する知識を有していることが要求される．

(5)　低温浸透探傷試験手順

低温浸透探傷試験手順は，据付式の装置が使用できないので，スプレー缶の速乾式現像などが用いられる．特殊事項としては，前処理における水（霜や氷を含む）対策，浸透時間の追加，現像用のスプレー缶の加温などが，注意事項として挙げられている．

(6)　低温用浸透探傷剤の試験

低温用浸透探傷剤の試験は，常温用の探傷剤の大半は低温でも使用できるが，洗浄液は水様性で速乾性のものとすることが望ましい．試験片の取扱いは，温度変化をさせないことが重要である．試験室は温度調整のできることが必要で，試験技術者は試験に先立ちあらかじめ試験室に入っておくことが要求される．

(7)　結　果

結果は，感度レベルは JIS Z 2343-2 に基づくことが要求される．

3.4.8　JIS Z 2323:2017（非破壊試験—浸透探傷試験及び磁粉探傷試験—観察条件）

浸透探傷試験及び磁粉探傷試験の観察条件としての要求事項を規定している．紫外線の強さを現す単位として，"放射強度"と"放射照度"のどちらを採用するかが議論されたが，"紫外線放射照度"を採用することとした．ただし，現在市販されている"紫外線強度計"については，従前の強度を使用することとしている．

規格の条項及びその概要を以下に示す．

(1)　適用範囲

適用範囲は，浸透探傷試験及び磁粉探傷試験を行う場合の照度，A 領域紫外線の放射照度及びこれらの測定に関する最小要求事項を含めた，主に目視観察条件について規定している．

(2)　引用規格

引用規格は，ISO 規格を対応する JIS に置き換えている．

(3) 用語及び定義

用語及び定義は，JIS Z 2300 によることができないため，PT 及び MT 関連用語としての ISO 規格及び EN 規格によることとしている．

(4) 安全予防処置

健康及び安全に関する我が国の法規，条例などは，すべて考慮しなければならない．A 領域紫外線を人体が受ける量は最低限に抑えるように注意し，波長 330 nm 以下の紫外線は，避けなければならない．ここでは，先ず安全を第一とし，紫外線を身体に受けることを最小限とし，さらに，短波長の紫外線を避けることを要求している．近年開発された LED 光源を用いたブラックライトでは，波長領域を制限することができるため短波長の紫外線を含まないものになってきている．

(5) 色調コントラストによる方法

色調コントラストによる方法として，染色浸透探傷試験においては，以下を要求している．

(a) 光源　目視による観察は，昼光又は人工の白色光の下で行う．人工光を用いる場合，色温度は 2 500 K を下回ってはならない．この要求は今回の改正で規定された要求であり，照度に加えて人工光の色の質を色温度の値で示したものである．

参考として色温度についての概要を，以下に示す．

今回の JIS Z 2323 改正において，色調コントラストにより観察を行う場合に，照明光の質として色温度が規定されている．色温度の要求値は，2,500 K 以上で，推奨値は 3 300 K 以上である．しかし，色温度については写真愛好家ではよく知られているが非破壊試験技術者には慣れていない単位であることから概要を示す．

(i) 色温度の概要

色温度とは，黒体を高温にした際に放射される光の色と対応されており，その時の温度（単位 K：ケルビン）で表現される．図 3.4.7 に色温度のイメージを，図 3.4.8 にカラーチャートを示す．主に蛍光灯や電球等の光源色を表現する際

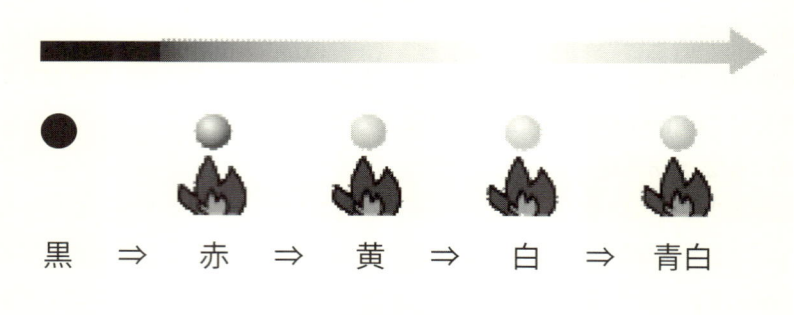

図3.4.7　色温度のイメージ図

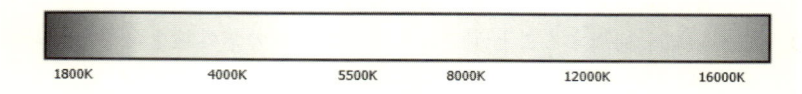

・朝日や夕日の色温度はおおむね2 000 Kとなる．
・普通の太陽光線は5 000 〜 6 000 Kとなる．
・澄み切った太陽の光はおおよそ6 500 Kとなる．

図3.4.8　カラーチャート

に使用されており，約5 500 Kでほぼ白色となり，それより高温側になると青みを帯び，低温側になると赤みを帯びた色調となる．

　色温度の確認は，都度測定して確認する必要はなく，ランプメーカの情報によることができる．ただし，懐中電灯のように乾電池を使用するものでは，電池の消耗に伴い電圧が下がると照明光が白色から黄色又は橙色に変化することがあり，注意が必要となる．

(ii)　指示模様の見やすさと色温度の影響について

　染色浸透探傷試験において指示模様観察のために色温度の低い赤みを帯びた光源を使用すると，指示模様とバックグラウンドのコントラストが低下し指示模様が見えにくくなる．

　指示模様観察のための光源の色温度の違いによる指示模様の様子と，その指示模様の一部の階調表示結果とそれぞれの指示部分とバックグラウンドの階調

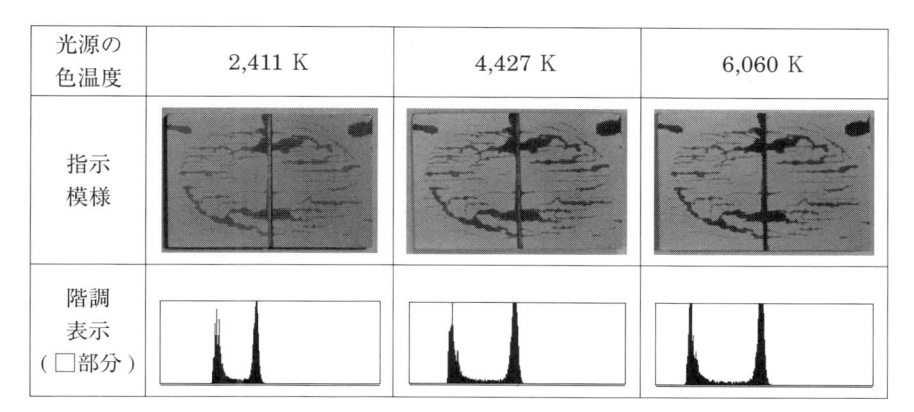

光源の色温度	2,411 K	4,427 K	6,060 K
指示模様			
階調表示（□部分）			

図 3.4.9 色温度 − 指示模様 − 階調表示

差を測定した結果を参考として図 3.4.9 に示す.

(b) 測定 試験面の照度は,使用環境下で照度計を用いて測定しなければならない.

(c) 要求事項 余剰浸透液の除去処理は,350 lx で実施しなければならない.観察時の試験面の照度は,500 lx 以上でなければならない.場合によっては,1 000 lx 以上が要求されることもある.着色した遮光保護具などは使用してはならない.ただし,白のバックグラウンド,又は非常に明るい日差し（一般に 20 000 lx ）がある場合には,サングラスなどの遮光保護具の着用が認められるが,注意が必要である.

(6) 蛍光による方法

蛍光による方法として,蛍光浸透探傷試験又は蛍光磁粉探傷試験の場合においては,以下を要求している.

(a) 紫外線 公称最大蛍光が,365 nm ± 5 nm,かつ,LED 光源の場合には半値全幅（FWHM）が 30 nm 以下の A 領域紫外線を用いる必要がある.

参考として紫外線の分布などについての概要を,以下に示す.

今回の JIS Z 2323 改正において,紫外線の分布の確認のために半値全幅を規定した.これは最近,普及してきた LED 光源を使用したブラックライト（以

下，UV-LED という）に対応したものであり，下記に概要を示す.

(i)　UV-LED について

　近年，LED 光源を使用した高強度のブラックライトの開発が進み，浸透探傷試験や磁粉探傷試験の現場で実際に使用されるようになっている．従来広く用いられてきた水銀灯やメタルハライドランプを使用したものと比べ，発熱量が少なく，瞬時に再点灯できるといった特徴があり，一般に安全で利便性の高い特徴をもつ.

　水銀灯等ではランプを発光させて放射されたランプ固有の発光スペクトルから，紫外線透過フィルタを透過させることで検査に必要なA領域紫外線が作り出されてきた．これに対して，LED 光源については設計された波長を中心に発光させることが可能なため紫外線透過フィルタは不要であるが，LED 素子の発光波長の選定が重要となる.

　また，高強度・広範囲照射への対応方法として，水銀灯等では目標とする放射照度や照射範囲に応じた消費電力の光源と反射板を設計することが一般的であった．一方で，UV-LED の場合は LED 素子を多数配列（アレイ化）させて，高強度，広範囲照射を実現することが一般的である．図 3.4.10 に 10 個のLED 光源をアレイ化し広範囲照射を実現した紫外線照射装置の実用例を示す.

　アレイ化した紫外線照射装置は放射照度の健全性において，従来のような照射面の一点のみの測定では確保できない問題もあり運用の見直しも必要である.

図 3.4.10　アレイ化した LED 光源を使用した紫外線照射装置

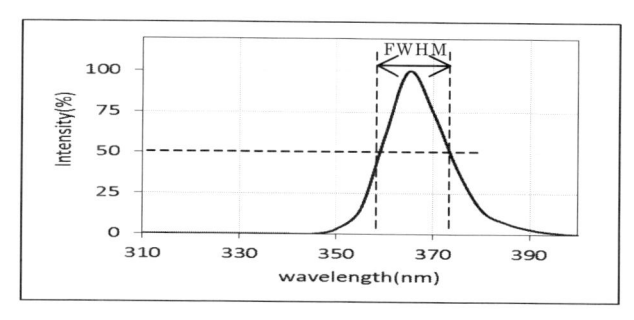

図 3.4.11　半値全幅（**FWHM**）

(ii)　半値全幅について

UV-LED 光源については，次の事項が要求される．

最大強度が 365 ± 5 nm で半値全幅（FWHM）が 30 nm 以下のものを使用する．半値全幅（FWHM）は，図 3.4.11 に示すとおりピーク強度の 50％となる波長幅を表現する．

UV-LED 光源を使用した紫外線照射装置は使用され始めてからまだ日が浅く，現在も高強度化や新たな使用方法の開発が各社で進められている．今後，ブラックライトの構成や使用方法が多様化されることが予想される．製造者や使用者は UV-LED 光源の性質を十分に理解した上で安全性も考慮し，各照射装置に応じた適切な管理が必要となる．

(b)　測定　試験面における A 領域紫外線強度は，規定の応答特性をもつ A 領域紫外線強度計を用い，使用環境下で測定しなければならない．照度の測定は，色調コントラストによる方法と同じであるが，A 領域紫外線の放射照度の影響を受けてはいけない．

(c)　要求事項　余剰浸透液の除去時における A 領域紫外線の放射照度は少なくとも 1 W/m^2（100 µW/cm^2）で，照度は 100 lx より小さくしなければならない．このことは，かなり明るい状況での洗浄が許容されることになり，従来の JIS の条件が緩和されている．

試験面の A 領域紫外線の放射照度は，10 W/m^2（1000 µW/cm^2）以上で，

試験面の照度は，20 lx 以下でなければならない．測定は，試験環境の下で，ブラックライトが安定してから実施する．試験環境を暗くする着色したサングラスなどは，使用してはならない．

浸透探傷試験においては，高レベルの紫外線 [50 W/m^2（5000 µW/cm^2）を超えるもの] は，長時間照射することを避けることを規定している．

試験員の視界内には，観察の妨げとなるグレア，他の可視光線，A 領域紫外線が入り込まないようにしなければならない．また，観察条件を良好とするための制限として，周囲の可視光レベルは，20 lx 以下とすることを要求している．

(7) 試験技術者の必要視力

試験技術者の必要視力は，非破壊試験を実施する上において十分であり，かつ，JIS Z 2305 の必要条件を満足する必要がある．

(8) 校 正

紫外線強度計及び照度計の校正は，国家規格又は国際標準にトレーサブルな装置及びシステムを用いて製造業者の推奨する頻度で校正する必要がある．この期間は 12 か月を超えないことを要求している．

また，校正に用いる A 領域紫外線強度計の校正は，波長分布が 365 nm 付近を中心とする狭帯域の A 領域紫外線で行うことを要求している．また，計器を整備したり又は修理した場合には，上記期間にかかわらず，校正が必要となる．

取外し可能なセンサ及び読取り装置を使用した場合には，システム全体としての検証が必要となる．

この校正結果は，文書化する必要がある．

3.4.9 試験技法の選択の指針及び現像方法の選択

浸透探傷試験方法の種類は，指示模様の識別性による分類と余剰浸透液を除去する方法による分類に分けられる．さらに，現像方法による分類がされている．これらの試験方法はすべて JIS Z 2343 シリーズに規定されているが，対

表 3.4.2　試験技法の選択の指針

基本選択対象項目	選択対象項目の細部	水洗性蛍光浸透探傷試験	後乳化性蛍光浸透探傷試験	溶剤除去性蛍光浸透探傷試験	水洗性染色浸透探傷試験	後乳化性染色浸透探傷試験	溶剤除去性染色浸透探傷試験
きずの種類の大きさ	微細な割れ，幅が広く浅い割れ		○			○	
	疲労割れ，研削割れなど幅が非常に狭い割れ		○	○			
試　験　体	小型の量産部品，ねじやキー溝など鋭角な隅部	○					
	粗い面の試験品	○			○		
	大形部品や構造物を部分的に探傷する場合			○			○
環境条件	試験場所を暗くすることが困難な場合				○	○	○
	水道及び電気設備のない場合						○

出所：文献 2)

象とする試験体の重要度（要求品質），形状，数量，又は表面粗さなどにより，適切な試験方法を選択する必要がある．試験技法は種々の規定があるため，選択のための参考例を表 3.4.2 に示す．

また，現像方法の選定には表 3.4.3 を参考にすることができる．

3.4.10　まとめ

2017 年に改正された JIS Z 2343-1，-2，-3 及び JIS Z 2323 の要点について報告すると共に，これら JIS 規格と国際規格との関連についてまとめた．また，関連する技術情報については，添付資料として解説を行った．

現状対応 ISO に対して MOD となっている JIS Z 2343-1 の"浸透指示模様及びきずの分類"及び JIS Z 2343-3 の"タイプ 3 対比試験片"（アルミニウム焼き割れ試験片）については，国内では 30 年間以上にわたって適用してきており普及した技術といえる．このことからこれらの事項については国際規格とすることが望ましく，ISO 3452-1，-3 への取り込みを要望しているところである．

表 3.4.3　現像方法の選定

	速乾式	湿　式	乾　式
主成分	酸化マグネシウム，酸化カルシウム，酸化チタンの微粉末	ベントナイト	珪酸微粉末 0.001 〜0.004 mm
適用媒体	有機溶剤	水	空気
塗付方法	スプレー法	浸漬法	浸漬法 エアーフライング法 タンポン方式
検出性	吸い出し能力は非常によい	吸い出し能力は普通	吸い出し能力は良好
蛍光浸透	適用できる	適用できる	適用できる
染色浸透	適用できる	適用できる（白地ができにくい）	不可
にじみ 分解能	時間経過により指示模様がにじむ	時間経過により指示模様がにじむ	にじみがない 分解能がよい
適用姿勢	姿勢の制限がない	下向き	基本的には下向き
安全性	火気厳禁 換気必要	水を使用するので安全	溶剤を使用しないので安全 粉じん対策が必要
コスト	量産品には不向き	安価で量産品向き	量産品には不向き
技量	技量が必要	簡単	簡単
適用性	溶剤除去性が一般的 探傷法に制限がない	水洗性蛍光浸透が一般的	後乳化蛍光が一般的
管理	スプレー缶が多く，管理は容易	濃度管理，汚染管理が必要	湿気に注意
後処理	ブラッシ除去	水洗による除去	容易

引 用 文 献

1）非破壊検査技術シリーズ 浸透探傷試験Ⅱ，日本非破壊検査協会，2005
2）非破壊検査技術シリーズ 浸透探傷試験Ⅲ，日本非破壊検査協会，2005
3）非破壊試験技術総論，日本非破壊検査協会，2004
4）平成21年度春季大会講演概要集，日本非破壊検査協会，2004

参 考 文 献

1）ISO 3452-1:2013 Non-destructive testing—Penetrant testing—Part 1: General principles
2）ISO 3452-2:2013 Non-destructive testing—Penetrant testing—Part 2: Testing of penetrant materials
3）ISO 3452-3:2013 Non-destructive testing—Penetrant testing—Part 3: Reference test blocks
4）ISO 3452-4:1998 Non-destructive testing—Penetrant testing—Part 4: Equipment
5）ISO 3452-5:2008 Non-destructive testing—Penetrant testing—Part 5: Penetrant testing at temperatures higher than 50 degrees C
6）ISO 3452-6:2008 Non-destructive testing—Penetrant testing—Part 6: Penetrant testing at temperatures lower than 10 degrees C
7）ISO 3059:2012 Non-destructive testing—Penetrant testing and magnetic particle testing—Viewing conditions
8）JIS Z 2343-1:2017 非破壊試験—浸透探傷試験—第1部：一般通則：浸透探傷試験方法及び浸透指示模様の分類
9）JIS Z 2343-2:2017 非破壊試験—浸透探傷試験—第2部：浸透探傷剤の試験
10）JIS Z 2343-3:2017 非破壊試験—浸透探傷試験—第3部：対比試験片
11）JIS Z 2343-4:2017 非破壊試験—浸透探傷試験—第4部：装置
12）JIS Z 2343-5:2017 非破壊試験—浸透探傷試験—第5部：50℃を超える温度での浸透探傷試験
13）JIS Z 2343-6:2017 非破壊試験—浸透探傷試験—第6部：10℃より低い温度での浸透探傷試験
14）JIS Z 2323:2017 非破壊試験—浸透探傷試験及び磁粉探傷試験—観察条件
15）ASTM（American Standard of Test and Material）
16）ASTM E1417/E1417M-16 Standard Practice for Liquid Penetrant Testing
17）脇部康彦，藤岡和俊，津村俊二：浸透探傷試験規格の試験条件の比較検討報告，pp.267～268，日本非破壊検査協会平成27年度秋期講演大会講演概要集
18）ASTM E165/E165M-12 Standard Practice for Liquid Penetrant Examination for General Industry
19）藤岡和俊，津村俊二，相澤栄三，増田隆秀：浸透探傷試験におけるワイプオフ法の適用の検討，日本非破壊検査協会平成27年度秋期講演大会講演概要集，pp.269-270

20） 一本哲男，藤岡和俊，相山英明：浸透探傷試験及び磁粉探傷試験における色温度の影響，日本非破壊検査協会平成 27 年度秋期講演大会講演概要集，pp.271-272

21） 藤岡和俊，一本哲男：浸透探傷試験及び磁粉探傷試験の観察条件，非破壊検査，Vol.65，No.11，pp.547-550

22） 一本哲男，藤岡和俊，相山英明，橋本光男：浸透探傷試験及び磁粉探傷試験への UV-LED 光源の適用，日本非破壊検査協会平成 27 年度秋期講演大会講演概要集，pp.273-274

3.5 渦電流試験

渦電流試験は，試験体に交流磁界を加え，渦電流を発生させ，その変化を捉えることにより，きずの検出や板厚，材質の判断等に適用されている．渦電流プローブ（以下プローブという）と試験体とは電磁気的にカップリングされていればよく，このためプローブの設計の自由度が高く，非接触に，かつ高速に検査ができることを特徴としている．また，試験体は渦電流を生じさせる導電性の材料であれば対象となり，鋼，アルミ，銅合金，チタン，近年では CFRP などの検査にも適用されている．

改定及び新たに制定された渦電流試験に関する JIS についての概要を以下に示す．

3.5.1 渦電流関連の規格

渦電流試験に関連した規格は，JIS G 0568（鋼の貫通コイル法による渦流探傷試験方法）が 1974 年に制定された．その後，1978 年に JIS G 0583 ［鋼管のか（渦）流探傷検査方法］が制定され，さらに非鉄において，1986 年にJIS H 0502 ［銅及び銅合金管のか（渦）流探傷試験方法］及び 1992 年に JIS H 0515（チタン管の渦流探傷検査方法）が制定された．また，これらの試験を行う探傷装置の性能測定方法として，1991 年に JIS Z 2314（渦流探傷器の性能測定方法）及び JIS Z 2315（渦流探傷装置の総合性能の測定方法）が制定されてきた．

しかし，これらの JIS は貫通コイル法を対象とした適用範囲を限定したものであった．現状の，渦電流試験は，原子力発電所の蒸気発生器，原子力・火力発電所の発電設備の復水器，化学プラントの熱交換器等の管のきず検査・減肉検査，上置コイル法による機械設備，部品のきず検査に加え，各方面で材質評価，厚さ測定などに拡大されて使用されている．それにつれて，各種の試験方法及び評価法の統一した渦電流試験の全般にわたる規格化の必要性が望まれていた．一方で，渦電流試験に関連する一般通則と各機器に関する以下に示す

ISO 規格が 2008 年に制定された.

- ・ISO 15549: Non-destructive testing — Eddy current testing — General principles
- ・ISO 15548-1: Non-destructive testing — Equipment for eddy current examination — Part 1: Instrument characteristics and verification
- ・ISO 15548-2: Non-destructive testing — Equipment for eddy current examination — Part 2: Probe characteristics and verification
- ・ISO 15548-3: Non-destructive testing — Equipment for eddy current examination — Part 3: System characteristics and verification

　これらの ISO 規格に準拠した国内規格を整備することとし, 2009 年から ISO 15548-1 ～ 3 及び ISO 15549 の JIS 化が検討された. しかし, これらの ISO 規格には国内で使われていない評価方法が数多くあり, 試験機器やプローブの特性の測定手順の検証がなされた. また, 制定にあたっては, 渦電流試験器が近年の電子技術の発展に伴い演算素子も含む先端の電子回路で構成されていること, 渦電流試験では電磁気的な現象を利用するためプローブ設計の自由度が高く, かつ同軸プローブやマルチプローブなどが実用的に使用されていること, さらに高速な計測が可能なためコンピュータも含めたシステム化がなされていることなどが考慮されている. 2014 年に, 一つの JIS 番号に 4 部で構成される JIS Z 2316-1 (非破壊検査—渦電流試験—第 1 部：一般通則), JIS Z 2316-2 (非破壊検査—渦電流試験—第 2 部：渦電流試験器の特性及び検証), JIS Z 2316-3 (非破壊検査—渦電流試験—第 3 部：プローブの特性と検証) 及び JIS Z 2316-4 (非破壊検査—渦電流試験—第 4 部：システムの特性及び検証) が制定されている. これらの規格は, ISO 15549:2008 及び ISO 15548-1 ～ 3:2008 と整合させた規格を同じ規格群として作成したため, 試験の規定と渦電流試験機器の特性評価の規定との解釈をできるだけ統一させ, さらに JIS G 0568:2006 も包含することも考慮されている.

　JIS Z 2316-1 ～ 4 が制定されたことにより, JIS G 0568 及び JIS Z 2314 は廃止された. また, JIS Z 2315 も渦電流試験器の性能試験でありその廃止

表 3.5.1 渦電流試験に関わる JIS の分類

分　類	適用項目	JIS 番号
(1) 試験・測定の 方法，装置の 性能	一般通則	JIS Z 2316-1:2014
	渦電流試験器の特性及び検証	JIS Z 2316-2:2014
	プローブの特性及び検証	JIS Z 2316-3:2014
	システムの特性及び検証	JIS Z 2316-4:2014
	渦流探傷装置の総合性能の測定方法	JIS Z 2315:1991
(2) 対象となる材 料・製品	鋼管	JIS G 0583:2012
	銅及び銅合金管	JIS H 0502:1986
	チタン管	JIS H 0515:1992

が検討されたが，非鉄の JIS に引用されているため廃止されていない．

また，JIS G 0583 が 2012 年に大幅に改正されている．この改正と新たに作られた JIS Z 2316-1 ～ 4 については，次の項に概要を示す．

現行の渦電流試験に関わる JIS は表 3.5.1 のように分類される．

3.5.2　JIS G 0583:2012（鋼管の自動渦電流探傷検査方法）

この規格は，JIS G 0568（鋼の渦流試験方法）に準拠し，1978 年に鋼管の合否判定基準まで含めた，貫通コイルによる渦流探傷試験方法として制定された．その後，ISO 規格や他の JIS との整合等もあり，2000 年，2004 年と改定されてきた．

2006 年に ISO/TC 17/SC 19 において鋼管の非破壊検査試験方法 18 規格の統合が検討され，結果的に 12 の規格に統合された．これに伴い，内容も大幅に改正されたため，JIS G 0568 は 2012 年に ISO 10893-1 及び ISO 10893-2 を基に改正されている．主な改正内容を以下に示す．

(1) 旧規格では貫通コイル法に限定された規格であったが，現状に合わせてプローブコイル法が加わった．このため，この規格の旧名称は"鋼管の貫通コイル法による渦流探傷検査方法"であったが，"鋼管の自動渦電流探傷検査方法"に改められている．

(2) 貫通コイル法の適用外径範囲が，250 mm に拡大された．ステンレス

鋼の場合，十分な感度がある場合（例えば SN 比 3 以上）では，ISO 規格で
は 250 mm までであるが，国内の実体を考慮して外径 320 mm まで適用でき
ることが注として記載されている．

(3)　ISO 規格の人工きず評価レベルが採用され，規格の表 1（ドリル穴：
貫通コイル法）及び表 2（角溝：プローブコイル法）にそれぞれ示されている．
旧規格の評価レベルは，現在の鋼管製造に使われていることから，ISO 規格
に準拠する猶予期間として表 3 として残されている．

(4)　感度の確認で，旧規格では基準感度から -3dB 以内であれば再試験の
必要はなかったが，この改正で感度調整の要求レベルは警報レベルであること
を明確にし，人工きずの信号が警報レベルに達しない場合は，再試験を行わな
ければならないとされている．

(5)　感度の確認頻度については，この手法がオンライン検査で長時間連続
で運用されることが多いため，旧規格のままとされたが，ISO 規格では"少
なくとも 4 時間"とされている旨が注記に記載されている．

3.5.3　JIS Z 2316-1:2014（非破壊試験—渦電流試験—第 1 部：一般通則）

この規格は，ISO 15549:2008 とできる限り整合させ，JIS G 0568 の通則規
定を包含することも考慮して新たに作成されている．また，JIS G 0568 の鋼
管の個別規定は，JIS G 0583（鋼管の自動渦電流探傷検査方法）の規定で十
分に包含されることが確認され，この規格が制定された時点で，JIS G 0568
は廃止された．

ISO 15549:2008 は，渦電流の電磁気効果を利用して，探傷試験，材質試験，
膜厚測定，形状測定など行う試験方法を"渦電流試験（Eddy current testing）"
と定義している．一方，JIS Z 2300:2009（非破壊試験用語）では，渦電流の電
磁気効果を利用して行う試験方法である"電磁誘導試験"という定義もある．
しかし，近年，電磁誘導現象を利用した試験などで，渦電流を利用した試験と
異なる試験方法も見受けられること，ISO 12718:2008, Non-destructive
testing — Eddy current testing — Vocabulary では，Eddy current testing と

Electromagnetic induction testing（可視光の周波数より低い電磁気エネルギーを利用した非破壊試験法）とを区分していることから，ISO 規格に合わせ渦電流試験 "Eddy current testing" と定義している．よって，渦電流試験は従来の探傷だけではなく，材質試験や厚さ測定等も含まれることになった．

以下にこの規格の要点を記す．

(1) 適用範囲

この規格は，この試験手法が電磁気現象を応用したものであり，検査対象とプローブ内の励磁コイルによって発生した磁束が電磁気的に結合していればよく，プローブのデザインの自由度が高く，また導電性の材料であれば適用できるため，広い試験対象物に適用できるものである．したがって，この渦電流試験の一般通則は，試験対象（導電性有するもの），試験の種類（探傷試験，材質試験，膜厚測定，形状測定）及び適用状況などについて，さまざまなケースに対応できる．そのため，個別の渦電流試験やその合格基準について定義するものではない．それぞれの試験方法，試験機器，試験対象物に対して，必要な要求事項はそれを取り込んだ文書（例えば，試験手順書）に定義するものとしている．

(2) 測定技術

測定技術としては，絶対値測定，比較測定，差動測定，ダブル差動測定，疑似差動測定が定義されている．

(3) 装　置

渦電流試験に用いられるシステムは，渦電流試験器，渦電流プローブ及び駆動装置や信号評価装置などの附属装置で構成され，これらの特性を評価するために対比試験片が定義されている．本規格の第 2 部 JIS Z 2316-2 で渦電流試験器，第 3 部 JIS Z 2316-3 でプローブ及び第 4 部 JIS Z 2316-4 で附属装置を含むシステムの特性及び検証が規定されているので，この規格ではこれらのシステムの構成を定義するのみである．

対比試験片は，

・決められた寸法のドリルホール又はノッチ

- ・既知の特性をもつ自然きず又は人口きず（例えば疲労試験によるノッチ）
- ・様々な既知の被膜厚さ
- ・様々な既知の材質

から試験に最適なものを選択するものとされている．これらの寸法等は目的とする試験に合わせて，あらかじめ手順書等に記載しておくとしている．

(4)　システムの検証

ISO 規格に定義される "verification" は，国内で一般に用いられている "点検" 及び "是正処置" を含む確認行為と解釈し，"検証" としている．点検については，定められた周期で点検を行うことを規定しているが，具体的な点検方法は，渦電流試験器について JIS Z 2316-2，プローブについて JIS Z 2316-3，及び渦電流試験器及びプローブを除く附属装置について JIS Z 2316-3 に規定されている．それぞれの機器には日常点検及び定期点検が義務付けされている．定期点検は一年に一回は実施することが明記されている．点検の結果，不具合による是正処置については，検証の実施結果を点検手順書などに記された方法で，記録に残すことが要求されている．

さらに，試験に際してはシステム全体として総合機能点検を行うこととし，上記の各機器の日常点検とは区別して扱っている．各機器の点検は機器の健全性の確認であり，総合性能試験は検査対象物の試験条件を確実にするために行うものとしている．この総合性能試験は，同一試験を始める前及び終了時，又は決められた期間ごと，試験品が変わったとき，装置の部品の交換時，検査員の交替時などに実施しなければならない．これらの実施条件は，例えば，点検間隔，走査条件，変動の許容範囲，点検結果の記録方法，是正処置などは，手順書などにあらかじめ決めておくとされている．総合機能試験の結果，不適切と認められた場合は，点検内容及びその是正処置内容を記録し，前回の機能試験の間の試験結果を無効としなければならない．

(5)　文書類

試験を実施するための試験手順書及び試験報告書を作成するときの項目について，規定している．個別の渦電流試験については，発注者と受注者との同意

に基づいて，必要な事項を選び，試験手順書及び試験報告書を作成することが
要求されている．

3.5.4　JIS Z 2316-2:2014（非破壊試験—渦電流試験—第 2 部：渦電流試験器の特性及び検証）

　この規格は，渦電流試験における重要な要素である渦電流試験器の特性の測
定方法と検証について規定している．よって特性の合格基準及び検証の程度の
いずれをも与えるものではない．また，ここで規定する特性から渦電流試験器
の分解能及び検出できる最も小さな不連続部が明らかになるわけでもない．し
かし，この規格により，渦電流試験器は統一された測定法が明確になり，定量
的に特性を評価できるようになる．このため，次のような利点が得られる．

- ・渦電流試験器の特性を明らかにすることによって，渦電流試験器の相互比
較が可能となる．
- ・渦電流試験器がある期間継続して適用された後，特性の経時的変化が確認
できる．
- ・定期点検において購入時の特性が許容範囲内にあるか否かを確認するため
の基準となる．
- ・試験法の明確な定義により，製造メーカのみならずユーザも同じ特性評価
が行える．

　一方で，近年の電子機器の進展に伴い，渦電流試験器の回路構成が大きく変
化している．従来の電子回路技術であれば，渦電流試験器は，主たる回路とし
て発信器，ブリッジ，入力アンプ，位相検波器，フィルタ，位相回転器，表示
回路等とそれらを調整する回路で構成され，基本的にそれぞれのアナログ回路
によって作られていた．したがって，これらの試験器の特性測定は各アナログ
回路基板の入出力端子を用いて測定することにより評価されてきた．しかし，
現状の渦電流試験器は，ブリッジや入力アンプを除けば，各ブロックの回路は
数値演算処理も含めたデジタル回路に置き換えることもでき，それぞれのブ
ロックを区別して回路を構成する必要がなくなり，全くのブラックボックスと

なっている. 現状の渦電流試験器をみると, ほとんどがアナログ回路のものも
ある一方で, 初段のプリアンプ, 電力の必要な出力アンプ及び入出力信号部の
みがアナログ素子で, 他のほとんどが A/D・D/A 回路を介してデジタル演算
処理で構成されているものもある.

　したがって, 従来の試験器の特性測定の概念を全く変え, このブラックボッ
クスとみなす渦電流試験器の評価方法の確立の必要性が生じた. ISO 15548-1
では, この現状を鑑み, 新たな評価手法として, 周波数ビート法を用いた試験
法が提案されている. この方法では, 校正された周波数可変の発信器及び電圧
計があればよく, 従来の試験のように校正された各種の試験器をそろえる必要
がない利点もある. これにより, 試験器製造メーカでなくても, ユーザでも特
性を評価できるようになった. また, 各試験器の特性を定量的に評価できるよ
うになったことにより, 試験器の相互比較, 試験に必要な最適な試験器の選定,
自主的な点検が可能となっている.

　以下にこの規格の主な要点を示す.

(1)　電気的特性の測定

　この規定では渦電流試験器の電気的特性の測定において, 次の各特性測定項
目について, それぞれ定義及び測定条件と測定方法の項目を設けて説明してい
る. 渦電流試験器の各ブロックに定めている測定項目は表3.5.2のとおりである.

　表 3.5.2 に示されるように, 測定法として周波数ビート法又は抵抗器と電圧
計を用いて大半の特性測定ができている. この周波数ビート法についてはこの
後で説明を詳しくするが, 高度な測定器を使うことなく, 簡単な装置で再現性
のある測定を可能にしている.

　この周波数ビート法の原理は, 附属書 A に記載されているが, これを理解
するために補足的に以下に説明をする. この原理を理解するためには, 渦電流
試験器の心臓部ともいえる位相検波を理解しなければならない. 以下に位相検
波及び周波数ビート法について説明する.

表 3.5.2 渦電流試験器の特性特定項目

測定ブロック	特性測定項目
発信器部	励磁周波数 *, 高調波ひずみ, 信号源インピーダンス **, 最大出力電圧 **, 最大出力電流 **
入力段部	飽和最大許容入力電圧 *, 非線形最大許容入力電圧 *, 入力インピーダンス **
信号処理部	ブリッジバランス **, 最大補償入力電圧 **, 高調波減衰 *, 信号処理段の周波数応答域 *, 信号処理段の帯域幅 *, 位相直進性 *, 出力成分の直交性 *, 利得設定精度 **, 位相設定精度 **, クロストーク特性 *, 同相除去比 *, 最大ノイズ *
出力, デジタル化	(メーカの情報による)

＊：周波数ビート法による測定, ＊＊：抵抗器と電圧計による測定

(a) 位相検波

位相検波回路を図 3.5.1 に示す. 入力には, センサを接続するブリッジ回路の出力を初段のアンプを通した出力が接続される. 上下にある掛け算器とローパスフィルタを組み合わせた回路が同期検波と呼ばれるものである. 位相検波は, この同期検波を 2 回路使用したもので, それぞれの参照信号は 90° 位相が異なる sin 波と cos 波が加えられている.

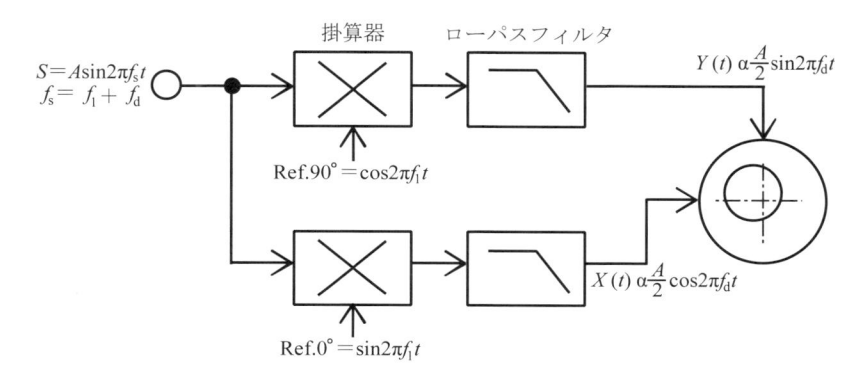

$S = A\sin2\pi f_s t$
$f_s = f_1 + f_d$

掛算器 ローパスフィルタ

$\mathrm{Ref.}90° = \cos2\pi f_1 t$

$Y(t)\, \alpha\dfrac{A}{2}\sin2\pi f_d t$

$X(t)\, \alpha\dfrac{A}{2}\cos2\pi f_d t$

$\mathrm{Ref.}0° = \sin2\pi f_1 t$

図 3.5.1 位相検波回路
出所：JIS Z 2316-2 附属書 A 図 A.1

いまプローブのブリッジ出力を初段のアンプで増幅された入力信号を次の波形とする.

$$S(t) = A\sin(2\pi f t + \theta) + Noise(t) \tag{3.5.1}$$

ここで, $A\sin(2\pi f t + \theta)$ はプローブが検出した信号を初段アンプで増幅した信号で, A は振幅, f は渦電流試験器の発信周波数, θ は位相である. $Noise(t)$ はプローブやケーブルに周囲から混入された電磁誘導ノイズや初段アンプ等の電気的ノイズであり, さまざまな周波数成分を含んでいるものである.

このとき, それぞれの掛け算器の出力は入力信号と参照信号との掛け算結果なので, 次の式が得られる.

$$\begin{aligned}
x(t) &= \sin(2\pi f t) \cdot S(t) \\
&= \sin(2\pi f t)\{A\sin(2\pi f t + \theta) + Noise(t)\} \\
&= \frac{A}{2}\cos\theta - \frac{A}{2}\cos(2\cdot 2\pi f t + \theta) + \sin 2\pi f t \cdot Noise(t)
\end{aligned} \tag{3.5.2}$$

$$\begin{aligned}
y(t) &= \cos(2\pi f t) \cdot v(t) \\
&= \cos(2\pi f t)\{A\sin(2\pi f t + \theta) + Noise(t)\} \\
&= \frac{A}{2}\sin\theta + \frac{A}{2}\sin(2\cdot 2\pi f t + \theta) + \cos(2\pi f t) \cdot Noise(t)
\end{aligned} \tag{3.5.3}$$

それぞれの二つの式の最後の式の第2, 3項は, $2f$ 又は f の周波数成分の関数である. よって, 図3.5.1 に示す, 掛算器の次のフィルタ回路により, f より十分低い周波数をカットオフ周波数とするローパスフィルタを通すことで, これらの式は第2, 3項が0となる. 一方, それぞれの第1項はきずを含む不連続部を検出したときに A と θ が時間的に変化するが, これは f に比べ十分に低い周波数であるため, ローパスフィルタを通した後でも減衰しない. よって, ローパスフィルタを通過した位相検波の出力を X, Y とすると, 次式となる.

$$X(t) = \frac{A}{2}\cos\theta \tag{3.5.4}$$

$$Y(t) = \frac{A}{2}\sin\theta \tag{3.5.5}$$

この出力は, 例えば θ が0であれば, $X = A/2$, $Y = 0$ となり, θ が90°で

あれば，$X = 0$，$Y = A/2$ となる．これは，リサージュ画面でみれば，振幅 $A/2$ でかつ位相がそれぞれ $0°$，$90°$ と表示されることになる．図 3.5.2 は，式 (3.5.1) に示される信号が入力されたときの位相検波後の出力をリサージュ画面に表示したものである．このように，位相検波は信号の強度と位相を出力すると同時にノイズを消す能力をもっている．

　プローブの検出部はコイルであるため，不連続部の信号の他に，商用周波数の電磁誘導ノイズや空間にある電磁波など大きなノイズ信号が混入される．例えば，不連続部の信号対電磁ノイズ比（S/N 比）が 1 以下になったとしても，位相検波を用いることにより，これらのノイズの影響を受けずに信号のみが検出でき，試験を行うことができる．

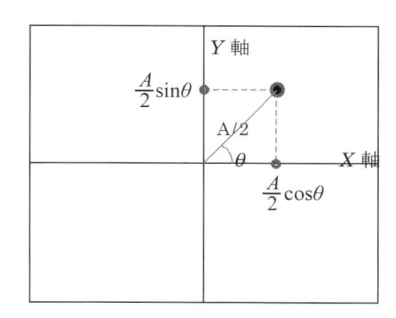

図 3.5.2　$S(t) = A\sin(2\pi ft + \theta) + Noise(t)$ 信号の位相検波出力

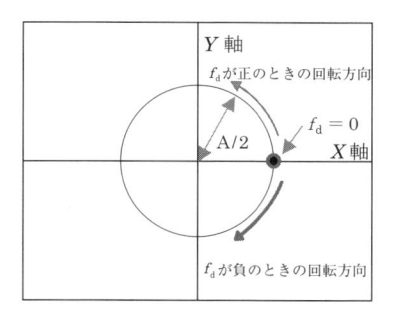

図 3.5.3　周波数ビート法の出力

(b) 周波数ビート法

周波数ビート法は ISO 15548-1:2008 において，ブラックボックスと見なした試験器の内部を，ブリッジ入力部と出力端子を用いて特性を評価する手法として提案された．校正された正弦波発信器（以下，試験器内部の発信器と区別して外部発信器と呼ぶ）を用いる．渦電流試験器にはプローブを接続するブリッジ入力部があり，その端子部に外部発信器から信号を入力する．その信号は初段アンプを通して，図 3.5.1 の入力部に振幅が A で周波数が $f = f_1 + f_d$ とした $S = A\sin\{2\pi(f_1 + f_d)t\}$ の信号が入力される．ここで，f_1 は渦電流試験器の発信周波数，f_d は f_1 と外部発信器の周波数の差で f_1 より十分小さい値である．このとき，上記の位相検波で説明したように，掛算器を通った出力をそれぞれ $x(t)$, $y(t)$ とすると，

$$x(t) = A\sin\{2\pi(f_1 + f_d)t\}\sin(2\pi f_1 t)$$

$$= \frac{A}{2}\{\cos(2\pi f_d t) - \cos 2\pi(2f_1 + f_d)t\} \tag{3.5.6}$$

$$y(t) = A\sin\{2\pi(f_1 + f_d)t\}\cos(2\pi f_1 t)$$

$$= \frac{A}{2}\{\sin(2\pi f_d t) + \sin 2\pi(2f_1 + f_d)t\} \tag{3.5.7}$$

となる．

これらの信号を，f_1 より十分低い周波数をカットオフ周波数とするローパスフィルタを通ることにより，それぞれの 2 番目の項の周波数 $(2f_1 + f_d)$ に関する項は 0 になり，第 1 項のみの信号になる．よって，位相検波の出力 $X(t)$, $Y(t)$ は，

$$X(t) = \frac{A}{2}\cos(2\pi f_d t) \tag{3.5.8}$$

$$Y(t) = \frac{A}{2}\sin(2\pi f_d t) \tag{3.5.9}$$

となる．f_d は渦電流試験器内の発信周波数と外部発信器の周波数の差である．この位相検波の出力をオシロスコープによるリサージュ画面表示を図 3.5.3 に示す．例えば，$f_d = 0$ のとき，つまり試験器と外部発信器の発信周波数が完全に一致したときは，図に示すように $X = A/2$, $Y = 0$ となり，図の X 軸の点に

止まって表示される．そして f_d が正のときは反時計方向に，負のときは時計回りに，この点は回転する．$f_d = 1\,\mathrm{Hz}$ のときは，半径 $A/2$ の円を描き，その回転は1秒に1回転となり，この信号は目視で十分に観測できる．f_d をより小さくすれば，よりゆっくり回転する．

　この原理を用いれば，周波数特性，ゲイン特性，位相特性等を渦電流試験器の内部から信号を取り出すことなく容易に評価できる．つまり，渦電流試験器の内部の構成を意識しないで，ブラックボックスとして取り扱っても，試験器の各機能の特性の評価をすることができる．

(2)　検　証

　検証は規格で，"確実で有効な渦電流試験を実施するために，渦電流試験器の性能が許容範囲内に維持されていることを検証することが必要がある．この検証のために，各種点検及び必要であれば，その是正処置を行う．このための検証の手順書を作成する．その中には是正処置の手順を含む"とされている．渦電流試験器の点検は，日常点検，定期点検及び特性点検がある．点検に用いる測定機器は，事前に校正されている必要がある．表3.5.3 に各点検の目的，点検周期，使用機器及び点検の実施者をまとめて示す．

　各点検の時期・期間，項目，測定法，許容範囲及びこの許容範囲を逸脱した時の是正処置について，あらかじめ点検手順書に決めておかなければならない．

表 3.5.3　渦電流試験器の点検

出所：JIS Z 2316-2 表 1 を一部修正

点検	目　的	点検周期	点検に用いる機器	実施者
日常点検	渦電流試験器の性能の安定性の確認	周期的に（例えば，一定時間，毎日）	対比試験片	使用者
定期点検	渦電流試験器の選択した特性の安定性の確認	定期的に，少なくとも毎年	校正した測定器及び対比試験片	使用者，製造業者
特性点検	渦電流試験器すべての特性の確認	出荷時の一度，又は修理の後又は必要とするとき	校正した測定器及び対比試験片	製造業者，使用者

3.5.5　JIS Z 2316-3:2014（非破壊試験—渦電流試験—第 3 部：プローブの特性及び検証）

　この規格は，渦電流試験プローブ及びその接続要素の電気的・機能的な特性を定義し，それらの特性の測定及び検証の方法について規定している．渦電流試験プローブ（以下，プローブという）は，渦電流試験のセンサとしての役割を担っており，試験の目的を達成させる上でその特性を明確にする重要性は極めて高い．しかし，これまでに規格化されている貫通プローブを除くと，プローブの性能の特性評価基準は存在していなかったが，ISO 15548-2:2008 を基にこの規格が制定されたことによって貫通プローブも含むすべてのプローブについて，統一的なプローブ特性評価法が規定された．これまでプローブは，渦電流試験の原理が電磁気的な現象の応用であるものも，この現象を理解することが難しいため，試行錯誤しながら選定されていることが多くみられた．この評価法が普及し，プローブのカタログ等に表示されるようになれば，国内だけでなく国外プローブの性能が定量的に評価し比較することができ，ユーザにとっても，使用目的に合わせた最適なプローブの選択が可能となることが期待される．

　以下にプローブの特性測定と検証について概要を示す．

(1)　プローブの特性の測定

　プローブは，上置プローブと同軸プローブの 2 種類に大きく分類され，それぞれについて各特性項目について，その定義と測定法を規定している．同軸プローブはさらに貫通プローブと管内用の内挿プローブに分類されている．

　プローブの特性を測定するには対比試験片が必要になる．JIS Z 2316-1 の一般通則で，機器の調整及びシステムの総合機能点検に使用する対比試験片と区別するために，本規格ではプローブの特性を測定するためのものとして，特性測定用対比試験片と定義している．上置プローブ用に A1 から A5 のスリット又は孔を含む平板の試験片が図 3.5.4 のように定義されている．これらを用いて，孔やスリットに対する平面及び深さのプローブの応答特性や分解能の評価に用いる．また同軸プローブ用に，内挿プローブに用いる B1 から B7 の管

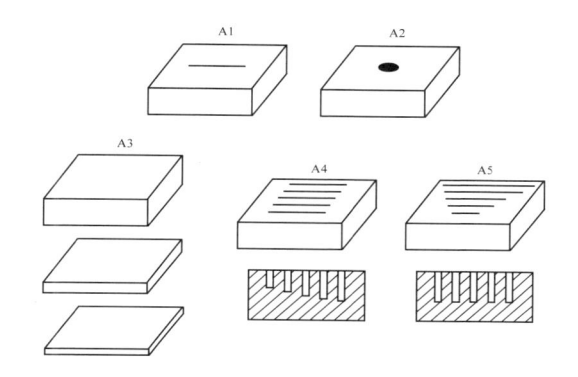

図 3.5.4　上置プローブ特性測定用対比試験片
出所：JIS Z 2316-3 図 3

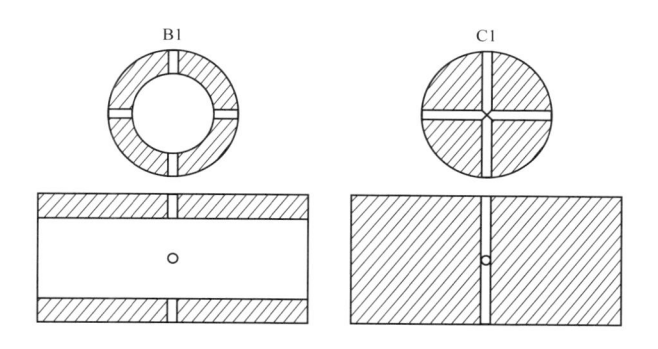

図 3.5.5　同軸プローブ特性測定用対比試験片
出所：JIS Z 2316-3 図 11

試験片及び貫通プローブに用いる C1 から C6 の丸棒試験片が定義されている．
図 3.5.5 には，その一例として B1 及び C1 の特性測定用対比試験片を示す．

　特性測定用対比試験片の作成において，試験片の大きさ及びスリットや孔の
寸法は，プローブの探傷領域や構造で異なるため，試験片作製の基準となるデー
タを，あらかじめ計算又は予備実験で取得しておく必要がある．

　規格の "6　プローブの電気的及び機能的諸特性の測定" にプローブの電気
的及び機能的諸特性のそれぞれの測定項目の定義及び測定方法が規定されてい

表 3.5.4　渦電流プローブの特性測定項目

プローブ	特性測定項目
上置プローブ	角感度特性，ポジションマーク，端末効果，穴の応答領域，スリットの応答領域，スリット長さ，スリット応答幅，一定応答の最小スリット長さ，一定応答の最小スリット深さ，リフトオフ特性，スリット応答に対するプローブクリアランス特性，下層スリットの検出有効深さ，振幅比較信号，位相比較信号
同軸プローブ	ポジションマーク，端末効果，軸対称偏差，孔の応答，偏心特性，充填率特性，外面全周溝検出有効深さ
共通	正規化インピーダンス平面図，接続要素の影響

る．ここで規定する特性測定項目を表 3.5.4 に示す．

　これらの特性測定項目には新たに定義されたものも多いが，それぞれの定義，測定条件及び測定法が本体に，さらに具体的な測定法が解説に詳しく記されている．

　プローブのリフトオフとクリアランスは混同して使われることが多いが，リフトオフは試験におけるプローブと試験面の距離が機械的に変動することであり，クリアランスは倣い機構などを用いたプローブの取付けにおけるプローブと試験面との設定した距離と明確に使い分けをしている．

　これらの特性測定によって，定量的なプローブの評価ができるようになり，孔やスリットに対する各応答特性が測定されていれば，プローブの測定の中心位置を示すポジションマークを基準に，きずの位置及びきずの長さ及び深さの診断が可能になる．このポジションマークは，新たに規定されたものであるが，プローブによって測定される電気的中心位置をプローブ本体にマークを付けるものである．

(2)　検　証

　プローブの検証では，日常点検，定期点検及び特性点検とそれらの是正処置を規定している．3.5.4 (2) と同じ内容であるので説明は省略する（表 3.5.3 の渦電流試験器をプローブと置き換える）．ただし，プローブは単独では動作し

ないので，日常点検では目的の型式であることの確認や接続の確認程度になる．

3.5.6　JIS Z 2316-4:2014（非破壊試験―渦電流試験―第4部：システムの特性及び検証）

この規格は，渦電流試験システムの機能的な特性を定義し，それらの測定及び検証の方法について規定している．また，特性の測定結果の合格基準及び検証の程度のいずれをも与えるものではなく，これらは文書であらかじめ定めておくとされている．この規格によって，渦電流試験システムの特性を明らかにすることにより渦電流試験システムの相互比較が可能となる．また，システムの初期の特性が，渦電流試験システムを継続して使用するにあたり，維持されていることを確認するための検証を定めている．

以下にこの規格の概要を示す．

(1)　適用範囲

渦電流システムは，渦電流試験器，渦電流試験プローブ，接続要素（ケーブル，電磁カップリング，スリップリングなど），附属装置，対比試験片で構成される．渦電流試験システムを構成している中で，渦電流試験器，渦電流試験プローブはJIS Z 2316-2，JIS Z 2316-3で規定されているので，本規格で特性と検証の対象となるのは，それらを除く装置で，主に附属装置がこれにあたる．この附属装置として渦電流試験器に組み込まれるか又は外部に設置する附属装置としては，プローブ支持装置，倣い装置，リフトオフ補償装置，マーキング装置，磁気飽和装置，脱磁装置，データ集積装置，解析ソフトなどががある．

(2)　システムの特性

渦電流試験システムの特性について，機能及び特性を明確にすることが要求されている．渦電流試験システムの特性項目は次のように定義されている．

　・走査特性：プローブと試験片の相対速度，プローブの走査経路，機械的な
　　　　　　　倣い機構とその設定
　・校正に関連する特性：対比試験片の材質・寸法・きず，測定因子（クラッ

ク深さや被膜厚さ）

・機能的特性：システムの調整スイッチ等の操作性，表示器の操作性，渦電
　　　　　流試験器の振幅及び位相のダイナミックレンジ

これらの特性の測定法は，文書（例えば要領書）にあらかじめ記載されなけ
ればならない．

(3)　システムの検証

この規格における検証は，渦電流試験システムのうち附属装置を対象にして
いる．この検証では，日常点検，定期点検及び特性点検とそれらの是正処置を
規定している．3.5.4(2) と同じ内容であるので説明は省略する（表3.5.2の渦
電流試験器を附属装置と置き換える）．総合機能点検については，3.5.3(4) に
記載しているので，ここでは省略する．

3.6 アコースティック・エミッション（AE）試験

3.6.1 JIS Z 2342:2003（圧力容器の耐圧試験などにおけるアコースティック・エミッション試験方法及び試験結果の等級分類方法）

アコースティック・エミッション（以下，AE という）試験に関連した JIS は，金属容器，及びその配管系の耐圧試験，気密試験など圧力を負荷して実施する試験方法と，結果の等級分類方法に関する JIS Z 2342:2003（圧力容器の耐圧試験などにおけるアコースティック・エミッション試験方法及び試験結果の等級分類方法）のみである．ただし，ここで使用されている用語 "等級" は，他の規格では現在使用されていないため，本用語は今後廃止することが見込まれる．

(1) 用語の定義と試験の準備

最初に AE 源（AE の発生源），AE 相対エネルギー値（到達時間差位置標定で求めた突発型 AE 事象の推定位置と AE 変換子受信点までの伝播距離に伴う AE 信号振幅の減衰率を補正し，AE 源に換算した AE 振幅値の 2 乗値）など，試験に関する主な用語を説明している（JIS Z 2300）．

続いて，材料特性及び溶接特性，被試験体となる圧力容器などの形状特性，加圧履歴や加圧スケジュール，雑音状況の確認及びその対策など，試験の準備に関する必要事項を示している．

(2) 試験装置

試験に使用される試験装置（AE 変換子，前置増幅器，信号処理装置）や AE 変換子に要求される仕様や感度校正方法，また擬似 AE 源の特性，AE 波の伝播特性評価の方法や，試験時に適用する AE 変換子の配置法などを述べている．

(3) 試験の手順

試験を実施するにあたり，必要な AE 変換子の動作確認及び背景雑音の強度測定，そして AE しきい値の調整方法などを示している．さらに，試験対象となる圧力容器の加圧法，及び加圧速度，加圧手段，加圧の停止条件などを述べている．

(4) 試験結果の等級分類方法

各 AE 変換子における，AE 波の信号到達時間差から求めた AE 源の位置標定結果を基に，最大 AE 変換子間隔の 5 〜 10%の長さ R を半径とする円で規定されるクラスターの範囲内に標定された AE 源を識別し，総合評価を行う．

(5) 総合評価

AE 総合評価は，各クラスターの累積 AE 事象数，及び累積相対エネルギー値，並びに負荷に対する累積相対エネルギー値の変化によって，型及び級を分類する．分類された型と級の組合せによってクラスターごとに等級分類を行う．

クラスターは，累積相対エネルギー値と検出された圧力との相関によって，I 〜 IV のいずれかの型に分類する．また，各クラスターの累積 AE 事象数及び累積相対エネルギー値の組合せによって，1 〜 4 級に分類する．各クラスターの AE 総合評価による等級は，表 3.6.1 に示すように，型と級の組合せにより，A 〜 D ランクで表示する．

表 3.6.1　AE 総合評価の等級分類
出所：JIS Z 2342 付表 3

型 ＼ 級	1	2	3	4
I	D	D	C	B
II	D	C	C	B
III	D	C	B	A
IV	C	B	A	A

A ランク：特別要注意（NDT による確認必要）
B ランク：要注意（NDT による確認必要）
C ランク：注意不要
D ランク：注意不要
ただし，表中の A 〜 D は，試験条件によって設定変更を行う．

3.6.2　適用状況と海外の試験規格

(1) 適用状況

構造物全体を一度に評価可能な AE 試験は，金属製，複合材料製，コンクリー

ト製など，各種構造物のグローバル診断試験として用いられる．

　本来的な意味で AE 発生源とは，固体内部で局所的に発生する微小な変化に起因するとされている．例えば，微小な欠陥（クラック）の発生や成長，相変態，双晶変形，転移の運動などがこれにあたり，材料評価や構造物の健全性診断の際に検出される重要な AE 発生源である．寸法が $10^7 \sim 10^{10}$ 倍程度異なるが，AE 発生と地震の発生は，固体内部で生じる急激な変化に起因する弾性波の発生という点で全く等価であり，AE 発生の理論式として，地震発生を記述する式がそのまま適用される．したがって，AE は極めて微小な地震であり，逆に地震は極めて巨大な AE であるといっても差し支えない．この様子が図3.6.1 に示されている．図 3.6.2 に，AE 試験時に容器のシェル（殻）上で検出された AE 波形の事例を示す．

(2)　海外の試験規格

　海外規格として最も重要なものに，ASME, Section V, Article 12 に規定される “加圧中における金属製容器の AE 試験” がある[1]．この規格では，AE変換子の配置方法，計測装置の校正方法，加圧方法などの試験手順が示されており，欧米，南米，アジア各国で金属製圧力容器の AE 試験を実施する際の，標準規格となっている．

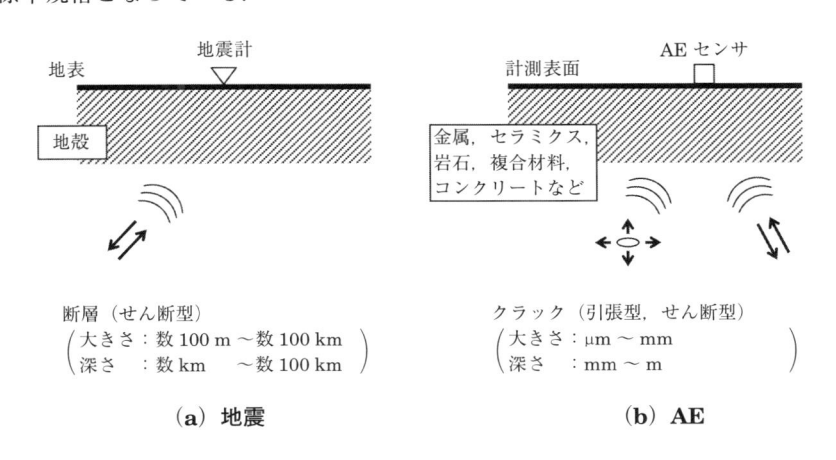

（a）地震　　　　　　　　　　（b）AE

図 3.6.1　地震と AE

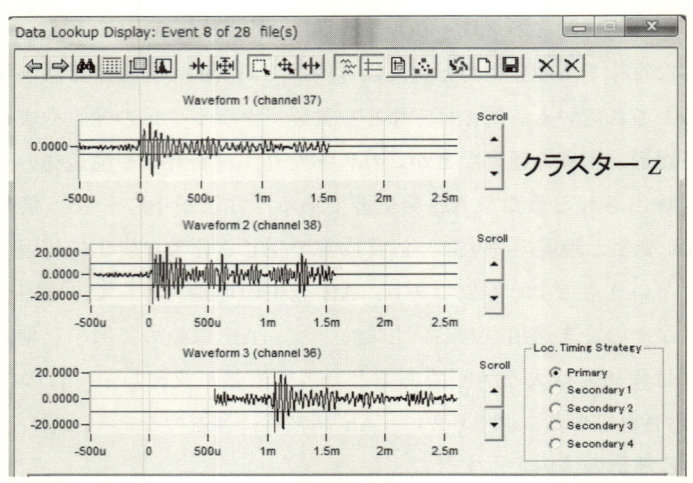

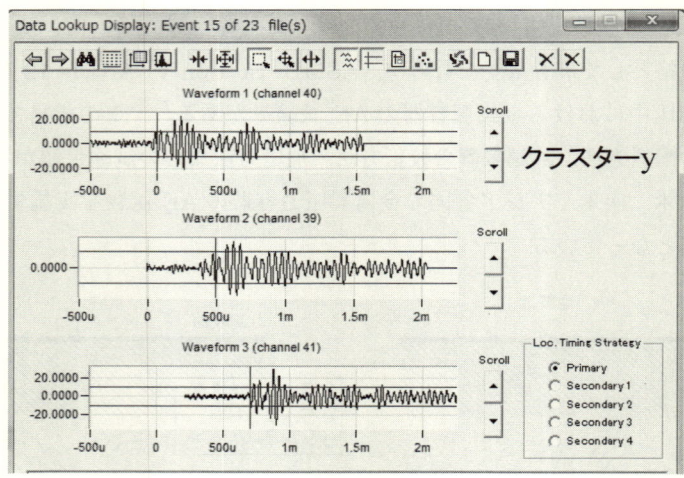

図3.6.2　容器シェル上で検出された AE 波形の事例
（チャンネルごとに AE 信号の到着時刻が異なり，
これを基に AE 源の位置標定を行う）

引用・参考文献

1)　Acoustic Emission Examination of Metallic Vessels during Pressure Testing：ASME
Boiler and Pressure Vessel Code, Section V, Nondestructive Examination, Article 12

3.7 漏れ試験

漏れ試験に関する JIS を表 3.7.1 に挙げる．漏れ試験に関する用語は JIS Z 2300 の 1.1 に，国際規格と主要な海外規格は本項末尾の参照文献の項に記載する．漏れ試験を実施する時には最初に試験対象に対して適用可能な漏れ試験を JIS Z 2330 により選択し，次に選択した漏れ試験方法に関する JIS を参照して試験の詳細を定める．本項では JIS に規定されている各種の漏れ試験の中から適用すべき漏れ試験方法を決定する順序を説明する．

表 3.7.1 漏れ試験に関する JIS 規格

分　類	適用項目	JIS 番号
非破壊試験用語	用語	JIS Z 2300:2009
発泡漏れ試験	試験方法	JIS Z 2329:2002
漏れ試験方法全般	種類及びその選択	JIS Z 2330:2012
ヘリウム漏れ試験	試験方法	JIS Z 2331:2006
圧力変化漏れ試験	試験方法	JIS Z 2332:2012
アンモニア漏れ試験	試験方法	JIS Z 2333:2005
ヘリウムリークディテクター	校正方法	JIS Z 8754:1999
チタン溶接管の差圧試験	試験方法	JIS H 0517:2004

3.7.1 JIS Z 2330:2012 （非破壊試験—漏れ試験方法の種類及びその選択）

漏れ試験には多くの方法が存在する．適用する漏れ試験方法を決定するため最初に JIS Z 2330 を参照する．JIS Z 2330 は 2012 年に内容が拡張され，改正前は規格の表題も "ヘリウム漏れ試験方法の種類及びその選択" としてヘリウム漏れ試験のみを対象としていたのが，2012 年の改正時に漏れ試験方法選択の指針として JIS に規定されていない漏れ試験方法も含み，一般的な漏れ試験方法全体についても概略図，最小可検リーク量や特長などを記述するよう改正された．このため JIS Z 2330 は適用すべき漏れ試験方法を選択する指針とすることができる．JIS に規定された漏れ試験方法については説明及び試験対象に最適な漏れ試験法の選択手順が記述され，多様な漏れ試験方法のどれを選択するかについては試験体条件を基に選択する例が図示されている．旧 JIS

Z 2330 の図1，図2は 2012 年版では統合して新しく図2となった．

　JIS Z 2330 では4種類の漏れ試験方法［JIS Z 2329（発泡漏れ試験方法），JIS Z 2331（ヘリウム漏れ試験方法），JIS Z 2332（圧力変化による漏れ試験方法，JIS Z 2333（アンモニア漏れ試験方法）］を規定していて，各試験方法のより詳細な事項については発泡漏れ試験方法 JIS Z 2329 では加圧法と真空法の2種に，ヘリウム漏れ試験方法 JIS Z 2331 は附属書1〜7までの7種に，圧力変化による漏れ試験方法 JIS Z 2332 は附属書A〜Hまでの8種にそれぞれ細分して規定している．

　漏れ試験方法選択の順序を図3.7.1に示す．まず要求される検出感度（可検リーク量）から考えて適用できる漏れ試験方法を JIS Z 2330 の図1から選択する．複数の試験方法が考えられる場合はすべてを候補とする．

　次に試験体を加圧することが可能か不可能かの形状的な条件から適用可能な漏れ試験方法を JIS Z 2330 の図2に基づいて絞り込む．例えば試験体が未完成で外壁の一部しか完成していない状況で漏れ試験を行わなければならない場合，適用できる漏れ試験方法は図2に記載の平面素材を対象とした漏れ試験すなわち発泡漏れ試験／真空発泡法，ヘリウム漏れ試験／サクションカップ法，超音波漏れ試験の発信器法あるいは液体利用試験法の浸透液法に限定される．また試験体がガス導入口を全く有さない密閉容器であれば，発泡漏れ試験／液没試験の加温／真空法，ヘリウム漏れ試験／ボンビング法，圧力変化漏れ試験／密封品チャンバ法など適用可能な漏れ試験方法から，求められる可検リーク量を JIS Z 2330 の図1を参考にして選択する．

3.7.2　JIS Z 2329:2002　（発泡漏れ試験方法）

　発泡漏れ試験方法は試験体内部に空気または他のガスを加圧封入し，外部に漏れ出てくる気体により試験体表面に塗布した発泡液を発泡させて目視により漏れを検出する方法で，漏れ箇所を特定できる．各種漏れ試験の中でも古くから用いられており，海外でも米国規格 ASTM をはじめ，欧州規格にも定められている．内圧を高くできない，あるいは建設途上などで局部的にしか圧力を

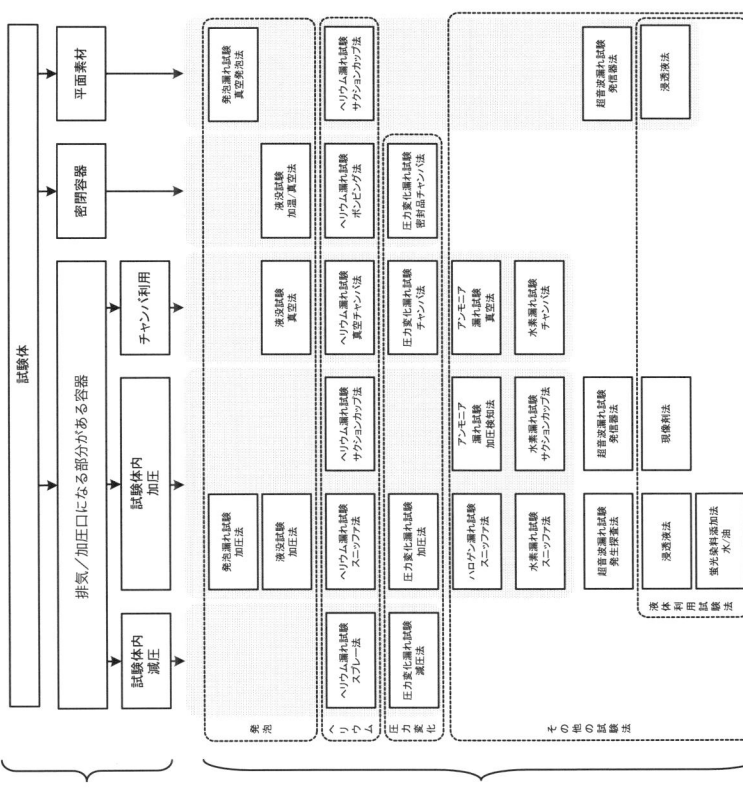

図 3.7.1　試験条件に基づく漏れ試験方法の選択手順

出所：JIS Z 2330 図 2 に一部追記

かけられない試験体の場合は JIS Z 2329 の図 3 が示すように真空箱を用いて漏れ試験箇所のみ部分的に真空状態として圧力差を生じさせ透明な窓を通して発泡を観察する．この試験方法は目視で漏れ箇所を特定できるという長所をもつ反面，可検リーク量は作業者の注意力に依存し発泡液の性能や発泡液のかけ方にも左右されるので，JIS Z 2329 の図 1 に定められた発泡液試験片を用いて作業者の事前訓練や，試験箇所の照度や発泡液により求められた試験条件（試験体温度，試験体表面の清浄度，発泡液が長く試験体表面に留まるよう試験体設置の向きなど）を満足するような配慮が必要である．下向きの漏れ箇所などは発泡液が垂れ落ちてしまい発泡するのに十分な時間，試験体表面に留まることができないのでこのような用途に合わせた発泡液を用いる．また漏れ量が極めて大きい場合は発泡液が漏れ出た気体に吹き飛ばされてしまうため，漏れがないものと誤認することがある．

　発泡漏れ試験に用いる発泡液は，JIS に定めた発泡液試験片を使用して発泡性能が確認されており，かつ適用される試験対象に対する腐食がないことが JIS に規定された方法で確認されていなければならず，これらの点が確認されていない家庭用洗剤の希釈液などを用いてはならない．漏れ試験後の残留成分（主にハロゲンや硫黄分）により試験体の銅合金が腐食して不具合を招いた事例もあるので，腐食試験済の発泡液を使用するか，あらかじめ腐食試験を行い試験体に対する腐食性がないことを確認しておかなければならない．

　目視検査の条件としての試験環境（照度）や作業者の視力など人的要素も漏れ検出感度に影響を与える．JIS に規定された発泡液試験片を用いて気泡がどのように発生するかを気泡の大きさ，成長する時間などについてあらかじめ確認しておくことがよい．試験箇所の照度に関しては他の目視による非破壊試験の PT（JIS Z 2343）や MT（JIS Z 2323）と同様，発泡漏れ試験の観察条件として照度 500 lx 以上を確保することが重要なため，改正中の JIS Z 2329 に追記される予定であり，見落としをなくすためにも JIS 改正の前から観察条件として 500 lx 以上の照度を確保することが望ましい．また広範囲の試験箇所にこの試験を適用する場合は一箇所あたりの気泡観察に JIS に定められて

いる気泡発生の観察時間を守ることが必要である．このため長い溶接線の漏れ
試験を行う場合は長時間を要するので全体として漏れがあることを他の漏れ試
験方法（圧力変化漏れ試験方法など）により確認した後に発泡漏れ試験方法を
漏れ箇所の特定に用いる方が能率がよい．試験体表面の温度も発泡液の性能に
影響するので，発泡液の仕様に基づき漏れ試験を行う必要がある．

3.7.3　JIS Z 2331:2006　（ヘリウム漏れ試験方法）

1940 年代初期に米国でウランの多段濃縮装置の漏れ検出用に開発されたヘ
リウム漏れ試験方法は本来真空装置の漏れ試験方法であるが，加圧容器などに
も広く適用されるようになり多種の試験方法が開発され規格化されている．
JIS もこれら多種のヘリウム漏れ試験方法を附属書 1 ～ 7 に分け，それぞれに
ついて詳細を定めている．

(1)　附属書 1　真空吹付け法（スプレー法）

本来，真空吹付け法は試験体が真空装置である場合に用いられるものであっ
て，稼働時には高圧に加圧される試験体に本方法を適用することは漏れの方向
が逆になること，及び圧力差が最大でも 1 気圧までとなり高圧力差の場合に
比較して漏れ量が激減するため用いるべきではない．真空吹付け法は漏れの可
能性のある個所あるいは試験箇所があらかじめ限定されている場合に漏れ箇所
を特定することができるが漏れを見落とす可能性があるので，基本的には附属
書 2 の真空外覆法を実施し，全体として漏れがあることが判明した後に漏れ
箇所を特定するために用いるべきである．

真空吹付け法特有の注意事項は解説に記載されている配管接続に起因する分
流による感度低下以外にも，ヘリウムの吹付量を少量とすることと反応の時定
数の問題がある．これらについては 3.7.8.1 に記述する．

(2)　附属書 2　真空外覆法（真空フード法）

試験体とヘリウムリークディテクターの接続に関しては附属書 1 と同じで
あるが，試験体全体を覆いヘリウム環境を作り出しているので漏れを見落とす
可能性が低く，試験体全体として漏れの有無を判定するために用いられる．試

験体を真空排気して漏れ試験を行う場合はまず真空外覆法を適用し全体として漏れがあるかないかを判定することが作業効率を高めることにつながる.

　注意事項に関しては真空吹付け法と同じである.　真空フード法固有の注意事項として，試験体に高さがある場合にフード内のヘリウム濃度に差が生じることがある.　これを防ぐためにはフード内をファンなどで撹拌して均一濃度を確保するか，あるいはフードを複数に分割して一つのフード内には高低差をなくすような配慮が必要である.　フードの材質については JIS には規定がないが，透過を防ぐために肉厚のあるビニルシートやアルミホイルなどを用いることが望ましい.　薄いポリエチレンシートは透過が多いので用いるべきではない.

(3)　附属書3　吸込み法（スニッファー法）

加圧容器である試験体にヘリウムを加圧して漏れ試験を行う方法で，前述の真空吹付け法や真空外覆法とは漏れの方向が逆となる.　漏れ出たヘリウムの漏れ箇所をスニッファープローブを用いて特定し，漏れ量を定量する.　この方法には漏れに対する反応時間が試験体の内容積に無関係になるというメリットがある反面，漏れ検出感度がスニッファープローブと試験体表面間の距離やプローブの走査速度のほか，試験箇所に吹き付ける風などの外部条件に左右されるというデメリットがある.　これらの要因が著しい感度低下，漏れ量の測定精度の低下や漏れの見落としの原因になる.　対策としてスニッファープローブの先端に小さなフードを取り付けることも可能ではあるが，測定範囲がフードの半径内に広がり位置決め精度が低下する.

(4)　附属書4　加圧積分法

スニッファープローブを用いて検出する代わりに，試験体全体または局部をフードで覆い，漏れによるフード内のヘリウム濃度を測定して漏れを検出する方法である.　漏れ量の定量は精度が低い.　スニッファー法とは異なり漏れの見落としがないという利点があるが，フードと試験体の間の空間部内のヘリウム濃度が迅速に一様になるよう空間部容積を小さくする必要がある.　他方でフードが試験体に密着しないようにしないとフード内空間でのヘリウムの拡散が一様にならずヘリウム濃度が均一にならない.　これを防ぐためにはフードを数か

所に分けて漏れ試験を実施する．またフードもアルミホイルなどヘリウム透過の少ない材質を用いなければならない．

(5) 附属書5 吸盤法（サクションカップ法）

スニッファープローブの代わりにサクションカップを用いて試験体の外表面を局部的に真空にして試験体内外表面間に圧力差を作り出して漏れ試験を行う．スニッファー法と比較するとサクションカップを移動する度に内部を真空排気しなければならないので作業性は劣るが，サクションカップ内はヘリウムリークディテクターにより真空排気されるため試験体の内外面間に局所的に1気圧差を作り出すことができるので試験体の壁の反対側圧力が低く大気圧程度であっても漏れ試験が可能という利点がある．このため建設途上で試験体が未完成なため圧力をかけることができない場合でも局所的な漏れ試験ができる，またスニッファープローブとは異なり試験体表面に密着するので漏れの見落としや試験体との距離による感度の変化がないというメリットがある．

(6) 附属書6 真空容器法（ベルジャー法）

ガス導入口を通してヘリウムを内部に導入した試験体に対して用いられる試験方法で，あらかじめヘリウムを内部に封入した試験体を真空容器（ベルジャー）に入れるか，またはベルジャー内で配管接続を介して試験体内にヘリウムを導入し，ベルジャーを真空排気することで試験体からベルジャー内に漏れたヘリウムを検出する．試験体を収納できる容積をもつベルジャーが必要であるが最も高い漏れ検出感度を得ることができる．この方法の注意事項としてベルジャー内にヘリウム配管がある場合は，その接続部分からの漏れをなくすため日常的な保守が必須である．

(7) 附属書7 浸せき法（ボンビング法）

ボンビング法は接続口のない気密容器の試験に用いられるヘリウム漏れ試験（真空容器法）である．ボンビング法では試験体の気密容器を，加圧したヘリウム環境において漏れ箇所を通じて試験体内部にヘリウムを浸透させて内部にヘリウムと本来入っている気体との混合気体を作り出し，次にこれを附属書6に記載された真空容器法を適用して漏れ量を検出する．附属書7の式(1)は，

このような加圧段階でのヘリウムの内部への浸透と，真空容器法による漏れ検出という二段階を考えて導き出されている．

もともと気圧 P_0 の空気に対する漏れ量（空気の等価基準リーク量）Q_{AIR} をもつ試験体を圧力 P_e まで 100 ％濃度のヘリウム環境下で加圧した場合，試験体（密封容器）の漏れを通してヘリウムが漏れる量は分子流領域の微小な漏れと仮定すると分子量補正をして式 (3.7.1) のヘリウムが漏れる（中に入り込む）．

$$\frac{Q_{AIR}P_e}{P_0}\sqrt{\frac{M_{AIR}}{M_{He}}} \tag{3.7.1}$$

実際には加圧しても瞬時に内部のヘリウム濃度が上がるわけではなく時間的にゆっくり上昇するので，時間 t_1 のヘリウム加圧過程の間，漏れ箇所を通して気密容器に入るヘリウムの漏れ量の時間変化は式 (3.7.2) で与えられる．漏れは分子流領域と仮定しているので空気とヘリウムの分子量補正がされている．

$$1 - \exp\left(-\frac{Q_{AIR}t_1}{VP_0}\sqrt{\frac{M_{AIR}}{M_{He}}}\right) \tag{3.7.2}$$

次に真空チェンバーに入れて時間 t_2 の間真空排気した際，試験体内部から漏れ箇所を通して漏れ出るヘリウムの漏れ量の時間変化は式 (3.7.3) となる．ここでも空気とヘリウムの分子量補正がされている．

$$\exp\left(-\frac{Q_{AIR}t_2}{VP_0}\sqrt{\frac{M_{AIR}}{M_{He}}}\right) \tag{3.7.3}$$

最終的にボンビング法で検出されるヘリウムの量はこれらの三つの式の積となり附属書 7 の式 (1) として与えられる．

ボンビング法は基本的に分子流領域の微細な漏れ量を想定しており，大きな漏れがあると加圧過程で大量に内部にヘリウムが入る一方で，真空チェンバーに入れて排気する過程（粗引き過程）で内部に入ったヘリウムのほとんどが排出されてしまい，結果的に漏れ量を少なく誤判定する可能性がある．このためこの漏れ試験システムでは真空排気（粗引き）中に大きな漏れがないかを予備的にチェックする機能が必要となる．

他方で気密容器の材料がプラスチックなどの場合はヘリウムがその表面に浸

透または吸着し，漏れ試験の過程で再放出されて漏れがあると誤判定される可能性もあるので気密容器の素材にも注意が必要である．

3.7.4 JIS Z 2332:2012（圧力変化による漏れ試験方法）

従来の規格"放置法による漏れ試験方法"（JIS Z 2332:1993）の表題と内容が改定され，圧力変化による漏れ試験方法を漏れによって発生した圧力を測定する方法と漏れにより生じる流量から漏れを検出する方法に大別し，それぞれの詳細規定を附属書A〜Hに定めるようになった．また新たに圧力変化による漏れ試験における重要なパラメータである等価内容積の測定が附属書Iに定められた．したがって実際の漏れ試験に適用する圧力変化よる漏れ試験方法をJIS Z 2332の"5 試験方法の種類"に従って選択した後，該当する附属書に従って漏れ試験を行う．各附属書に規定された各種の圧力変化による漏れ試験に共通する注意事項については3.7.8.2を参照する．

(1) 附属書A（規定） 圧力変化法加圧法

最も基本的な圧力変化漏れ試験方法である．試験体に所定の圧力をかけて放置し漏れによる圧力変化（圧力低下）から漏れ量を算出できる．しかし解説にも記載されているように，屋外に設置された大容積をもつ試験体に本方法を適用することは難しい．漏れがあるにもかかわらず温度上昇により内部圧力が上昇して漏れによる圧力低下を打ち消し，漏れがないと誤判定することがある．日中に太陽光が当たると部分的な温度上昇を起こし漏れ試験に必要な条件である試験体温度を均一にすることが困難となる．このような場合は太陽光の影響を吸収するため長時間試験を実施する．または圧力変化法を他の漏れ試験の前段階として大きな漏れの有無を判定するために用いる．また漏れの方向が逆になることと，耐圧の関係から真空容器に適用することは好ましくない．真空容器に内部監察用覗き窓（サイトグラス）がある場合はガラスの耐圧に細心の注意が必要である．

(2) 附属書B（規定） 圧力変化法減圧法

圧力変化法減圧法は加圧法とは逆に，試験体内部を真空排気し試験体外部か

らの漏れによる圧力変化（圧力上昇）から漏れ量を算出する．減圧法固有の問
題として試験体の真空容器内面からのガス放出による圧力変化（圧力上昇）が
ある．これは漏れによる圧力上昇に比較すれば小さく，真空排気を開始した時
点からある程度経過すると減少するとはいえ，ゼロにはならない．このため漏
れによる真空圧の上昇分と分離することは難しい．圧力上昇の原因となる試験
体内部には水分の残留がないことが必須である．

　圧力測定用の真空計に一般的なブルドン管方式の圧力計（連成計）などゲー
ジ圧を測定する圧力計を用いる場合は必ず大気圧の変動分を補正しなければな
らない．絶対圧真空計（ビラニーゲージなど）を用いて大気圧の変動に左右さ
れないようにすることも可能ではあるが，絶対圧真空計は大気圧に近い圧力範
囲までは使用できない場合が多い．ガス放出も少なく，かつ絶対圧真空計が動
作可能な真空領域というのはせいぜい $10^{-1} \sim 10$ Pa である．

(3)　附属書C（規定）　圧力変化法チャンバ法

　圧力変化法チャンバ法には試験体内部を加圧する方法と真空にする方法の二
方法がある．チャンバ法はプラスチック製容器など試験体が剛体ではなく内部
圧力によりその容積が変化する場合などにも用いることができる．チャンバ内
の圧力変化は大気圧からの変化（加圧の場合は圧力上昇，減圧の場合は圧力低
下）であり，チャンバ内圧力と大気圧との微小な差圧を検出するためにフルス
ケールの小さい差圧計が用いることができるので微小な圧力変化をとらえるこ
とができるものの大気圧の変化を把握して補正しなければならない．チャンバ
内を減圧する場合は3.7.4 (2) と同様に圧力測定用の真空計に絶対圧真空計を
用いることで大気圧の変動に左右されないようにすることができる．

(4)　附属書D（規定）　圧力変化法密封品チャンバ法

　加圧用の接続口がない密封品の試験体にも適用を可能にした圧力変化法チャ
ンバ法の一種である．試験体に大きな漏れがあって加圧または減圧工程におい
て試験体内部がチャンバ内圧力と平衡状態になるような場合に対処するため，
放出容器を用いる方法 (D.3, D.4)，加圧容器を用いる方法（D.5）及び減圧容
器を用いる方法（D.6）が定められていて，大漏れの有無の判断に用いられる．

密封品チャンバ法のすべてに共通する注意事項としては漏れ検出感度の向上のため，チャンバと密封品の間の空間容積を極力少なくする，すなわち式 D.1 から D.6 のうち該当する式中の $V_C - V_A$ を小さくすることである．

(5)　附属書 E（規定）　マスタ容器対比法

試験体と同じ内容積をもち，漏れのないマスタ容器を基準として試験体と比較する方法である．適用する圧力変化漏れ試験方法は附属書 A から D までを用いる．したがって該当する試験方法に関する注意事項が適用される．マスタ容器対比法を大型の試験体に適用するにはマスタ容器の製作自体が困難なため，試験体が小容量の量産品など大気圧や外気温の変化による影響が無視でき高速で漏れ試験を行う場合などに用いられる．

(6)　附属書 F（規定）　差圧法

マスタ容器対比法の変形であって，試験体と同じ内容積をもち漏れのないマスタ容器と試験体を同条件で同時に漏れ試験を実施し，試験体とマスタのそれぞれに生じた圧力変化の差圧を検出する方法である．量産品の漏れ試験に多用される．差圧法では試験体とマスタ容器の双方に共通に発生する大気圧変化や気温変化を打ち消すことができるが，マスタ容器は繰り返し加圧又は減圧されるため断熱膨張又は断熱圧縮による温度変化がマスタ容器に発生する点に注意を払わねばならない．マスタ容器は試験装置に固定されるが，試験体は漏れ試験の都度交換されるので接続部分のシールの損傷が発生する．日常的な保全が極めて重要である．

(7)　附属書 G（規定）　標準リーク対比法

差圧法は漏れのないマスタ容器との比較試験であるが，漏れのあるマスタ容器すなわち標準リークと試験体との比較を行うのが標準リーク対比法である．実施する圧力変化による漏れ試験には附属書 A 〜 D までに記載した各試験方法を用いることができ，試験体の容積が不明であっても漏れ試験を行えるという利点がある．ただし漏れ試験方法としては圧力変化を用いているので附属書 A 〜 D までに記載した注意事項は標準リーク対比法に対しても同じである．

(8)　附属書 H（規定）　流量測定法

附属書 A ～ G までに記載した圧力変化による漏れ試験はいずれも漏れにより生じた圧力変化を基に漏れ量の測定や漏れの有無の判定を行っているが，漏れ箇所を通過する漏れの流量（リーク量）を測定することで漏れ試験を行う方法が流量測定法である．

(9)　附属書 I（参考）　等価内容積測定

圧力変化による漏れ試験において漏れ量を算出するためには試験体そのものの容積，または試験体を収納するチャンバと試験体の空間容積を求める必要がある．試験体が剛体ではなく圧力変化によってこれらの容積が変化する場合には漏れ量を計算するために等価内容積を必要とする．附属書 I はこの測定方法について記述した参考資料である．

3.7.5　JIS Z 2333:2005（アンモニア漏れ試験方法）

試験体を加圧するのにアンモニアガスを用い，漏れ出したアンモニアガスの漏れを，アンモニアに対して反応する薬剤（検知剤）を試験体に塗布するか又は薬剤を塗布した試験紙を試験体に貼り付け，化学反応による変色を用いて検出する方法である．漏れ検出感度は経験式として次式で与えられる．

$$T = \frac{9.95 \times 10^{-4}}{Q \times A} \tag{3.7.4}$$

ここに T は放置時間 (s)，Q は漏れ量 $(Pa \cdot m^3/s)$，A はアンモニア濃度（体積分率 %）である．

アンモニアガス濃度 1 % を用いて 2kPa の差圧をかけて漏れ試験を行った場合の変色部分の径の時間変化を示した例を図 3.7.2 に示す．2 時間程度で $1.1 \times 10^{-7} Pa \cdot m^3/s$ の漏れが目視で確認できることがわかる．

アンモニア漏れ試験における変色径の時間変化は検知剤の塗膜の厚さに依存し，図 3.7.3 に示すようになる．これは塗膜の厚さが薄い方がより少ないアンモニアの漏れ量で漏れ箇所の塗膜部分と完全に化学反応して変色することによる．塗膜が厚いとその部分が十分に反応するのにはより多くのアンモニアを必

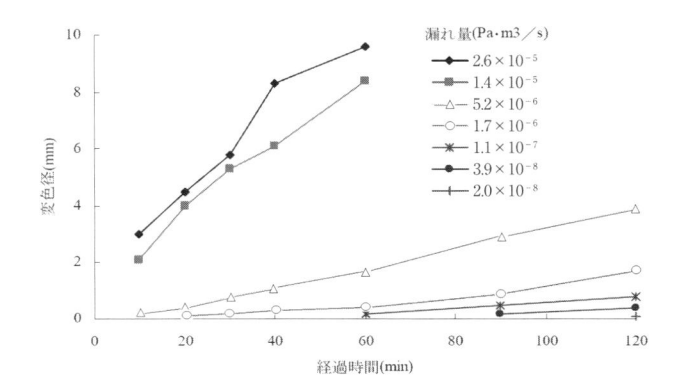

図 3.7.2　アンモニア漏れ試験における変色部分の時間変化
出所：日本非破壊検査協会　非破壊検査技術シリーズ　漏れ試験Ⅱ

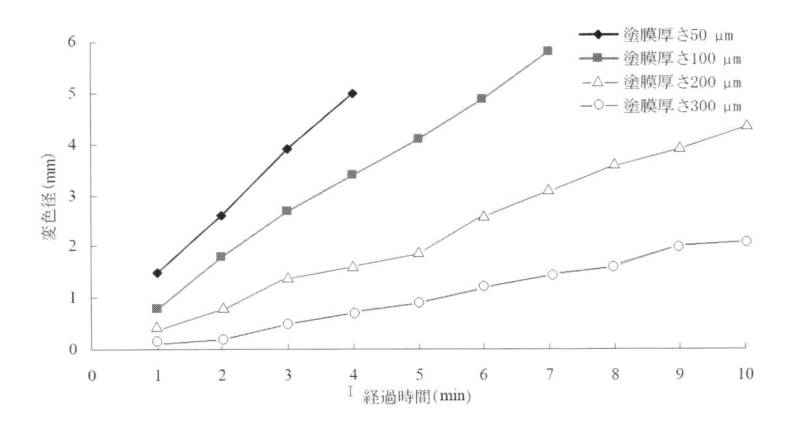

図 3.7.3　アンモニア漏れ試験における検知剤膜厚と変色部分の時間変化
出所：日本非破壊検査協会　漏れ試験レベルⅡ講習会資料

要とするため時間を要する.

　この方法の利点は比較的低い圧力差でも漏れ試験を行うことができるので，数 $10m^3$ を超える大内容積があり，かつ大きな圧力差には耐えられない試験体に対しても適用できること，漏れ箇所を特定，記録することができること，ヘ

リウム漏れ試験ほどではないにしても漏れ検出感度は高く，ある程度の定量性があることなどである．このため LPG タンカーや液化天然ガスの貯蔵タンクなど，構造上高い圧力差をかけられないためヘリウム漏れ試験を適用できないような試験体に対して多く用いられている．他方で適用上の制約条件としては，アンモニアを使用するため法的な環境規制があり，またアンモニアガスには爆発限界が存在するため厳しい濃度管理を行わねばならない．この点を改良するため JIS Z 2333 ではアンモニア水を使用し，アンモニア蒸気を利用することで安全性を高めた．

　またアンモニアが銅及び銅合金を腐食させるので，試験体がこれらの金属により構成されている場合はアンモニア漏れ試験は適用できない．漏れの検知剤も硫黄やハロゲンを含有しているため，これらが試験体の表面に残ると長期間では腐食の原因となる．アンモニア漏れ試験を実施した後は必ず検知剤を除去しなければならない．

3.7.6　JIS Z 8754:1999（真空技術―質量分析計形リークディテクター校正方法）

　この JIS は ISO 規格 ISO 3530:1979 の翻訳規格であり，制定年度が古いため手動操作のヘリウムリークディテクターを対象としている．しかし本書の発行時点では国内で販売されているヘリウムリークディテクターのほとんどはマイクロコンピュータを搭載した全自動型のため，本 JIS に則った手動の感度校正が行えない．このため漏れ試験仕様書が本 JIS に準拠して校正したヘリウムリークディテクターを使用するよう指示していると漏れ試験仕様書を満足することができない．ISO 規格の 5 年ごとの定期見直し（Systematic Review: SR）のつど，全自動型ヘリウムリークディテクターにも適用できるよう ISO 規格の見直しが提案されているが，本書の出版時点では全自動型ヘリウムリークディテクターの校正方法の追記がなされず，したがって JIS もそのままとなるので全自動型ヘリウムリークディテクターを用いて漏れ試験を行う際は JIS に則らず自動校正されていることを注記などで明確にしておくことが望ま

れる.

3.7.7　JIS H 0517:2004（チタン溶接管の差圧試験方法）

JIS Z 2332（圧力変化による漏れ試験方法）の附属書 F 差圧法を蒸気発生器のチタンパイプに適用した JIS の一例として JIS H 0517 があるが，これはマスタ容器を用いずに試験体である量産品のチタンパイプ 2 本を互いに比較するという特殊な方法であり，量産段階での不良品発生頻度が把握できている場合にのみ適用可能である．一般的な圧力変化漏れ試験方法として他の製品に適用されるべきではない．

3.7.8　漏れ試験に共通する注意事項

前項までに JIS に規定されている各種の漏れ試験に関して記述したが，ヘリウム漏れ試験と圧力変化による漏れ試験には，その試験方法に共通する以下の注意事項がある．

3.7.8.1　ヘリウム漏れ試験に共通する注意事項

ヘリウム漏れ試験を適用する場合，以下の点に注意をしなければならない．

（1）　時定数

試験体を真空に排気する真空法を採用する場合，試験体とヘリウムリークディテクターからなる一つの真空系として，系の時定数を把握しておくことが必須である．試験体がある程度の内容積を有する場合，漏れの指示値は系の時定数に応じて時間的にゆっくり変化する．試験体内容積が大きく，用いる真空排気系（真空ポンプ）の排気速度や接続した真空配管系のコンダクタンスが小さい場合は時定数が 10 分を超える長時間になることもあり，ヘリウムリークディテクターの出力を系の時定数の 10 倍程度の間観測しなければならない．このような場合は，真空吹付け法より真空積分法を採用すべきである．作業効率からすれば時定数を短くするため図 3.7.4 の外付けの真空ポンプの排気速度 Sp を大きくとるのがよいが，Sp を大きくすると次項に記載するようにヘリウ

ムリークディテクターへ分流される量が少なくなり感度低下となる．加圧法を採用する場合も，ヘリウムリークディテクターに接続したスニッファープローブの真空ホースが長いと同様に反応が遅くなる．このため必ず時定数をあらかじめ算出あるいは基準となるリークを用いて確認し，ヘリウムリークディテクターの出力を記録計により記録することが必要である．

(2) 分流による漏れ検出感度の低下

ヘリウム漏れ試験方法は現状では最も高い漏れの検出感度を有する方法である．しかし漏れ試験の配管系によっては試験体内に漏れ箇所を通して入り込んだヘリウムが全量ヘリウムリークディテクターには届かずに，系に接続された真空排気系（真空ポンプ）に分流されることがある．一般的にヘリウムリークディテクターの排気速度は真空ポンプに比較すれば一桁以上小さいため，系全体の漏れ検出感度はヘリウムリークディテクター本来の感度（$10^{-11} \sim 10^{-12}$ Pa・m^3/s 程度）よりも低くなる．このため真空法によるヘリウム漏れ試験方法においては標準リークを分流点（図3.7.4のA点）よりも上流側（試験体に近い側）に配置して系全体の漏れ検出感度を必ず校正しなければならない．

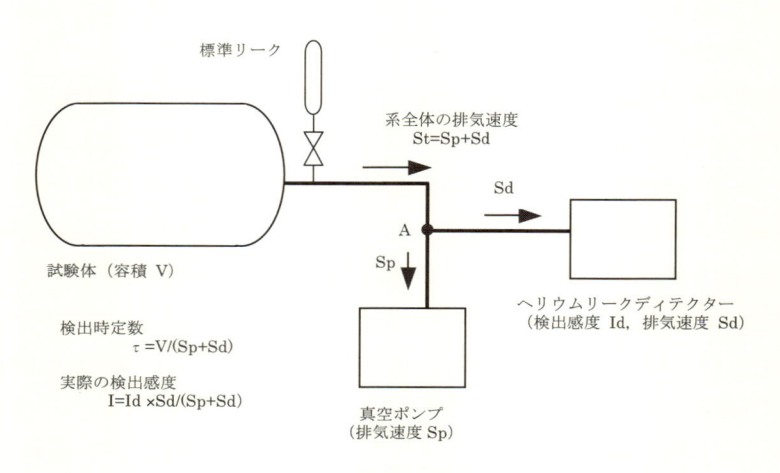

図 3.7.4　時定数，排気速度，感度の関係

(3) ヘリウムの吹付け量

スプレー法を用いて漏れ試験を行う場合，試験体表面にヘリウムを吹き付けて漏れ試験機の反応により漏れの有無の判定や定量を行うが，ヘリウムの吹付け量はごくわずか（毎秒 1 ml あれば十分である）とする．吹付け量を多くすると試験箇所近傍のヘリウム濃度を高めることになり，吹付け箇所から離れたところに漏れがあるとそこからヘリウムを吸い込んでしまい，漏れの位置を見誤る原因となる．もし試験箇所以外の漏れ箇所から大量にヘリウムを吸い込んでしまうと系のバックグラウンドを上昇させ以降の漏れ試験を行うことが困難になる．3.7.9 (6) に記述するように，ヘリウム漏れ試験を行う前に大きな漏れがないことを他の簡易的な漏れ試験方法を適用して確認しておくことが好ましい．また漏れ箇所以外にヘリウムが回り込まないよう，ヘリウム吹付けプローブ（スプレーガン）には必ずストップ弁を設け，常時垂れ流しにならないようにしなければならない．試験箇所を分けて，それぞれをビニール袋などで覆い，その内部にヘリウムを吹き込んで試験箇所のみ高濃度のヘリウム環境を作るのは良い方法である．万一大容積の試験体の系内へ大量にヘリウムを吸い込んでしまった場合，可能であれば試験体を一旦大気圧に戻した後再度真空排気したほうが，排出される大気によりヘリウムを一緒に流し出すことになり結果的に時間的ロスを少なくできる．

(4) 漏れ検出感度と精度

ヘリウム漏れ試験は他の漏れ試験方法に比べて漏れ検出感度が高く，定量性もよい．しかしスプレー法や真空フード法であれば排気系に分流されて感度が低下したり，吸い込み法ではスニッファープローブと試験体表面との距離の遠近や走査速度により感度は大幅に低下する．ヘリウムを希釈して使用する場合，漏れ試験の検出感度はヘリウム濃度に比例して低下する．

3.7.8.2 圧力変化による漏れ試験に共通する注意事項

圧力変化漏れ試験法には大別して試験体単体を独立して漏れ試験する方法と，比較対象との間での差圧を検出する方法がある．後者は温度や気圧の変化など

の誤差要因をキャンセルすることができ量産品の漏れ試験に用いられている.
前者の試験方法すなわち試験体 1 個を単独で漏れ試験する場合は比較対象が
なく，温度や気圧の変化などの誤差要因があるので次の点に注意する必要があ
る.

(1)　圧力計の選定

　一般的なブルドン管式の圧力計は測定原理上大気圧との差圧（ゲージ圧）を
指示するため，気圧変動はそのまま測定誤差となる. このため小さな漏れ量を
検出するために長時間（例えば 1 日以上放置するなど）かけて漏れ試験を行う
と，大気圧の変動が漏れによる圧力変化を打ち消したり増加したりして正確な
漏れ量を求めることができない. ブルドン管式の圧力計を用いる場合は必ず気
圧計を併用し，大気圧の変動分を補正しなければならない. またブルドン管式
圧力計以外の圧力計（例えばダイアフラム式圧力計）でも圧力が変化した際に
はその内容積が指示値により多少ではあるが変化するので，内容積の小さい試
験体ほど誤差が大きく現れる.

(2)　温度変化

　試験体内に閉じ込められた気体は周囲温度の変化だけでなく，試験体を加圧
するため高圧の気体を充填する際，あるいは試験体を真空排気する際にも断熱
膨張によってその温度が変化する. したがって気体温度が周囲温度と同じに
なった後に漏れ試験を開始しないと試験中の温度変化により圧力変化が生じて
漏れによる圧力変化と区別することができず誤差となる. 量産品の漏れ試験機
の場合は JIS Z 2332 の附属書 F 差圧法を適用することで誤差を打ち消すこと
ができるが，プラントなどの大型容器では容器単独で漏れ試験を行わなければ
ならず，この場合温度変化を極力起こさないよう注意しなければならない. し
かし大型容器では内部の温度を平衡状態に保つことはなかなか実現できず，事
実上，屋外設置された大型容器の漏れ試験を圧力変化法により行う場合は誤差
の制御が極めて困難である. 圧力変化法は大型容器の漏れ試験としてはあくま
で大きな漏れの有無を判定するために用いるべきであり，高い漏れ検出感度を
求めて長時間の漏れ試験を行うことは好ましくない.

(3)　圧力変化

試験体の内部を加圧する場合は加圧する気体の露点温度にも配慮が必要で，長時間の漏れ試験中に気温が下がり，試験体内部の加圧気体が結露するとそれだけで内圧は変化してしまう．他方で試験体内部を真空排気する場合は，試験体の内表面に吸着したガスの放出により漏れがなくても内圧は上昇する．この吸着したガスの再放出は時間的に減少し，また放出量もそれほど大きくはないものの真空計が検出しうる程度の量であるため誤判定の原因となる．また試験体内は清浄な状態でなければならず，ごくわずか残った水分も真空排気により蒸発し内圧の上昇となる．これは試験体内表面からの吸着したガスの再放出に比べはるかに大きい．試験体内に水分が残留したまま試験体を真空排気すると蒸発により温度が下がり蒸発速度を低下させる一方で，内部の気体の温度低下により圧力も下がり長時間安定しないため誤差要因となる．

以上のように試験体単体に圧力変化漏れ試験方法を適用する場合は種々の誤差要因があるため生じる誤差を事前に評価し，誤差を超えるような高い漏れ試験感度を求めてはならない．

3.7.9　漏れ試験に関する用語と基本条件

漏れ試験に関する一般的な用語は JIS Z 2300 に規定されている．JIS には数種の漏れ試験が規定されていて，どの JIS も漏れ試験時の最低限の条件は記載しているが，試験圧力など実際の漏れ試験時の条件については規定していない．これは試験者が試験体の動作条件などを基に定めなければならず，規格で決めるべきものではないからである．本節では試験体固有の条件を基に，どの試験方法を用いるべきか，また JIS には記載されていない漏れ試験に関する基本条件について記述する．

(1)　漏れ流体

JIS に規定されている漏れは気体の漏れを対象としている．試験体からの液体の漏れを検出するためには，液体を気体に置換して気体の漏れ試験を適用することが一般的に行われる．これとは逆に気体を液体に置換して気体の漏れを

液体の漏れ試験で代用することは，液体が気体に比べてはるかに大きな粘性を有するため，漏れ試験では漏れないが実際は漏れるということになりかねないため適用すべきではない．水圧や油圧などの液圧をかけて耐圧試験を行うことが法的に定められている場合は法に準拠しなければならないが，このような耐圧試験は加圧液体が漏れ箇所を一時的に閉塞する恐れがあり，耐圧試験直後に気体による漏れ試験を行うと漏れ試験では漏れないという事態が起こりうる．水圧試験の実施後は試験体内部を乾燥させる，油圧試験の実施後は油分を十分に取り除くなどの処置をした後に気体による漏れ試験を行う必要がある．以上を踏まえた上で本節では気体の漏れについて記述する．どのような漏れ試験を実施するにしても以下の記載事項に注意を払って漏れ試験をしなければならない．

(2)　漏れの方向

漏れ試験時の圧力方向は，実際の漏れ方向と同じにすることが望ましい．これは漏れが必ずしも双方向性をもたず，どちらか一方向にしか漏れないことがあるからである．特に表面に塗装膜がかかっている試験体では塗装膜が逆止弁として作用し，内圧がかかると漏れるが外圧がかかる，すなわち内部を真空にした場合は漏れないということがある．

(3)　漏れ試験時の圧力

漏れ量は漏れる気体にかかる圧力に依存する．依存の程度は，漏れ箇所における漏れが，その気体の粘性により支配される粘性流（層流又はハーゲン・ポワズイユ流ともいう）であるか，もっと微小な漏れ量の領域であって気体分子としての性質が支配的である分子流であるか，さらにはそれらの中間的な領域である中間流であるかによる．一般的な漏れ検査規格値である 10^{-5} Pa·m³/s では粘性流の領域として考えられ，このときの漏れ量 Q と試験体内圧 Pin 及び外圧 $Pout$ との関係は次式で与えられる．

$$Q = K\ (Pin^2 - Pout^2) \tag{3.7.5}$$

ここに K は漏れ箇所を直径 d，長さ l の円筒と仮定し，気体の粘性係数を η とすると $K = \pi d^4 / 128\,\eta l$ で与えられる，Pin, $Pout$ はいずれも絶対圧である．

　圧力単位を日常的に用いられる atm，試験体の内圧が大気圧 (Pin=1 atm)，外圧が真空 (Pout=0 atm) の場合の漏れ量 Q_0 を比較の基準とすると，内，外圧の変化による漏れ量の変化は，式 (3.7.5) より $Q=Q_0(P\text{in}^2-P\text{out}^2)$ となる．すなわち内，外圧が変化することによる漏れ量 Q の基準漏れ量 Q_0 に対する変化率は $Q/Q_0=P\text{in}^2-P\text{out}^2$ となる（図 3.7.5）．

　漏れ試験で試験体に内圧をかけて試験する場合，外圧は大気圧なので一定 (Pout=1atm) と考えてよい（圧力変化法の場合は大気圧の変動を考慮する必要がある）．このとき漏れ量は式 (3.7.5) により内圧の 2 乗に従って変化し，図 3.7.5 上の 2 次曲線として増加するはずである．しかし実際の漏れは漏れ箇所のつまりなどにより内圧が低いときには図 3.7.6 の破線で表した二次曲線どおりには変化せず，ある圧力 P_b になると急激に漏れが発生することがある．

　P_b の値は通常 3 ないし 5 気圧程度であるが，漏れ箇所の形状や一時的に漏れを止めている油脂などの汚れにより変化し一定ではない．

　このため試験体の稼働時の圧力 P_a よりも低い試験圧力 P_t で漏れ試験を行い，式 (3.7.5) を適用して稼働時の漏れ許容規格 Q_a より厳しい検査規格 Q_t をあて

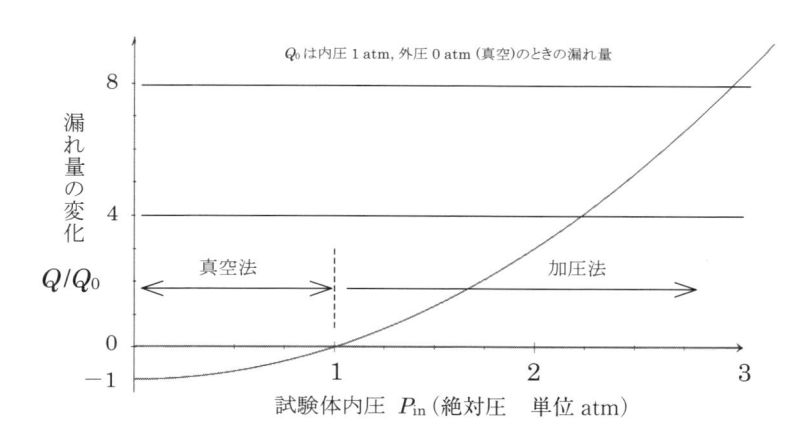

図 3.7.5　圧力による漏れ量の変化率（Q/Q_0）

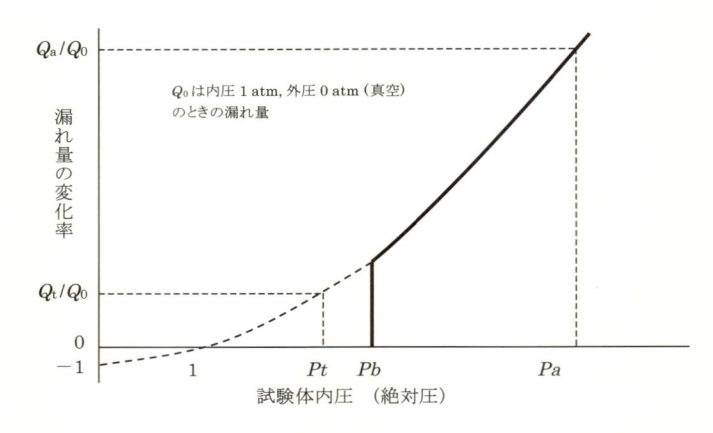

図 3.7.6　つまりがある場合の圧力による漏れ量の変化率（一例）

はめて漏れ試験の良否判定を行ってはならない．稼働時と同じ圧力条件下で漏れ試験を行うことが好ましい．

(4)　試験気体

漏れ試験の際，試験体の稼働時の気体とは異なる気体を用いて加圧する場合は (3) に述べたように気体の粘性係数や分子量の補正を行う必要がある．一般的に粘性流の領域ではこれら気体の物理定数の差により大きく漏れ量が異なることはないが配慮する必要はある．分子流領域の場合，漏れ量は分子量の平方根に反比例するため，水素（分子量 2）と窒素（分子量 28）では 4 倍近い差が生じる．

また微小漏れ領域では素材の透過も問題となってくる．試験気体としてはヘリウムや乾燥窒素あるいは精度を求めない漏れ試験では除湿した工場の圧縮空気などが用いられるが，圧縮空気を用いる場合は試験気体の露点について注意を払わなければならない．長時間の試験中に低温になると結露を生じて漏れを一時的に塞いだり，気体圧力そのものが変化してしまうので特に圧力変化漏れ試験方法を用いて大型の試験体の漏れ試験を行う場合は露点温度の低い（−40℃程度）気体を用い，かつ必ず温度変化による圧力補正を行う．エアコ

ンプレッサで加圧した空気を除湿せずにそのまま用いるのは好ましくない.

　試験気体にヘリウムやアンモニアガスなどを希釈して用いる場合は，あまりに低濃度に希釈してはならない．ヘリウムの場合は10%程度を下限としないと高さ数 m を超える大きな試験体を全体として覆った場合，試験箇所の高低差により試験気体の濃度が一様にならず，これが場所による漏れ検出感度の差となる．部分的に覆う箇所を分割することが望ましい．希釈方法は小容量の試験体には既知濃度のガスを用い，大型の試験容器の場合は流量混合とし，かつ時間経過とともに発生する試験体内部の濃度分布の発生を抑えるため可能な限り試験体内で試験気体を循環させることが望ましい.

　試験体の内容積が大きく，かつこのような循環機構がない場合には電源ケーブルを試験体容器内に引き込む必要のない乾電池駆動の小型の扇風機を用いるとよい．大型試験容器や複雑な配管系を有する試験体の場合，試験体内に試験気体と空気などの加圧気体を順次加圧して試験体内で体積混合してはならず，やむを得ない場合は試験体内で気体を撹拌し，かつ試験体の随所で試験気体の濃度測定を行うなどの配慮が必要である．細く長い配管系の場合は一旦内部の空気を真空排気した後に上記のガス加圧を行なわなければならない.

(5)　試験体表面の清浄度

　漏れ試験に関するどの JIS も試験体の表面は清浄であることを定めている．これは漏れ箇所に他の液体や微小な固体が詰まっていると漏れを一時的に塞いで，漏れ試験時では漏れずに合格するという誤判定の原因になるからである．試験体の表面は内外とも十分乾燥させ，グリースなどの油脂分は徹底的に除去しておく必要がある．図 3.7.6 に P_b が存在するのはこのような原因による.

(6)　漏れ試験の順序

　プラント設備などある程度の大きさをもつ試験体を漏れ試験する場合，試験体全体に対して最初から高感度の漏れ試験を適用するのではなく，最初は圧力変化漏れ試験方法など漏れ検出感度は低くとも手軽に行える漏れ試験方法を用いて全体として大きな漏れがあるかないかを判定し，漏れが検出された場合は漏れ箇所を補修した上で試験体を分割して箇所ごとに高感度の漏れ試験方法を

適用し最終的に規格値以内であることを判定することが結果的に能率向上となる．仮に大きな漏れがある試験体に始めからヘリウム漏れ試験方法を適用したとすると，試験体内部に大量のヘリウムを吸い込む（あるいは外部に吐き出す）こととなり，高バックグラウンドをもたらし，以後漏れ試験が可能となるまでバックグラウンドが低下するのに極めて長時間を要することになるからである．

(7)　試験時間

漏れの発生を観察する時間は漏れ試験法方法により異なる．ヘリウム漏れ試験の場合は系の時定数として与えられ，アンモニア漏れ試験では許容漏れ量に対し目視で確認できる程度に変色径が成長するのに要する時間となる．これらに関してはそれぞれの試験方法を定めた JIS で説明されている．他の漏れ試験方法では試験体に所定の圧力がかかったことを圧力計（内部を真空に排気する場合は真空計）で確認するので圧力計の指針が動作しうる最小の圧力変化が生じる時間となる．フルスケール値が小さい圧力計ほど漏れによる微小な圧力変化を表示しうるが，試験圧力が高い場合は圧力計のフルスケール値は大きな値でなければならないため，微小な圧力変化を検出する感度は低下し，目視でわかる程度の圧力変化を圧力計が表示するには長い試験時間が必要となる．

必要な試験時間は漏れの形状にも左右される．実際の漏れは単純な形状ではなく，開先をとった厚板の突合せ溶接部の漏れでは，図 3.7.7 のように漏れの中間部に空洞（ポケット）を有することがある．

このような漏れの場合，仮に内部の圧力が所定の圧力となっても空洞（ポケット）部分の内圧は時間をかけないと高まらず，そのため外部にまで漏れが発生するのに長時間を要することがある．ポケットがあるかどうかは外観検査や漏れ試験では判定が困難で，RT や UT など他の非破壊検査方法を適用し溶接箇所にこのような欠陥がないことをあらかじめ確認しておくことが望ましい．

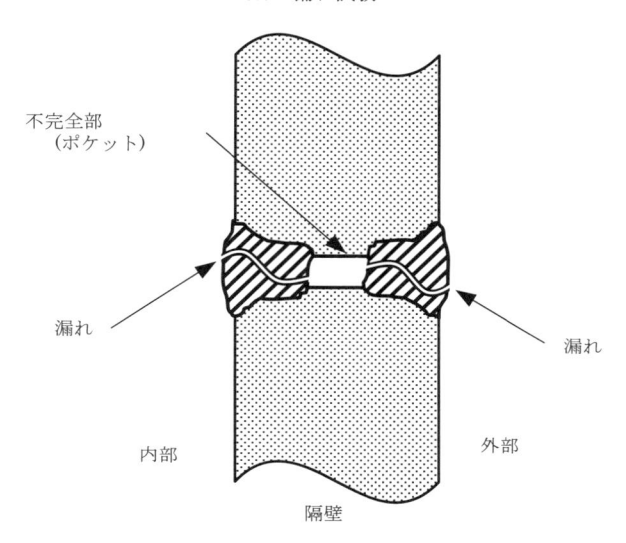

図 3.7.7　ポケットを有する漏れ箇所

参 考 文 献

1）ISO 3530:1979　Vacuum technology—Mass-spectrometer-type leak-detector calibration
2）ISO 20484:2017　Non-destructive testing—Leak testing—Vocabulary
3）ISO 20485:2017　Non-destructive testing—Leak testing—Tracer gas method
4）ISO 20486:2017　Non-destructive testing—Leak testing—Calibration of reference leaks for gases
5）EN 13184:2001　Non-destructive testing—Leak testing—Pressure change method
6）EN 13185:2001　Non-destructive testing—Leak testing—Tracer gas method
7）EN 13192:2002　Non-destructive testing—Leak testing—Calibration of reference leaks for gases
8）ASTM E432-91(2017)e1　Standard Guide for Selection of a Leak Testing Method
9）ASTM E493/E493M-11(2017)　Standard Practice for Leaks Using the Mass Spectrometer Leak Detector in the Inside-Out Testing Mode
10）ASTM E498/E498M-11(2017)　Standard Practice for Leaks Using the Mass Spectrometer Leak Detectors or Residual Gas Analyzer in the Tracer Probe Mode
11）ASTM E499/E499M-11(2017)　Standard Practice for Leaks Using the Mass Spectrometer Leak Detector in the Detector Probe Mode
12）ASTM E515-11　Standard Practice for Leaks Using Bubble Emission Techniques

13) ASTM E1066/E1066M-12　Standard Practice for Ammonia Colorimetric Leak Testing
14) ASTM E1603/E1603M-11(2017)　Standard Practice for Leakage Measurement Using the Mass Spectrometer Leak Detector or Residual Gas Analyzer in the Hood Mode

3.8　外観（目視)試験

外観試験及び目視試験は JIS Z 2300:2009（非破壊試験用語）において，前者は"外観の状態を目視などによって行う試験（JIS Z 3001-4 参照)"，また，後者は"試験体の表面性状（形状，色，粗さ，きずの有無など）を，直接又は拡大鏡を用いて肉眼で調べる試験（JIS Z 3001-1 参照)"と定義されている．

　一方，溶融溶接継手に対して 2003 年に発行された ISO 17637:2003（Non-destructive testing of welds — Visual testing of fusion-welded joints）を基に MOD（Modified：国際規格を修正）で，技術的内容を変更した JIS Z 3090:2005（溶融溶接継手の外観試験方法）が制定されている．この JIS では試験の種類として外観試験を目視試験及び計測試験の二つの試験に大別している．目視試験は溶接継手及びその周辺全般について，必要に応じて補助器具を用いる目視によってその形状・きずなどを確認することを規定している．

　一方，計測試験については，これまでの国内の状況から継手の形状・きずなどを計測器により測定する試験として JIS に追加している．ISO 17639（Destructive tests on welds in metallic materials — Macroscopic and microscopic examination of welds）は 2016 年に改訂されているが，これに基づく JIS の改正はこれまで行われていない．

　一方，外観試験を必要とする範囲はこの規格によって限定するものでなく，適用規格又は製品規格を参照することによって，事前に決定するものである旨を規定している．

　外観試験は表面処理の試験も含めて，溶接前，溶接中又は溶接後のいずれにおいても物理的に接近可能な状態で行うことになっている．特に，溶接後の外観試験の形状と寸法において，確認事項の中に目違い及び角変形を取り上げているのは，国内においてはこの事例が多いことによるもので，ISO 規格には規定されてない項目である．

　砂型鋳鋼品の機械加工面以外の鋳肌の外観試験方法及び等級分類として，JIS G 0588 が規定されており，鋳鋼品の製造，試験及び検査の通則は JIS G

0307 を引用規格として挙げている．ここでは鋳鋼品の目視による鋳肌欠陥の種類は砂かみ，のろかみ，ガスホールなど9種類を表にまとめ，対応する標準写真を掲載している．

3.8.1　JIS Z 3090:2005（溶融溶接継手の外観試験方法）

この規格は金属材料の溶接継手の外観試験方法について，溶接施工前の継手の外観試験に対しても適用できる規定となっており，その概要は以下のようである．

(1)　基　準

外観試験によって検出した不完全部の寸法，位置，種類などを考慮して，使用上有害かどうかを決める基準を受入れ基準（acceptance standard），外観試験を実施して，溶接継手が合格又は不合格かを決定するために用いられる基準を許容基準（acceptance criteria）と定義して両者を明確にしている．

(2)　試験条件

試験表面の明るさは最低 350 lx（500 lx が望ましい）として，目視による場合は，図 3.8.1 に示すように，目の位置を試験表面から 600 mm 以内で試験面に対して 30 度以上の角度を満足するようにして近づいて観察し，鏡，ボアスコープ，ファイバスコープ又はカメラなどの器具を用いての遠方からの試験も規定されている．さらには不完全部とバックグラウンドとの間のコントラス

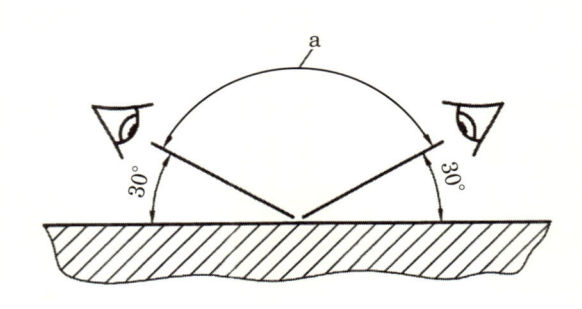

図 3.8.1　試験面の観察
出所：JIS Z 3090 図 1

トなどを増加させるために，光源の追加も許されている．特に重要なことは，外観試験の結果では判定できない場合への対応として，他の非破壊試験の追加が規定されている．

(3) 適用範囲

外観試験を必要とする範囲は適用規格，製造規格などを参照することによって事前に決定するもので，この規格によって定義されるものではなく，溶接工程中のいずれの外観試験も物理的に接近可能な状態で実施するもので，表面処理の試験も含まれる．

特に事前決定にあたって試験技術者は必要な試験及び施工に関する書類をあらかじめ調査しておくことが重要となる．

(4) 溶接前

溶接前に外観試験が要求される場合は，継手に対して形状及び寸法が溶接施工要領書で規定される要求事項を満足していること，開先面及びその近傍の表面が清浄で要求される表面処理が実施されていること，及び溶接する部材どうしが図面又は指示書のとおりに正しく取り付けられているかが重要となる．また，要求に応じて溶接施工中に，特に開先面と溶接金属の接合部に注意を払うこと，割れやピンホールなどの不完全部がないこと，次の層を溶接した際に層間及び母材と溶接金属の間の境界が十分に溶融している形跡が見られること，及び裏はつりの深さ及び形状が溶接施工要領書に従っていることなどに注意が必要である．

(5) 溶接後

溶接終了後は適用規格，製造規格又はその他の認められた基準を満足しているかを判断するために規定する要求事項に従って試験を行うが，溶接部についての清浄及び仕上げの点で，すべてのスラグを手又は機械的方法で除去，工具類の痕跡，衝突などの跡の有無及びグラインダによるきずや不均等な仕上げなどに関する確認が必要となる．

一方，溶接部表面の形状・寸法（フランク角，すみ肉溶接のサイズなどを含む）及び余盛の高さについては受入れ基準の要求事項を満足していること，溶

接表面は規則的でビード不整がなく，溶接幅が継手全体で均一であり溶接図面又は受入れ基準の要求事項を満足していることが規定されている．特に，突合せ溶接部の場合は，開先が完全に溶融していることの確認が重要である．また，日本の溶接において発生が予想される実情に配慮して，目違い及び角変形が受入れ基準の要求事項を満足していることが規定されている．さらに，溶接部が目視できる部分，例えば突合せ片面溶接継手のルート部や溶接部表面の溶込み，ルートのへこみ，溶落ち又は収縮溝，アンダカット及びオーバラップ，アークストライクなどが受入れ基準の要求事項から外れていないかを試験することが規定されている．もちろん，溶接後熱処理後の試験が要求される場合もある．

(6) 試験技術者

必要な試験項目に関する基礎知識を有し，母材及び溶接継手の性質，溶接施工方法，適用規格・仕様，計測器の性能，使用などに関する必要な知識と経験を有するものとなっている．なお，外観試験に対する技術者の資格及び認証については欧州，米国など諸外国において認証制度が確立され実施されているが，外観試験は各種非破壊試験の中にあって不可欠な方法である．国内においては，種々の工業分野から外観試験の認証制度の立ち上げが強く望まれている．

3.8.2 各種構造物の外観試験に関する基準について

外観試験は定性的な試験はもとより，定量的な試験としても行われることがあるが，その試験の結果の判断及び評価は各種構造物などによって異なり，また使用目的によって製造前，製造中，製造後の段階でも当然違っている．例えば，ボイラー，圧力容器などは突合せ継手が，そして橋梁や鉄骨などにおいてはすみ肉やT継手などが主で，それぞれの段階に応じた外観試験が行われている．なお，外観試験について諸規格では必ずしも外観試験あるいは外観検査という表現で記載されているわけではない．むしろ高圧ガスの製造（貯蔵）設備，発電用火力・原子力機器，ガス工作物などのように"溶接部の仕上げ"として規定されている場合も少なくない．

したがって，外観試験に関する基準は各種構造物によって異なっており，以下にいくつかの例とその概要を示す．

(1) 高圧ガスの製造（貯蔵）設備

高圧ガス保安法の"特定設備検査規則"では，溶接に関して（継手の仕上げ）において，"特定設備の溶接部であって非破壊試験を行うものの表面は滑らかであり，母材の表面より低くなく，かつ，母材の表面と段がつかないように仕上げなければならない"と規定している．この場合において，放射線透過試験を必要とする突合せ溶接による溶接部の余盛の高さは当該試験を行うために支障のないように仕上げなければならない．高張力鋼を使用する特定設備の溶接部はその内面の余盛を削り取らなければならない．ただし，応力除去のための熱処理を行うものにあってはこの限りではない．一方，"層成胴の内筒又は層成材の長手継手に係る溶接部は，曲率に合わせて滑らかに仕上げなければならない"と規定している．

(2) 発電用火力・原子力機器

発電用火力については，電気事業法の"発電用火力設備に関する技術基準を定める省令"の"発電用火力設備の技術基準の解釈"ではボイラー等の継手の仕上げ（第125条），熱交換器等の継手の仕上げ（第143条）及び液化ガス設備の継手の仕上げ（第161条）において，容器又は管の溶接部であって非破壊試験を行うものの表面は滑らかで，母材の表面より低くなく，かつ，母材の表面と段がつかないように仕上げなければならない．放射線透過試験を必要とする突合せ溶接部の余盛の高さは母材の厚さの区分に応じて表に掲げて規定している．

一方，原子力機器については，"発電用原子力設備規格　溶接規格"のクラス1容器の継手の仕上げ(N-1080)，クラスMC容器の準用 (N-2140)，クラス2容器の準用 (N-3140)，クラス3容器及びクラス3相当容器の準用 (N-4140)，クラス1配管の準用 (N-5140)，クラス2配管の準用 (N-6140)，クラス3配管及びクラス3相当管の準用 (N-7140)，クラス4配管の準用 (N-8140)及び補助ボイラーおよびその附属設備の溶接部の準用 (N-9050) では，容器又は管の溶接部であって非破壊試験を行うものの表面は滑らかで，母材の表面より低くなく，かつ，母材の表面と段がつかないように仕上げなければならない．

放射線透過試験を必要とする突合せ溶接部の余盛の高さは母材の厚さの区分に応じて表に掲げて規定している.

"発電用原子力設備規格　設計・建設規格"では,"発電用原子力設備規格　溶接規格"を呼び出している.

"発電用原子力設備規格　維持規格"では機器クラス毎等の試験カテゴリによって,試験対象と試験目的に応じて表面の摩耗,き裂,腐食,浸食,塗膜劣化等の異常の有無を確認する試験,系の漏えい試験中の機器からの異常漏えいの有無を確認する試験,機器及び支持構造物等の変形,心合せ不良,傾きを含め,その健全性を確認するために,機器等への接近性に基づき直接目視試験と遠隔目視試験に区分すると共に,以下に示すVT-1からVT-4及びMVT-1として目視試験を規定している.

1) VT-1: 機器表面について摩耗,き裂,腐食,浸食等の異常を検出するために行う試験とする.

2) VT-2: 系の漏えい試験の場合に,耐圧機器からの漏えいを検出するために行う試験とする.

3) VT-3: 機器の変形,心合せ不良,傾き,隙間の異常,ボルト締付け部の緩み,部品の破損,脱落及び機器表面における異常を検出するために行う試験とする.ここでは,スナバ,コンスタントハンガ,スプリングハンガ等の支持構造物の取付け状態を確認する試験を含む.これに加えて,遠隔目視試験により,炉内構造物についての過度の変形・心合せ不良・傾き,部品の破損及び脱落を検出するために行う試験を含む.

4) VT-4: 格納容器の構造上の劣化(腐食,減肉,塗膜の劣化,ボルト・ナットの破損等)を検出するために行う試験とする.

5) MVT-1: 遠隔目視試験により,機器表面について摩耗,き裂,腐食,浸食等の異常を検出するために行う試験とする.

(3)　ガス工作物

ガス事業法の"ガス工作物技術基準の解釈例"では余盛の高さ及び仕上げについて,容器の溶接部において,非破壊試験を行うものの表面は,JIS B 8265

（圧力容器の構造—一般事項）の"余盛の高さ及び仕上げ"に定める規定に適合しなればならない．その規定内容は，下記 (6) に記載している．

ただし，LNG 貯槽の溶接部は日本ガス協会の LNG 貯槽指針によるものと規定しているが，ここでは LNG 貯槽指針の規定は省略する．

(4) 圧力容器

労働安全衛生法の"圧力容器構造規格"では，余盛りの高さについて，"放射線検査を行う継手の余盛りは，放射線検査を行うのに支障がないものとしなければならない"と規定している．

(5) ボイラー

労働安全衛生法の"ボイラー構造規格"では，上記 (4) の内容と同様で，余盛りの高さについて"放射線検査を行う継手の余盛りは，放射線検査を行うのに支障がないものとしなければならない"と規定している．

(6) 圧力容器（共通）

JIS B 8265:2017（圧力容器の構造—一般事項）の"6.3.3　余盛の高さ及び仕上げ"では，"突合せ溶接継手は，溶込み不良がなく，溶接ビード表面が隣接する母材の表面より低くならないように余盛を付けてよい"と規定している．なお，溶接ビード表面は溶接状態のままでもよいが，放射線透過試験などで正しい評価が得られるように，粗いビード波形，急激な降起，谷部などがない形状とする．ただし，放射線透過試験を実施する場合の突合せ溶接の余盛の高さの上限を溶接継手の位置による分類により分けて表で示して規定している．加えて，溶接ビードの止端は母材の表面と段がつかないように滑らかに仕上げることを規定している．

(7) 道路橋

道路法の"道路橋示方書・同解説"では，外部きず検査として溶接完了後，肉眼又は適切な他の非破壊検査方法によりビード形状及び外観を検査し，継手に必要とされる溶接品質を満足していることを確認しなければならないと規定している．その内容としては，1）溶接割れの検査，2）溶接ビードの外観，形状の検査，3）開先溶接の余盛と仕上げ，4）アークスタッドの検査，5）欠

陥部の補修について規定している．なお，アンダーカットは応力集中の主因となり，腐食の促進にもつながるので，設計上許容される値以下としている．疲労の影響を受けないと考えられる継手では過去の実績等からアンダーカットの許容値は 0.5 mm 以下としてよいが，0.5 mm 以下より厳しい場合があるので注意する必要があるとしている．

(8)　建築物

日本建築学会発行 "建築工事標準仕様書 JASS 6 鉄骨工事" では，外観検査について，10 節検査で，溶接部の外観検査（一般事項）として受入検査の溶接部の外観検査（10.4 e）を規定している．ここでは，1) 検査対象範囲，2) 検査方法，3) 合否判定基準，4) 完全溶込み溶接部の外観検査，5) 溶接部に明らかに割れと判定される欠陥が確認された場合，6) 外観検査で不合格となった溶接部についての補修と再検査に関して規定している．

(9)　外観試験に関する外国規格

(a)　ISO 規格

ISO（国際標準化機構）の規格としての外観に関する ISO 17637 は，上記の JIS Z 3090:2005（溶融溶接継手の外観試験方法）の基となっているが，2016 年に改正されて ISO 17637:2016（Non-destructive testing of welds — Visual testing of fusion-welded joints）となっている．

非破壊試験で外観検査に関して JIS Z 2300:2009（非破壊試験用語）において扱われる "きず" については "非破壊試験の結果から判断される不完全部又は不連続部（flaw）" と，また "欠陥" については "規格，仕様書などで規定された判定基準を超え，不合格となるきず（defect）" と定義している．この規格での "不完全部" についての定義は "品質特性が意図する状態から逸脱している部分（Imperfection）" となっている．

一方，溶接用語では "溶接不完全部" として ISO 6520-1:1998（Welding and allied processes — Classification of geometric imperfections in metallic materials — Part 1：Fusion welding）が挙げられ，これを対応国際規格として JIS Z 3001-4（溶接用語—第 4 部：溶接不完全部）が 2008 年に制定されて

2013 年に改正されている．

ここでの溶接不完全部（imperfection of welds）は"理想的な溶接部からの逸脱"として，また，溶接欠陥（defect of welds）は"許容されない不完全部"と定義している．

(b) ASME 規格

1) ASME BPVC Section V では目視試験一般として適用する目視試験の方法と要求事項が規定されており，要領書において目視試験方法，表面状態・清浄，試験手順などの準備を要求している．また，標準ジャガーチャートを用いての近距離視力（J1）の確認を要求しているが，ISO 9712 における視力要求事項と同じである．一方，手法は直接目視試験，間接目視試験及び透視試験からなっていて，部品の表面状態，合わせ面の食違い，形状又は漏えいの形跡の判断などに適用している．

2) ASME BPVC Section Ⅲ では原子力用機器などの材料，溶接，製造時検査として，機器サポート，炉心支持構造物などに適用し，試験要領関係の要求事項は ASME BPVC Section V を呼び出している．また，評価では余盛，脚長，割れ，オーバラップ，アンダカットなどの基準を規定している．

3) ASMIE BPVC Section XI では，供用期間中検査としてクラス 1 ～ 3 の機器別に定まる試験カテゴリで目視試験が要求されている．目的に応じて機器表面についてき裂，腐食などの強度に影響を与える恐れのある異常を検出するために行う試験で，直読目視試験における眼から試験対象部の表面までの距離及び眼の位置に対する角度を規定している VT-1 系の漏えい試験時に耐圧機器からの漏えいを検出するために行う試験としての VT-2，機器の変形，傾き，すき間の異常，ボルト締め付け部の緩み，部品の破損，脱落などの異常を検出するために行う試験としての VT-3 に分類されている．

参 考 文 献

1) JIS Z 3090:2005　溶融溶接継手の外観試験方法
2) ISO 17637:2003　Non-destructive testing of welds—Visual testing of fusion-welded joints
3) 高圧ガス保安法，"特定設備検査規則"〈平成28年〉
4) 電気事業法，"発電用火力設備に関する技術基準を定める省令"，"発電用火力設備の技術基準の解釈"〈平成25年〉
5) ガス事業法，"ガス工作物技術基準の解釈例"（平成29年）
6) 労働安全衛生法，"圧力容器構造規格"〈平成15年〉
7) 労働安全衛生法，"ボイラー構造規格"〈平成15年〉
8) JIS B 8265:2017　圧力容器の構造——一般事項
9) 道路法，道路橋示方書・同解説（平成29年），日本道路協会
9) 建築工事標準仕様書JASS6鉄骨工事，日本建築学会（2018）
10) ISO 6520-1:1998　Welding and　allied processes—Classification of geometric imperfections in metallic　materials—Part 1：Fusion welding
11) JIS Z 3001-4:2013　溶接用語—第4部：溶接不完全部
12) ASME BPVC Section V（Nondestructive Examination）
13) ASME BPVC Section III（Rules for Construction of Nuclear Facility Components）
14) ASME BPVC Section XI（Rules for Inservice Inspection of Nuclear Power Plant Components）

第4章

工業分野別の適用例

　JIS では多くの試験方法が取り上げられているが，実際の記載内容を，例えば，仕様書，手順書，指示書等で適用しようとするとわかりにくい場合も少なくない．

　本書で関連する JIS は，放射線透過試験で 17 件，超音波探傷試験で 10 件，磁気探傷試験で 4 件，浸透探傷試験で 7 件，渦電流探傷試験で 5 件，アコースティック・エミッション試験で 1 件，漏れ試験で 6 件及び目視試験で 2 件である．

　そこで，本章では非破壊試験技術に関係して，発電用火力・原子力分野，及び高圧ガス・石油化学分野を取り上げて，規格がどのように使われているかの観点から内容をわかりやすく解説した．

4.1　発電用火力・原子力機器

4.1.1　は じ め に

発電用火力・原子力機器に要求される品質に対する基本的な考え方と，それを確保するために実施する非破壊試験とその適用，技術基準要求と現状の課題について述べる.

4.1.2　発電用火力・原子力機器に対する基本的な考え方

発電用火力・原子力機器は，疲れ解析を含む応力解析がなされている. 解析上は溶接金属，溶接熱影響部の冶金特性を母材と同等に扱っている. このため溶接継手の健全性を確保するため，材料，設計，製作は次のような配慮がなされている.

(1)　使用してよい材料が与えられ，溶接継手は母材と同等以上の強さを示すことが事前に確認されている（材料に適用される非破壊試験は，RT, UT, MT, PT, ET, VT である）.

(2)　機器の重要度に応じて採用すべき溶接継手形状が詳細に定められている.

(3)　溶接施工法，溶接士の資格が要求される.

(4)　材質，肉厚により予熱，PWHT（溶接後熱処理）が要求される.

(5)　溶接の基本は，完全溶込み突合せ溶接を採用し，RT を実施することが要求される.

(6)　このことは，原子力機器の場合，重要なノズルの取付けにも原則として完全溶込み溶接が要求され，RT が要求される（一方，保守検査においては，製造時検査とは異なり UT 及び PT が実施されている）.

上記のような要求を満足させるために，溶接部には非破壊試験（RT, UT, MT, PT）の適用が要求され，非破壊検査技術者には JIS Z 2305 の資格又は客観的な資格が要求される.

4.1.3 発電用火力・原子力機器に対する要求

発電用火力・原子力機器の製造については，電気事業法で規定され，技術基準に適合することが要求されている．火力機器には，"発電用火力設備に関する技術基準を定める省令"（解釈）が要求され，原子力機器には，日本機械学会 "発電用原子力設備規格　設計・建設規格（JSME S NC1-2012）" 及び "発電用原子力設備規格　溶接規格（JSME S NB1-2012）" への適合が要求される．

4.1.4 技術基準（経済産業省令）の要求

技術基準において主要な耐圧部の溶接部には，以下の4項目が要求されている．

① 不連続で特異な形状でないものであること．
② 溶接による割れが生ずるおそれがなく，かつ，健全な溶接部の確保に有害な溶込み不良その他の欠陥がないことを非破壊試験により確認したものであること．
③ 適切な強度を有するものであること．
④ 機械試験等により適切な溶接施工法等をあらかじめ確認したもので溶接したものであること．

4.1.5 溶接規格（JSME S NB1-2012）の要求

（1） クラス1容器の非破壊試験の要求

クラス1容器に要求される非破壊試験を以下に示す．

原則として内部きずの検出のため RT が要求される．さらに，表面きずを検出するために，MT 又は PT が要求される．構造的に RT の適用が実施できないノズル取付け部には，UT が付加要求される．

（2） 溶接部の非破壊試験

溶接部の非破壊試験適用のポイントを表 4.1.1 に示す．溶接検査で適用される非破壊検査は RT, UT, MT, PT の4種類である．

表 4.1.1　溶接部の非破壊試験適用のポイント

体積検査 （内部欠陥検出）	RT	突合せの溶接部に適用
	UT	原子炉圧力容器の管台の溶接部に適用（RT の代替で使用される場合が多く，適用は少ない）．
表面検査 （表面きず検出） ※きず（切欠）の有害性から重要な試験	PT	非破壊検査の中で，最も適用が多い（非耐圧部材に適用）． ※試験方法は，溶剤除去性染色浸透探傷試験が 9 割以上
	MT	表面直下のきず検出可能だが，制限が多く適用は少ない． ※適用できない例：材料が非磁性体（SUS），小径配管，狭あい個所

表 4.1.2　溶接部の超音波探傷試験の一例

機器の区分	溶接部の区分	規定試験	代替試験
クラス 1 容器	1.　継手区分 A ～ D の溶接部 （D は完全溶込み溶接による溶接部）	RT＋隣接の母材の MT（MT が不適当な場合は，PT）	なし
	2.　継手区分 C の溶接部であって，(1)から (3) までに示すもの 　　(1)　　　　(2)　　　　(3)	RT＋UT＋MT（PT）	なし

（3）　溶接部に対する要求事項の具体例

溶接部の非破壊検査として UT が要求される場合の一例を表 4.1.2 に示す．

4.1.6　非破壊試験の詳細実施要求内容と JIS の活用について

すでに述べたように発電用火力・原子力機器の製造における非破壊試験の規定内容について個々に説明する．

4.1.6.1　放射線透過試験

放射線透過試験における試験方法及び判定基準については，JIS Z 3104 を基本としているが，以下のように規定している．

（1）　試験の方法

（a）　増感紙

増感紙は機器の重要度に応じて，金属箔増感紙と金属蛍光増感紙を使い分ける．ただし，蛍光増感紙は使用できない．

（b）　撮影配置

撮影配置は，試験部を可能な限り撮影するため単壁撮影を原則としている．単壁撮影を行うことが困難な場合は，二重壁撮影としてもよい．二重壁撮影を行う場合には，二重壁片面撮影が原則であるが，外径が 90 mm 以下の場合にあっては，二重壁両面撮影としてもよい．

（2）　放射線源と溶接部の線源側との距離

放射線源と溶接部の線源側表面距離については，機器の重要度に応じて必要最小限の距離を規定している．

（3）　散乱線の防止

散乱線の影響を防止するためには，フィルムの後面に鉛フィルタを取り付けることなどで散乱性を吸収させる必要がある．

（4）　透過度計の使用区分

透過度計には，JIS Z 2306:2000 に有孔形と針金形との 2 種類が規定されている．火力機器では両方使用できるが，発電用原子力機器については有孔形

透過度計のみが使用できる.

(a) 材厚の測定方法

JIS Z 3104:1995 と異なり透過度計を選定する試験部の厚さを母材の厚さに余盛及び裏あて金を含んだ厚さを材厚として採用している.

(b) 判定基準

透過写真の具備すべき条件として"溶接部の位置を示す記号"及びフィルムの濃度と透過度計が置かれた部分と試験部との濃度差を制限している.

きず像の分類については JIS Z 3104 附属書4を基本に機器の重要度により定めている.

4.1.6.2 超音波探傷試験

溶接部の超音波探傷試験における試験方法及び判定基準については, JIS を引用しないで, 独自に規定している.

(1) 試験の方法

(a) 方 法

斜角法又は垂直法のいずれか適切な方法を選択することとしている.

(b) 装置の種類

パルス反射法によることとしている.

(c) 増幅直線性

増幅直線性は, 表示器上の可読は波高値の 20% 以上 80% 以下の範囲において, ±5% 以内としている. 測定は, 少なくとも1年に1回, 定期的に確認された装置を使用すればよい.

(d) 周波数

超音波の周波数は, 0.5 MHz 以上 5 MHz 以下のもののうち, 適当なものを使用する. ただし, 5 MHz を超えるものを使用する場合にあっては, 対比試験片の標準穴等で十分な探傷能力を有することを確認する必要がある.

(e) 斜角探触子の屈折角

斜角探触子の屈折角は, 開先の形状及び寸法並びに予想される欠陥の方向に

応じて適宜選択する必要がある．また，表面の凹凸などからの反射波により試験に支障を及ぼさないものであることが必要である．

(f) 基準感度

基準感度は，試験片の標準穴反射波の表示器上の高さで決める．その値は，斜角探傷と垂直探傷ごとに肉盛り溶接部の場合と，その他の場合に分けて規定している．また，このときに判定基準の欄に設定している"標準穴反射波の表示器上の高さを探触子と欠陥との距離について補正した値"を得るために距離振幅補正曲線（以下，DAC という）を作成しておくことが必要である．

(g) 接触媒質

液体状又はのり状の媒質を用いることが必要である．

(h) 探傷面

探傷面の状態は，超音波の伝搬が妨げられないように清浄で，かつ，滑らかでなければならない．したがって，探傷面に固着したスケール，塗料等であって，超音波の伝搬を妨げる恐れのないものは，取り除く必要はないが，荒れた熱処理肌，又は異物，スパッタ，浮いたスケール及び塗料等が付着して，超音波の伝搬を妨げるような表面の場合は，グラインダなどで仕上げなければならない．

(i) 走 査

走査は，欠陥の見落しを防ぐために，基準感度の 2 倍以上の感度（基準感度より 6 dB 以上高い感度）で行うこととしている．ただし，探触子の走査及び試験結果の記録等を自動的に行う自動超音波探傷試験装置を用いる場合は，欠陥の見落し等人為的ミスが防止でき，かつ，記録により欠陥の評価ができるので基準感度のままで走査してもよい．

(j) 対比試験片

（ｉ）材 質 対比試験片の材質は，超音波伝搬に関して，探傷部の材質と同等のものであることが必要である．

"音波伝搬に関して同等のもの"とは，探傷部と超音波特性（主として減衰）の近似した材料をいう．例えば炭素鋼とステンレス鋼とでは超音波特性が異な

るが，母材の区分が P-1（炭素鋼），P-3（モリブデン鋼），P-4（クロムモリブ
デン鋼）及び P-5（クロムモリブデン鋼）は，すべて相互に同等と見なして差
し支えない．

肉盛り溶接部の場合の試験片については，肉盛り溶接部と超音波特性が同等
な材料で作成するか，又は同等な肉盛り溶接を行って作製してもよい．なお，
肉盛り溶接によって作製する場合の試験片の母材の材質は，基準感度の設定に
影響しないために，規定していない．

肉盛り溶接部以外の場合の試験片については，母材と超音波特性の同等な材
料で作製する．

(ii) 形状，寸法　試験片の形状及び寸法は，肉盛り溶接部の場合と肉盛り
溶接部以外の場合とに区分して規定している．

この場合の試験片の長さは，試験に必要な値とし，特に斜角法の場合には，
探触子の屈折角に応じたビーム路程と，合格基準に掲げる "標準穴反射波の表
示器上の高さを探触子と欠陥との距離について補正する" ために必要な長さを
考慮して決定するものとする．

また，接触部の半径が 254 mm 以下の場合は，その曲率により超音波の入
射条件が異なるので，接触部の半径にほぼ等しい曲率を有する対比試験片を使
用する必要がある．このために，対比試験片の半径の値は，接触部の半径の 0.7
倍から 1.1 倍までの値としている．

(iii) 複数の穴　複数の穴の規定は，1 個の試験片で垂直法及び斜角法の両
方に使用する場合，又は合格基準に掲げる "標準穴反射波の表示器上の高さを
探触子と欠陥との距離について補正する" ために複数の穴を設ける場合を考慮
したものであって，標準穴と同一直径，同一長さの穴を探触子を接触させる面
からの距離を変えて設けることであり，当該標準穴以外の標準穴からの反射波
の影響を受けないように，それぞれの穴の間に十分な距離を置くこととする．

複数の穴の配置例及びこれらの穴をそれぞれの探触子の位置から探傷したと
きに得られる表示器上の波形の位置の例を図 4.1.1 に参考までに示す．

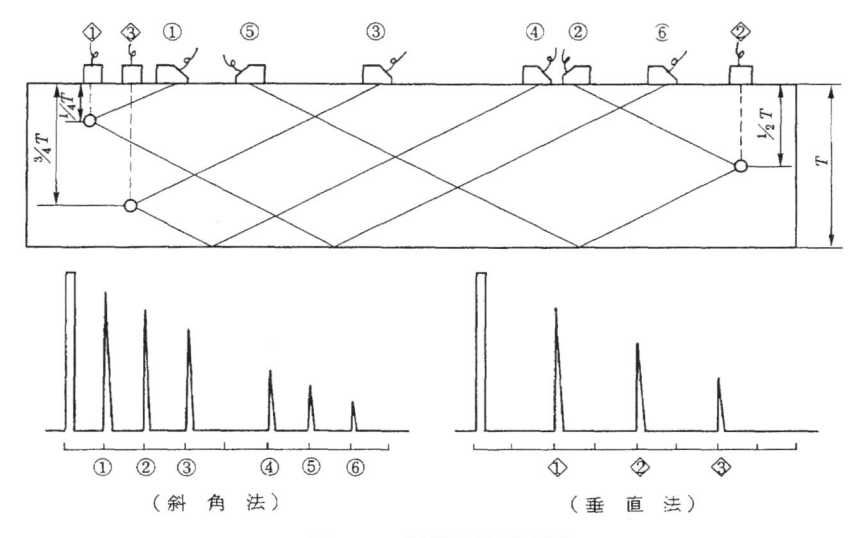

図 4.1.1 波形の位置の例
出所：日本機械学会 発電用原子力設備規格
溶接規格（2012 年版）
解説図 表 N-X100-2-10

(k) 判定基準

次のいずれかの場合に適合していると扱われる.

（i） 溶接部のきずからの反射波の表示器上の高さが，標準穴反射波の表示器上の高さを探触子ときずとの間の距離について補正した値以下であること

（ii） 溶接部のきずからの反射波の表示器上の高さが標準穴反射波の表示器上の高さを探触子ときずとの間の距離について補正した値を超える部分の長さが，表 4.1.3 の左項に掲げる溶接部の厚さの区分に応じ，それぞれ同表の右項に掲げる値以下であること

4.1.6.3 磁粉探傷試験

磁粉探傷試験における試験方法及び判定基準については，JIS Z 2320-1:2007 を基本に規定している.

表 4.1.3　超音波探傷試験の判定基準

出所：日本機械学会 発電用原子力設備規格
溶接規格（2012 年版）表 N-X100-2

溶接部の厚さの区分（mm）	長さ（mm）
18 以下	6
18 を超え 57 以下	溶接部の厚さの 1/3
57 を超えるもの	19

(1)　試験の方法

(a)　磁場の方向

磁場の方向が少なくとも直交する 2 方向に対して試験を行う必要がある（ただし，1 回の操作で多方向に順次繰り返して磁化し，全方向のきずが探傷できる装置を使用する場合は，1 回の試験でよいが，きずの検出が確認された方法であることが必要である．）．

(b)　磁化の方法

磁化の方法は，JIS Z 2320-1 の "9.5.3　磁化" による．プロッド法，コイル法又は極間法のいずれかによることとしている．また，プロッド法と極間法，コイル法と極間法のように磁場の方向が異なる別々の磁化方法を組み合わせて磁化してもよい．

(c)　磁粉及び検査液

磁粉は，JIS Z 2320-1 の "9.2.2　磁粉及び検出媒体" による．分散媒質の種類により乾式用と湿式用に分類され，さらに観察方法により蛍光磁粉と非蛍光磁粉に分類されるが，これらのいずれを使用してもよい．

(d)　試験部の表面

試験部の表面は，溶接のままでも十分探傷できるものもあるが，欠陥指示を隠す恐れのある表面の凹凸などは，グラインダ仕上げなどを行う必要がある．

(e)　磁場の強さ

磁場の強さは，JIS Z 2320-1 の "9.3.1　A 形標準試験片" を用いる．磁化

装置, 使用磁粉及び探傷有効範囲等も含めて, 磁場の方向と強さが適正であることを確認するために, A型標準試験片を用いることとしている.

この場合, 標準試験片は, 人工きずのない面を表にし, 試験面と標準試験片がよく密着するように, 適当な接着テープを用いて試験面に貼り付ける. ただし, 試験面に標準試験片を密着させることが困難な場合は, 試験部近傍に貼り付けてもよい.

(f) 磁粉の適用

磁粉の適用は, JIS Z 2320-1 の "9.2.2 磁粉及び検出媒体" による. 磁化操作中に磁粉の適用を完了する連続法又は磁化操作の終了後に磁粉を適用する残留法のいずれかを用いてもよい.

(g) 観 察

観察の方法として通常, 直接目視が行われることが多いが, 直接目視と同等の観察結果が得られる場合は間接的な目視方法を用いることができる.

(2) 判定基準

判定基準は, JIS Z 2320-1 の "11. 磁粉模様の分類, 記録及びきずに関する情報" により分類する. 分類した結果, 溶接部及び開先面の合格基準に基づく判定を行う.

溶接部の場合については, 長さ 1 mm 以下のものは, 磁粉模様とはみなさない.

4.1.6.4 浸透探傷試験

浸透探傷試験における試験方法及び判定基準については, JIS Z 2343-1:2001 を基本に規定している.

(1) 試験の方法

試験の方法は, JIS Z 2343-1:2001 に基づいて行う.

(a) 試験方法

試験方法は, JIS Z 2343-1 の "5.4 装置", "6. 探傷剤の組合せ, 感度及び分類", "7. 探傷剤及び試験体の適合性" 及び "8. 試験手順" による. 試

験方法は，蛍光浸透探傷試験と染色浸透探傷試験とに大別され，さらに，洗浄性（水洗性，後乳化性又は溶剤除去性）と現像方法（乾式，湿式，連乾式又は無現象）により細かく分類されているが，これらのいずれの方法を用いてもよい．なお，"5.2　方法の説明"，"5.3　試験順序"，"5.5　有効性"については，規定されていないが遵守すべき要求である．

(b)　探傷剤及び試験装置

探傷剤及び試験装置は，JIS Z 2343-2:2009 及び JIS Z 2343-4:2001 による．試験方法に応じてきずを検出するのに十分な性能を有していることが必要である．

(c)　試験部の表面

試験部の表面は，溶接のままでも十分探傷できるものもあるが，スケールの付着，表面の凹凸等のために，残存した浸透液によって現れる指示模様が浸透指示模様と識別困難な場合は，グラインダ仕上げなどを行うことが望ましい．

また試験の結果，浸透指示の判定が紛らわしい場合は，表面にグラインダ仕上げ等を行った後に，再検査してもよい．

(d)　観　察

JIS Z 2343-1 の "8.6　観察" による．ただし，同等の観察結果が得られる場合は，浸透指示模様の観察に間接的な目視方法を用いることができる．

(2)　合格基準

指示模様は，JIS Z 2343-1 の "10.　浸透指示模様及びきずの分類" により分類する．

分類した結果，溶接部及び開先面の合格基準に基づく判定を行う．

溶接部の場合については，長さ 1 mm 以下のものは，きず指示模様とは見なさない．

4.1.7　ま と め

発電用火力・原子力機器の非破壊試験と関連 JIS の適用状況について述べた．溶接部の主要継手における非破壊試験は，主に体積検査として放射線透過試験

（超音波探傷試験）を実施し，表面検査として浸透探傷試験（磁粉探傷試験）を実施することにより，健全性を保証している．

　一方，保守検査においては，体積検査としては UT が主体で，表面検査については PT が主体になっている．

　国内の技術基準では，JIS を呼び出して適用する例は少なく，条項ごとに引用する場合が多い．また，JIS の適用年度が指定されるため，最新の JIS を適用するまでに時間がかかることも問題である．具体的には，RT, MT, PT がこれに当たる．UT については，対象となる試験部ごとに試験体が要求されるなど，現行の JIS が活用されていないのが現状である．

　今後，圧力容器用の非破壊試験 JIS が制定され，JIS の規格番号が引用されることが望まれる．

引用・参考文献

1)　発電用火力設備の技術基準—火力設備の技術基準の解釈—経済産業省商務流通保安グループ編，火力原子力発電技術協会
2)　溶接構造物の試験・検査 2008，日本溶接協会
3)　日本機械学会　発電用原子力設備規格　設計・建設規格（JSME S NC1-2012）
4)　日本機械学会　発電用原子力設備規格　溶接規格（JSME S NB1-2012）

4.2　化学工業用機器

化学工業は，その原材料や製品により非常に多くの分野に分類されるが，表4.2.1 に示すように大別される．大型化学プラントの大半は，原材料を石油とする石油精製及び石油化学である．原油を蒸留装置で処理しその沸点の違いにより，ガソリン，灯油，軽油，重油等に分ける作業を製油といい，これらをさらに精製して，燃料ガス，自動車ガソリン，LPG，ジェット燃料，灯油，ディーゼル軽油，ナフサ（石油化学用），重油，コークス，潤滑油，アスファルトなどの製品となる．このうち，ナフサは石油化学プラントにおいて，エチレン，ポリエチレン，ポリプロピレン，プラスチック，合成ゴム，化学繊維などの材料として使用される．また，塗料，石鹸，洗剤，半導体等を製品とする一般化学工業では，大型のプラントから比較的小規模の工場に至るまで千差万別である．このように，化学工業に関連する機器は非常に多種多様であるが，基本的にはそれらのほとんどが，原材料を貯蔵するもの，原材料を高温，高圧で処理する機器，これらのプロセスを効率よく実施するための加熱炉や熱交換器，これらの設備をつなぐ配管系や制御を行う回転系や計装類などから構成されている．

これらの設備を保有するプラントでは，設備全体を安全に効率よく運転することが要求され，そのために非破壊検査が非常に重要な役割を果たしてきた．

表 4.2.1　化学プラントの分類

プラントの種類	生成品
石油精製プラント	燃料ガス，自動車ガソリン，LPG，ジェット燃料，灯油，ディーゼル軽油，ナフサ（石油化学用），重油，コークス，潤滑油，アスファルト，その他
石油化学プラント	エチレン，ポリエチレン，ポリプロピレン，プラスチック，合成ゴム，化学繊維，ゴム製品，その他
一般化学プラント	塗料，石鹸，洗剤，半導体，その他

現在，石油精製，石油化学をはじめとして，多くのプラントが老朽化しなおかつ高温，高圧の過酷な条件で使用され続けている実情を考慮すると，今後さらに非破壊検査の重要性は増大するものと思われる．

ここでは，石油精製，石油化学等を中心とする化学プラントにおいて，これまでに非破壊検査が果たしてきた役割，さらに今後要求される技術内容について概説する．

4.2.1　化学プラントにおける非破壊検査

(1)　検査対象となる機器装置及び使用材料

化学プラントにおける検査対象物としては，表 4.2.2 に示すように，塔槽，貯槽，熱交換器，加熱炉等の各種機器が挙げられ，さらにこれらの機器を結ぶ配管，バルブ等も含まれる．これらの多くは，高温・高圧，腐食環境等の苛酷な条件にさらされ，気密性，強度や耐食性が不十分である場合には大事故につながる可能性を秘めている．

これらの機器に使用される材料は，その目的に応じて多くの種類があるが，一般に表 4.2.3 に示すように，炭素鋼をはじめとする低合金鋼，ステンレス鋼，ニッケル合金，銅合金等に分類される．要求される性能としては，強度や延性等の機械的性質，成形加工性，溶接性，衝撃靭性，耐食性等である．石油プラントでは，特に使用環境として，高温 H_2S，湿潤 H_2S，高温高圧水素，ポリチオン酸などに配慮した材料が選定される．また，耐腐食性を考慮して内面にステンレスオーバレイ又はクラッドを施した材料が使用される．一方，焼戻し脆化に対する配慮として，燐，マンガン，シリコン等の不純物をできるだけ減少させる製鋼法の開発も進んできた．

(2)　非破壊検査の位置付け

まず機器の製造時すなわち運転を開始する前と使用中すなわち運転を開始した後で検査目的が大きく異なるため，適用する検査方法が大別される．これらの検査は例えば表 4.2.4 に示すような法律や各種規準等に基づいて判定されるが，実施方法についてはそれぞれの検査方法に対する JIS などの規格に従う

表 4.2.2　化学プラントで検査対象となる機器

機器の分類	概　　要
塔槽類	**1．蒸留（精留）塔** 　多成分系の原料を加熱後塔の中央から下部の適当な位置に張り込んで，蒸留，精留を行う． **2．反応塔** 　分解，重合などの化学反応が行われる． **3．抽出塔** 　原料に含まれる一部成分を，抽出剤を用いて抽出する． **4．吸収塔** 　通常，気体を液体に吸収させる操作が行われる． **5．洗浄塔** 　吸着，吸収操作を行うが，被吸収物質の量は微量であり，非吸収物質が目的物である．
小型貯槽	$50 \ m^3$ 以下の貯槽を小型貯槽といい，円筒型槽が精製設備及び貯油設備に広く用いられている．縦型と横型があり，鏡板は使用圧力を考慮して決定される．
大型貯槽	精製前の大量の原油を一定期間保存するためには大型の貯層が必要であり，一般に底板及び円筒型側板から構成される貯槽設備が用いられる．屋根の構造によって，円すい屋根タンク，丸屋根タンク，浮き屋根タンク等に分類される．また，球形の加圧タンクも大型貯層に含まれる．
熱交換器	化学プロセスでは加熱と冷却という熱の授受が行われるが，この役目を果たすのが熱交換器である．一般に，多管式，プレート式，エアフィンクーラ等に分類される．この中で多管式の熱交換器が最も一般的で，シェルの内側に多くのチューブを配置し，チューブ内を流れる流体と，チューブ外シェル内の流体とで熱交換を行う．
加熱炉	水平又は縦型に連続したヘアピンタイプで配置した加熱炉チューブを，バーナで直火加熱し内側流体を高温にする．

場合が多い．最近は，これらのプラントが新設されることはほとんどなく，非破壊検査は保守検査としての位置付けで適用される場合がほとんどとなってきた．また，規制緩和に基づく法改正により，一部は法定検査が中心であったものが自主検査に変わりつつある．

表 4.2.3 各種機器装置に使用される材料の種類

機器の分類	使用される材料の種類
圧力容器	0～300 ℃：炭素鋼（SS 材，SB 材，SPV 材，FC 材等） 300～550 ℃：低合金鋼（1.25Cr-0.5Mo 鋼，2.25-1.0Mo 鋼等） 550～700 ℃：ステンレス鋼（SUS321，SUS347 等） 700～1 000 ℃：高合金鋼（HK40，IN519，HP 材等）
配管	炭素鋼鋼管［SGP，PSW，STPG（圧力配管），STS（高圧配管），STPT（高温配管）等］ 合金鋼鋼管（STPA 等） ステンレス鋼管（SUSTP，SUSHTP 等）
熱交換器チューブ	炭素鋼鋼管（STB 等） 合金鋼鋼管（STBA 等） ステンレス鋼鋼管（SUSTB，SUSHTB 等） 復水器用黄銅継目無管（BsTF，NBsT 等）
加熱炉管，反応管	ステンレス鋼（SUS321，SUS347 等） 高合金鋼（HK40，IN519，HP 材等）
貯槽，屋外タンク	炭素鋼（SS 材，SM 材等）

表 4.2.4 非破壊試験に関連する法規の例

法規の種類	規則の名称	適用対象物
労働安全衛生法 （厚生労働省）	ボイラー構造規格（告示第197 号）	ボイラー円周，長手継手
	圧力容器構造規格（告示第196 号）	圧力容器円周，長手継手
高圧ガス保安法 （経済産業省）	特定設備検査規則（省令第39 号）	塔，反応器，球形貯槽，熱交換器，加熱炉，蒸発器など
ガス事業法 （経済産業省）	ガス工作物の技術上の基準を定める省令（省令第62号）	ガスホルダー，液化ガス用貯槽，容器，配管など
消防法 （総務省）	危険物の規制に関する規則	特定屋外貯蔵タンク

適用する非破壊検査方法を選定する場合は，対象となる機器が圧力容器本体であるか細管やチューブなどの内部部材であるか，また使用材料の種類等を考慮して決定されるが，プロセスの進化，装置の大型化に伴い，運転条件が高温高圧化し腐食条件も苛酷となり，耐食性，耐熱性を有する高級材料が極限条件で用いられるようになっているため，それぞれの目的に合った検査方法を効率よく実施することが要求される．表4.2.3に示したように，各種機器装置に使用されている代表的な材料は，使用環境等を考慮して長時間使用に耐えうることを考慮して選定されるが，使用開始時は十分な強度が保証できる材料であっても，使用中の経年劣化により強度低下を起こす場合がある．このため，従来から行われているマクロ的な欠陥検出としての非破壊検査だけでなく，ボイドやフィッシャーのようなミクロ的な不連続部を呈する材質劣化に対する非破壊評価が要求されるようになってきた．特に，老朽化した機器装置が増加した昨今は，これらの安全性を確保するために従来の規格規準に基づいた検査だけでなく経年劣化診断技術に基づいた余寿命予測が要求されてきている．

(3)　非破壊検査の対象となるきず

石油精製，石油化学に代表される化学プラントは高温高圧，腐食環境等の非常に苛酷な条件で使用されている．これらのプラントは1960年から1980年の間に集中して建設され，現在30年以上稼働を続けているものがほとんどであり，機器，配管等は使用開始時には十分な性能を満足していても，使用中に割れなどの欠陥が発生，進展したりあるいは材料劣化により強度が低下し，要求される性能を満足しなくなり破壊に結びつく恐れがある．これを未然に防ぐために，これらの装置，機器，配管等に対しては定期的に保守検査が行われる．例えば，原子力発電プラントでは，製作後使用される以前に実施される供用前検査（PSI：Pre-Service Inspection）に対して，使用後保守を目的で行う定期的な検査は供用中検査（ISI：In-Service Inspection）と呼んでいるのに対して，石油・石化プラントではタンクや容器などを定期的に開放して検査することを開放検査（SDM：Shut Down Maintenance）と呼び，運転中の検査やモニタリングを運転中検査（OSI：On Stream Inspection）と呼んでいる．開

表 4.2.5　各種機器の保守検査における非破壊検査

検査対象機器	目　的	検査方法
塔・槽類	腐食減肉測定 欠陥検出 金属組織検査	超音波厚さ測定 MT，PT，UT レプリカ法
熱交換器	本体腐食減肉測定 本体欠陥検出 チューブ減肉測定 チューブ割れ検出 チューブ漏洩検査	超音波厚さ測定 MT，PT，UT ET，水浸 UT ET 漏れ試験，AE
加熱炉	減肉測定 付着物，コーキング検査 欠陥検出 金属組織検査	超音波厚さ測定 放射線検査 MT，PT，UT レプリカ法
配管	腐食減肉測定 欠陥検出 詰まり，汚れ	超音波厚さ測定 MT，PT，UT 放射線検査
回転機器	寸法測定 欠陥検出 異常回転 軸受けの損傷	外観検査 MT，PT，UT AE AE

放検査において，各種の機器及び装置における検査項目及び検査方法を表 4.2.5 に示す.

4.2.2　適用される非破壊検査方法の種類

(1)　放射線を用いる方法

各種機器の製造時の溶接部検査にはほとんど放射線透過試験（RT）が実施され，その品質水準を引き上げるのに大いに貢献してきた. 基本的には使用する材料に基づいて，一般鋼材に対しては JIS Z 3104 が，アルミニウム合金に対しては JIS Z 3105 が，ステンレス鋼に対ししては JIS Z 3106 が適用され

る.

　一方，保守検査では，γ 線を用いた撮影が実施されることがあるが，全体として放射線透過試験が適用されることは比較的少ない．また，配管の腐食減肉や内面スケールを非接触で計測する手法として，画像処理を施した像質の改善方法（CR：Computed Radiography）が適用される場合があり，保温配管の腐食減肉の検出等に用いられている．これらに関する JIS はまだ制定されていないが，日本電気協会原子力規格委員会 JEAG4224-2009（原子力発電所の設備診断に関する技術指針—放射線肉厚診断技術）及び日本機械学会 JSME S TB1-2009（発電用火力設備規格　火力設備配管減肉管理技術規格）の附属書 1 に，放射線透過画像検査によって減肉を測定する試験が規定されている．

(2)　超音波を用いる方法

　各種機器の製造時の溶接部検査において一部超音波探傷試験（UT）が適用され，一般鋼材に対しては JIS Z 3060 が，アルミニウム合金に対しては JIS Z 3080 が適用されるが，オーステナイト系ステンレス鋼溶接部に対しては，超音波の伝搬が非常に困難なことから JIS などの規格がなく超音波探傷試験が適用されることは少ない．

　保守検査においても溶接部全体の検査に超音波探傷試験が適用される場合があるが，問題とされるきずは割れであり，またその板厚方向の高さ寸法の測定が要求されることがあり，JIS Z 3060 の附属書 H（端部エコー法によるきずの指示高さの測定方法）及び附属書 I（TOFD 法によるきずの指示高さの測定方法）が参考として用いられる．近年ここで規定されている端部エコー法や TOFD 法（Time of Flight Diffraction Technique）の他に，電子走査型探触子を用いたフェーズドアレイ法が実用化されてきている．しかし，国内ではこれらの標準化の整備はまだ十分ではなく，唯一，日本非破壊検査協会規格 NDIS 2423（TOFD 法によるきず高さ測定方法）が規定されているのが実情である．一方，ISO では TOFD 法及びフェーズドアレイ法に関してここ数年の間で規格化が進み，表 4.2.6 に示す ISO 規格が制定されている．

表 4.2.6　超音波自動探傷試験に関わる ISO の分類

分類	適用項目	ISO 番号
TOFD 法による探傷	不連続部の検出とサイジング	ISO 16828:2012
TOFD 法による溶接部の探傷	試験の適用方法	ISO 10863:2011
	合否レベル	ISO 15626:2011
フェーズドアレイ超音波探傷装置	第 1 部：装置	ISO 18563-1:2015
	第 2 部：探触子	ISO 18563-2:2017
	第 3 部：組合せシステム	ISO 18563-3:2015
フェーズドアレイ超音波法による溶接部の探傷	試験の適用方法	ISO 13588:2012
	校正用対比試験片の仕様	ISO 19675:2017
	合否レベル	ISO 19285:2017
	薄肉鋼材への適用方法	ISO/DIS 20601

(3)　電気・磁気を用いる方法

　化学プラントにおける代表的な検査は，磁気を用いる手法として，タンク溶接部や冶具跡等に適用する磁粉探傷試験（MT），電気を用いる手法として熱交換器チューブの渦電流探傷試験（ET）がある．磁粉探傷試験では，一般にJIS Z 2320（古い法規では JIS G 0565 が引用される場合もある）に規定される標準試験片が用いられるが，一般にきずの分類などはあまり行われず，割れに起因すると思われる指示が出た場合は，グラインダ等で除去して再試験する場合が多い．渦電流探傷試験で熱交換器チューブを検査する場合は，内挿型プローブを用いるが，この方法を規定した JIS はないため一般には各社の仕様書や手順書に従って検査が実施される．

(4)　その他の方法

　表面きずの非破壊検査には浸透探傷試験（PT）が用いられる．特に材質がアルミニウム合金やオーステナイト系ステンレス鋼の場合は，磁粉探傷試験が適用できないため，浸透探傷試験は重要な位置付けにある．一般には，

JIS Z 2343-1 に従って，速乾式現像法による溶剤除去性染色浸透探傷試験が適用される場合が多い.

目視検査（VT）は，装置機器の保守において最も基本となる検査手法であり，外面から観察できる範囲に限定されるが，腐食，割れ，漏えい等の検出に重要な役割を果たしている．目視検査は一見単純で簡単そうに思われるが，過去の経験はもちろんのこと対象となる装置機器等の運転条件，使用環境，クリティカルポイントなどを十分に把握する能力が要求され，個人の技量が結果に大きく左右する検査方法の一つである．また，熟練した人間の観察力は非常に素晴らしいものがあり，自動化が最も困難な検査手法の一つであるといえる.

化学プラントは，有毒物質，爆発や火災につながる各種の物資等を扱っており，これらが外部に漏えいすることは，そのプラントだけでなく周辺の施設に影響を及ぼす大事故を誘発する可能性がある．化学プラントで用いられる漏れ試験方法としては，内容物であるガスや液体の漏れを検知する方法，内部を開放してセンサとしてのガスを封入してその漏れを調べる方法，圧力差がない場合は局部的に真空にして反対側からの漏えいを検知する方法も実施される場合がある.

アコースティック・エミッション（AE）や赤外線サーモグラフィ（TT）は，他の非破壊検査方法と異なり，運転中の機器の状況を常時監視することができることから各種のプラントの設備の診断を行う方法として有効であり，今後OSI 技術として化学機器の定検インターバルの延長において不可欠な手法となるものと思われる.

4.2.3　化学プラントにおける保守検査の実際

保守検査においても製造時と同様の放射線透過試験，超音波探傷試験等の非破壊検査方法が適用されるが，上記のように対象とする欠陥，適用に際しての状況等が異なるため特別な配慮が必要となることが多い．それぞれの機器構造物に対する典型的な非破壊試験方法を表 4.2.5 に示したが，ここで，検査方法の中にレプリカ法も含めた．この方法は，材料表面を研磨して顕微鏡で直接表

面を観察する代わりに，薄膜に転写させて間接的に観察する方法で，非常に有効な方法である．

　以下，化学プラントにおける代表的な保守検査の例を紹介する．

(1)　腐食・減肉の測定

　一般に，容器や配管などの腐食・減肉の測定には，外面（又は内面）からその反対面までの距離を容易に測定できる超音波法が用いられる．ただし，熱交換器の細管のように，その検査対象となるチューブ本数が多いものに対しては，検査効率等の面から渦電流探傷試験が用いられる．

　石油備蓄タンクの底板の検査では，二振動子垂直探触子とパルス反射式の超音波探傷装置を用いて連続的に全面厚さ測定が行われる．この中で，部分的にデジタル式超音波厚さ計を用いた測定が行われるのが一般的である．最近は，コーティング上からのタンク底板の厚さ測定に対して，高能率化を考慮した低周波渦電流法や漏えい磁束法の適用が検討されている．各種機器などの周りの配管では，特に減肉が問題となる箇所，例えばエルボ部などに対して，超音波探傷器を用いた垂直法を適用して連続的に厚さ測定が行われる．また，デジタル式の超音波厚さ計のみで経年的に残肉厚さを測定する場合も多い．

　熱交換器などの，銅合金やオーステナイト系ステンレス鋼製の非磁性管に対しては，内面から内挿形コイルを用いた通常の渦電流探傷試験を適用することが多い．しかしながら，強磁性管では表皮効果が著しく透磁率の変動に起因するノイズが発生するため，励磁コイルと検出コイルを離して配置することにより間接磁場を利用するリモートフィールド渦電流探傷や水浸法による超音波を用いる方法などが適用される．

　化学プラントにおいて，一般に腐食は電気化学的な反応によるものであるが，材料，構造，力学，環境等のさまざまな因子の影響を受けることにより発生し進展する．

(2)　割れの検出と高さの測定

　保守検査で対象となる割れは，応力腐食割れ，疲労割れ，クリープ割れなどで，特殊な開口幅が狭いクリープ割れなどの例外を除くと，一般に表面（又は

裏面）から発生する場合が多い.

　割れなどのきずが非破壊検査で検出され, その高さ方向の情報が要求される
場合は, 表面に開口したものには電気抵抗を利用する方法が適用できるが, 一
般には超音波を適用する場合が多く, 代表的な手法として端部エコー法がある.
試験の目的や対象物の形状的な制約などを考慮して, 垂直法による方法と斜角
法による方法とが使い分けられるが, いずれの場合も超音波の伝搬距離から反
射源位置を算出してきずの端部位置を推定する. 人工きずのようなスリット状
の場合には, きずの端部からのエコーが明瞭に検出されるが, 上述した応力腐
食割れなどの自然きずではきずの面が粗くかつ先端が非常に鋭いため, 端部エ
コーが明瞭に現れない場合も多い. 通常は, 集束形又は二振動子形を使用する
ことにより SN 比を改善するが, 端部エコーの現れ方は特徴的でありその判別
には熟練を要する場合が多い.

　また, 最近では超音波を用いた方法で, TOFD 法やフェーズドアレイ法を
用いて割れの高さを評価する手法が一般化されつつあり, この手法では画像を
記録する操作に個人差の影響が少なく, データの再現性も優れている. ただし,
JIS などの規格の整備がまだまだ不十分であるため, きずの高さ等の性状を評
価する際には, その原理及び特徴を十分に理解した上で適用する必要がある.

(3)　保守検査における留意点

　まず, 定期的に行われる検査では, 検査仕様書, 要領書を十分に確認して,
装置や試験条件の選定に誤りがないようにすることが第一である. もし, 従来
までの方法に問題等があれば関係者が協議した上で条件の変更を行うべきであ
る. また, 過去のデータは, それにとらわれ過ぎない程度で参考とするのがよ
い. 検査の対象としている機器や装置の履歴や運転経歴などは十分に把握して,
どのような劣化・損傷が予測されるかを考慮した上で評価することが重要であ
る.

　一般に, 保守検査を行う箇所は, 検査面が粗かったり変形があったりして,
そのままでは検査データに影響することが考えられる. 表面の仕上げを行った
りしてこのような影響をなくすか, 状況に応じた補正などを行って検査を実施

することが必要である.

　プラント全体の評価を行うためには，1 種類の非破壊検査のデータだけでなく，適用したすべての検査法を総合して評価する必要がある．そのためには，それぞれの検査手法の目的と全体における役割と位置付けを十分に把握し，お互いの関連等を理解しておくことが大切である.

参 考 文 献

1)　日本電気協会原子力規格委員会：JEAG4224-2009　原子力発電所の設備診断に関する技術指針—放射線肉厚診断技術

2)　日本機械学会 JSME S TB1-2009　発電用火力設備規格　火力設備配管減肉管理技術規格

3)　ISO 16828:2012 Non-destructive testing—Ultrasonic testing—Time-of-flight diffraction technique as a method for detection and sizing of discontinuities

4)　ISO 10863:2011 Non-destructive testing of welds—Ultrasonic testing—Use of time-of-flight diffraction technique (TOFD)

5)　ISO 15626:2011 Non-destructive testing of welds—Time-of-flight diffraction technique (TOFD)—Acceptance levels

6)　ISO 18563-1:2015 Non-destructive testing—Characterization and verification of ultrasonic phased array equipment—Part 1: Instruments

7)　ISO 18563-2:2017 Non-destructive testing—Characterization and verification of ultrasonic phased array equipment—Part 2: Probe

8)　ISO 18563-3:2015 Non-destructive testing—Characterization and verification of ultrasonic phased array equipment—Part 3: Combined system

9)　ISO 13588:2012 Non-destructive testing of welds—Ultrasonic testing—Use of automated phased array technology

10)　ISO 19675:2017 Non-destructive testing—Ultrasonic testing—Specification for a calibration block for phased array testing (PAUT)

11)　ISO 19285:2017 Non-destructive testing of welds—Phased array ultrasonic testing (PAUT)—Acceptance levels

12)　ISO/DIS 20601 Non-destructive testing of welds—Ultrasonic testing—Use of automated phased array technology for steel components with small wall thickness

13)　小林英男，大岡紀一，牧原善次：超音波による欠陥寸法推定，共立出版，2009

第5章

技術者の力量と組織への要求

　非破壊試験技術者の資格及び認証に関しては，国際的に統一された ISO 規格のもとに実用されることが重要である．しかし，ISO 9712 が国際規格として制定されているものの，世界各国はそれぞれ国情が異なっているため，現在欧州の EN 規格，米国の ASME 規格などが ISO 規格への整合化に向けて動きつつある．ISO/TC 135（ISO における非破壊試験専門委員会）と CEN/TC 138（欧州における非破壊試験専門委員会）との合同委員会のもと，ISO 規格と EN 規格の整合化が図られ，統一した規格が 2012 年に改訂された．本章では，非破壊試験技術者の資格・認証に関する規格の制定の経緯，ISO 9712 を基に JIS 化した規格内容を取り上げている．

5.1　非破壊試験技術者の資格及び認証に関する国内外の規格制定の経緯

（一社）日本非破壊検査協会（以下，JSNDI という）が，日本における第三者による非破壊試験技術者の資格認定を開始したのは 1968 年制定の日本非破壊検査協会規格としての NDIS 0601（非破壊検査技術者技量認定規程）によるものである．当時は要員の認証を実施する機関に対する一般要求事項に関する ISO 規格あるいは JIS が存在しなかったために，現在の "認証" に相当する用語として "認定" を用いていた．図 5.1 は日本における非破壊試験技術者の資格及び認証制度の状況と世界のそれの変遷を合わせて，まとめたものである．

国内規格と国際規格との関連についての概要を以下に述べる．非破壊試験技術者のレベルの国際的な統一を目的として 1992 年に ISO の専門委員会である ISO/TC 135 において，ISO 9712:1992（Non-destructive Testing — Qualification and certification of personnel）が制定された．しかし，当時は非破壊検査技術者（要員）の認証は JIS になじまないとの理由から ISO 規格を JIS にすることは見送られてきたが，非破壊試験の重要性がより認識されるにつれて関係者から国際レベルでの非破壊試験技術者の資格認証の要望が高まってきた．これに応えるべく JIS 化までの措置として ISO/DIS 9712:1997 を基に，JSNDI が NDIS J001:1998（非破壊試験―技術者の資格及び認証）を制定し，この年に国際化に向けての認証を開始した．

その後，2000 年度の "工業標準化業務計画" において，非破壊試験技術者の能力検定の方法及び認証について，当該技術者の資格の国際的な位置付けを確保することを目的として対応する国際規格の JIS 化が提言された．その提言を受けて，1999 年 5 月に制定された ISO 9712:1999 及び関連する工業分野における実態を考慮するとともに，それまでの NDIS 0601 による非破壊試験技術者の認定制度の実績，今後の資格及び認証制度の運用情況を視野に入れた規格への追加及び変更などを行い，ISO 9712:1999（MOD）を対応国際規格

として JIS Z 2305:2001 が制定された．なお，MOD は Modified の略で国際規格を修正していることを示している．

JSND では，ICNDT（国際非破壊試験委員会）に設けられている NDT Qualification and Certification に関する WG 1 会議の状況を踏まえて，2010年の日本非破壊検査協会秋季講演大会，2011 年の春季講演大会，さらに学術セミナーにおいて，国内の技術者などのために資格及び認証の国際整合化に関する講演を実施して，非破壊試験技術者の資格及び認証の国際化への理解を求めてきている．

なお，国内において JSNDI は ISO 9712:1999 に基づく JIS Z 2305:2001 を早急に見直して，それに対応した認証制度を円滑に推進するため，2010 年 10月に ISO 9712 整合化タスクフォースを設置した．ここでは，EN 473 と整合化した ISO 9712 の改正に伴い，ICNDT WG1 などの動向も踏まえ，国際整合化に向けての取組みを行っている．

しかし，当時，欧州においては EN 規格が強制規格として適用されており，ISO 9712:2005 と EN 473:2000 との規格の整合化は行われてなかった．そのため，JSNDI では JIS Z 2305:2001 の改正を見合わせて従来の資格認証制度を継続していた．

一方，ISO/TC 135/WG 3 及び SC 7 と CEN/TC 138/AHG 9 との合同の形での会議が 2009 年 9 月，マドリード（スペイン）にて実現し，ISO 9712 とEN 473 の相違点について討議が行われ，整合化へ向けた取組みが開始された．第 2 回をモスクワ（ロシア）で開催し，2011 年 10 月には第 3 回目のカンクン（メキシコ）において ISO/DIS 9712 をまとめ上げて，2012 年 4 月のWCNDT（世界非破壊試験国際会議）の総会において規格制定の方向が決まった．このように，2009 年から ISO/TC 135 と CEN/TC 138 との間で度重なる合同会議が行われ，2012 年 6 月に ISO 9712:2005 と EN 473:2008 とを整合した ISO 9712:2012 が発行された．これを受けて，JSNDI は ISO 9712:2012を基に，この対応国際規格の技術的内容を変更することなく改正を行った．

したがって，国内における NDIS 0601 に基づく認定制度は 2010 年 9 月ま

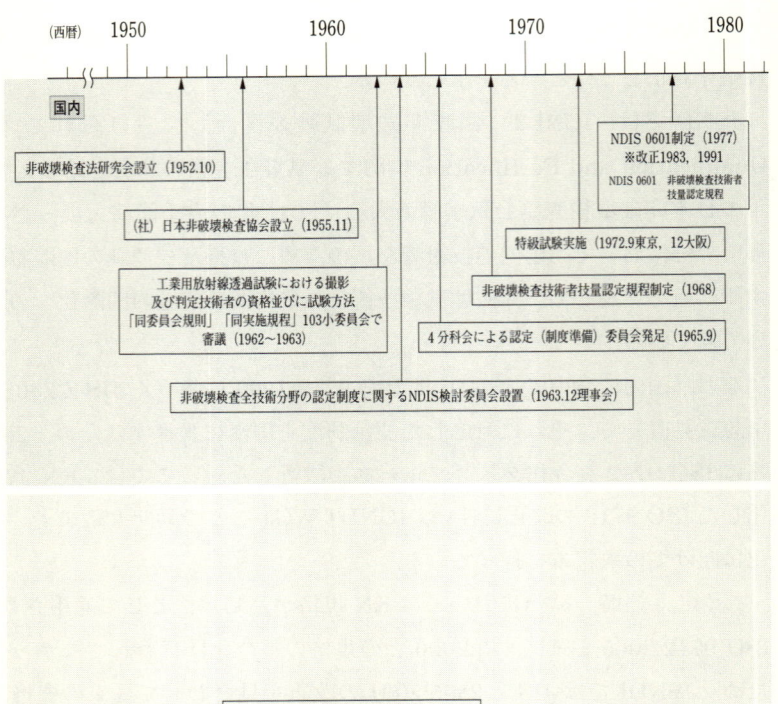

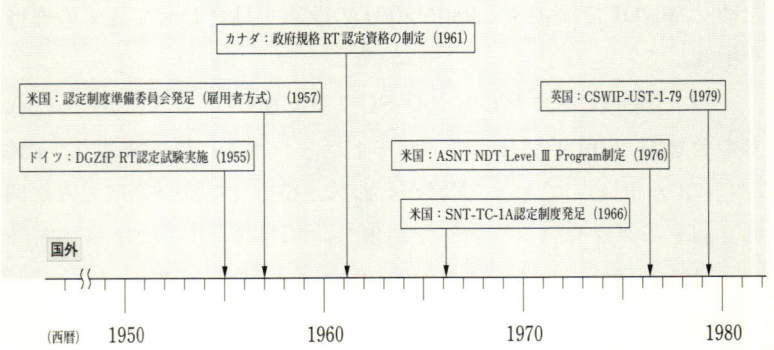

図 5.1　非破壊試験技術者の国内

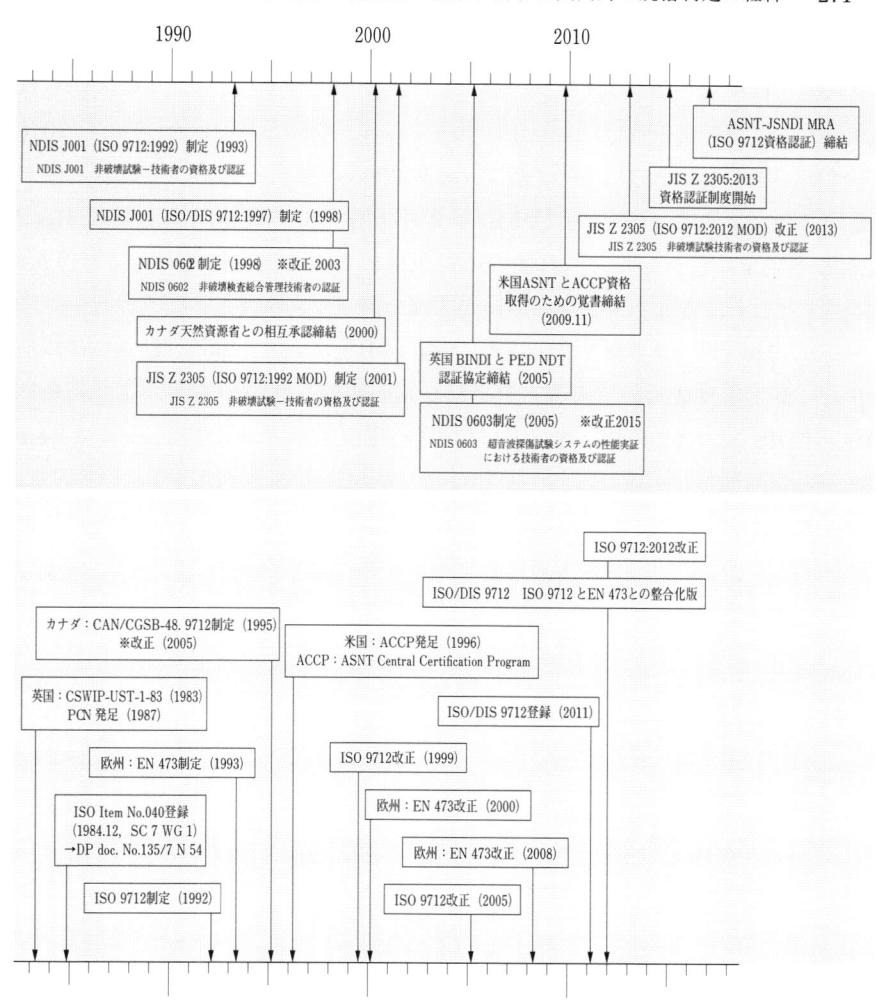

外における認定と認証制度の歩み

で実施してきたが，非破壊試験技術者の資格及び認証として ISO 9712（非破壊試験—技術者の資格及び認証）に関する JIS 化が実現した 2003 年からは JIS に基づく認証を開始して現在に至っている．そのため，2003 年から 2010 年の間，国内では NDIS 0601 及び JIS Z 2305 の両規格に基づく認証制度が実施されてきたことになり，2010 年 9 月をもって，資格及び認証は JIS Z 2305 へ完全に移行した．これまでの両規格による資格取得者の変遷を図 5.2 に示すとともに各部門及び各レベルの状況を図 5.3 及び図 5.4 に示す．

　一方，ISO/TC 17（鋼）によって，現在，JIS G 0431:2009（鉄鋼製品の雇用主による非破壊試験技術者の資格付与）が制定されているが，この規格は ISO /FDIS 11484.2:2008［Steel products—Employer's qualification system for non-destructive testing（NDT）personnel］を対応国際規格としている．この JIS は 2001 年に JIS G 0431:2001（鉄鋼製品の非破壊試験技術者の資格及び認証）として制定された規格を改正したものである．

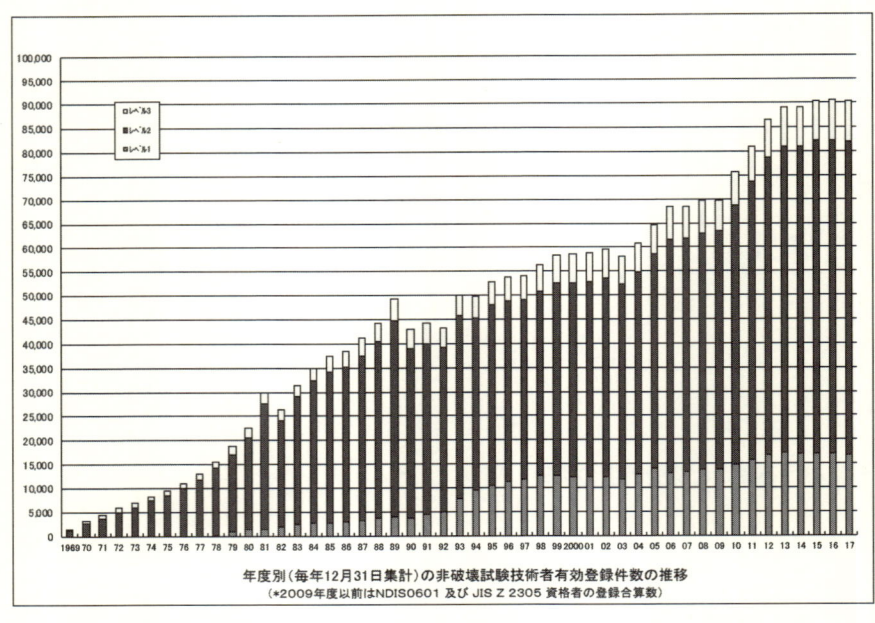

図 5.2　非破壊試験技術者（**JIS Z 2305 資格登録**）数の推移

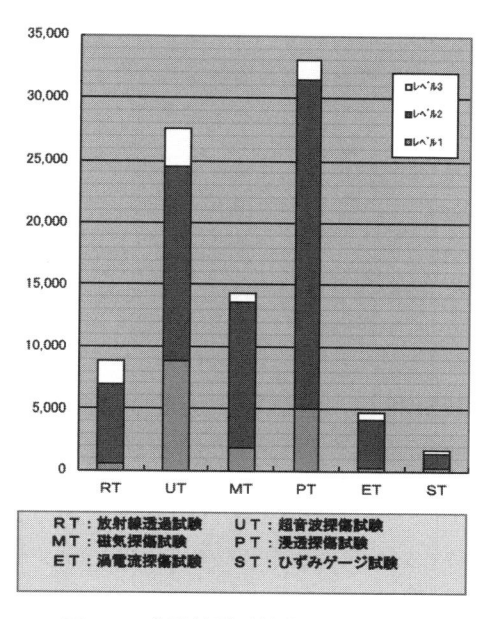

凡例:
- □ レベル3
- ■ レベル2
- ■ レベル1

RT：放射線透過試験　　UT：超音波探傷試験
MT：磁気探傷試験　　　PT：浸透探傷試験
ET：渦電流探傷試験　　ST：ひずみゲージ試験

図 5.3　非破壊試験技術者登録件数
（2017 年 12 月 31 日現在）

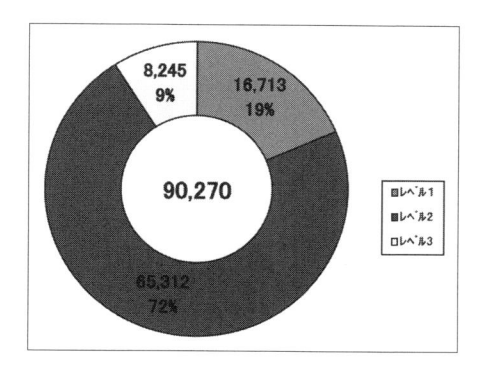

凡例:
- ■ レベル1
- ■ レベル2
- □ レベル3

- 8,245　9%
- 16,713　19%
- 90,270
- 65,312　72%

図 5.4　非破壊試験技術者登録件数
（2017 年 12 月 31 日現在）

この JIS では，適用範囲において鉄鋼製造業者が鋼管，鋼板，鋼帯，レール，棒鋼，形鋼，線材及び線の鉄鋼製品の検査を行う非破壊試験技術者に対する雇用主による資格付与のシステムについて規定している．

したがって，非破壊試験技術者に対して雇用主の責任で資格付与を行うことから，鉄鋼製造業者が自ら製品の品質保証のために行う場合に要求される非破壊試験技術者の資格付与に対しての規定である．その内容は，第三者による資格・認証である ISO 9712:2005 が取り入れられている．

5.2　JIS Z 2305:2013（非破壊試験技術者の資格及び認証）の主な内容

上述したように ISO/TC 135 と CEN/TC 138 との間で 2012 年 6 月に ISO 9712:2005 と EN 473:2008 とを整合した ISO 9712:2012 が発行されたのを受け，ISO 9712:2012 を基に，この対応国際規格の技術的内容を変更することなく，JIS Z 2305:2013 として改正された．なお，有資格技術者の移行に関して，ISO 9712:2012 が 2005 年版からの移行は認めているものの，1999 年版からの移行は認めていない．したがって，これまでの JIS はこの項目に該当しないため，削除することで対応国際規格としての ISO 9712:2012 の程度を示す記号は MOD となっている．

JIS Z 2305:2013 は，適用範囲，用語及び定義，責任，資格レベル，申請資格，資格試験，認証，更新，再認証及びファイルから構成されている．

また，附属書には，分野について附属書 A に，レベル 1 及びレベル 2 に対する実技試験用試験体の最小限の数及び種類について附属書 B に，レベル 3 再認証のための構築されたクレジットシステムについて附属書 C に，実技試験の評点について附属書 D にいずれも規定として挙げられ，NDT エンジニアリングは参考として附属書 E に挙げられている．

この非破壊試験技術者の資格及び認証に関する規格の国際整合化は，各国の技術の歴史があって推進されているため，容易ではない．日本においても前述

したように，1968年に資格認証を認定制度の形で始めており，これまでのNDISにも一長一短があって，NDISからJISへの移行はそう簡単ではなかった．規格制定における各種議論の状況を知ることは，今後のこの種の規格対応に大いに役立つものである．そのため，JIS Z 2305:2001との比較において主な項目を取り上げ，その概要を以下に述べる．

（1）要員の認証

認証機関はJIS Q 17024（適合性評価—要員の認証を実施する機関に対する一般要求事項）の要求事項を満たしていなければならない旨がJIS Z 2305:2013に規定された．これはISO 9712:1999においてEN 45013:1989（General criteria for certification bodies operating certification of personnel）が引用文献として記載されていたもので，この規格は，当時，ISO規格はなく，EN 45013の欧州規格を取り入れたものであった．しかし，JISに基づいた国際相互認証の際には認定機関，例えば，日本適合性認定協会に従った要員認証制度の認定を受ければEN 45013には自動的に合致することになるとの考えから，JISには採用しなかった経緯がある．現在，ISO規格として制定され，JIS Q 17024が制定されている以上は，JIS Z 2305ではそれへの対応が必要となっている．

JIS Z 2305:2013では，事実上第三者による適合性評価スキームに対する要求事項を規定していて，これらの要求事項は，第二者又は第一者による適合性評価に直接的には適用できないが，その場合，この規格の関連する部分は参照することができる旨を規格の注記に規定している．

一方，ICNDTでは"Qualification and Certification"に関するWorking Group（WG 1）を設置して，ICNDTのメンバー国で非破壊試験技術者の資格及び認証に関して認定機関のない国，あるいは認定機関があっても非破壊試験技術者の資格及び認証を扱っていない国に対して，MRA（Multilateral Recognition Agreement：多国間承認協定）を行うシステム及び認証機関の評価と承認を行うシステムを設けて対応してきている．

(2)　適用範囲

　工業に関わる（医療分野の適用を除く）非破壊試験に従事する技術者の資格
及び認証に対する共通的要求事項について規定した認証システムは，包括的な
認証スキームが存在し，かつ，その方法又は技法が国際，地域もしくは国家規
格に含まれている場合，又は認証機関が新しい NDT 方法もしくは技法を効果
的であると実証した場合，この規格に規定したシステムは，他の NDT 方法又
は確立された NDT 方法での新しい技法にも適用できるとしている.

　次の NDT 方法のうち一つ以上における技能を対象とした認証である.

- (a)　アコースティック・エミッション試験
- (b)　渦電流探傷試験
- (c)　赤外線サーモグラフィ試験
- (d)　漏れ試験（水圧試験を除く.）
- (e)　磁気探傷試験
- (f)　浸透探傷試験
- (g)　放射線透過試験
- (h)　ひずみゲージ試験
- (i)　超音波探傷試験
- (j)　外観試験（直接目視だけによる観察及び他の NDT 方法の適用時に実
　　　施される目視観察を除く.）

　従来から NDIS 0601 に基づく認定制度において実施していた超音波厚さ測
定，極間法磁粉探傷検査，通電法磁粉探傷検査，コイル法磁粉探傷検査，溶剤
除去性浸透探傷検査，水洗性浸透探傷検査，内挿コイル渦流探傷検査及び電気
抵抗ひずみ測定などの特定の技法についても上記の他の NDT 方法又は確立さ
れた NDT 方法での新しい技法にも適用できることで適用の範囲を拡大してい
る．なお，電気抵抗ひずみ測定は 2005 年の ISO 9712 で "ひずみゲージ試験:
Strain Testing" として規定された.

　漏えい（洩）磁束（flux leakage testing: FLT）についての資格及び認証は,
ISO/TC 135 において新たな規定の検討が行われている．現在，国内の認証機

関である JSNDI においては，FLT は磁気探傷試験（MT）の範疇となっている．

　一方，赤外線サーモグラフィ試験，漏れ試験などの JIS に基づく資格及び認証制度については，国内のニーズによって，近々進められる予定である．

（3）視　力

　技術者の認証申請資格のうち，視力の要求事項はすべてのレベル（レベル 1，2 及び 3）が対象で，近方視力及び色覚が要求事項を満足しなければならない規定となっている．視力の証明は医師以外のものが行うことはできないが，日本においては雇用主も必要とされる近方視力の証明を行うことができるようにした．

　近方視力については，JSNDI での放射線透過試験における針金形透過度計を用いての識別に関する調査で，Jaeger number 1 を識別できる技術者と Jaeger number 2 が識別できる技術者との間に透過度計の識別に大きな差は認められなく，むしろ観察環境による影響が大きかったことを考慮して，ISO 9712:1999 において，視力の要求事項を Jaeger number 2 又はこれに相当する Times Roman N6 とした経緯がある．しかし，これについては，世界的な視力要求の状況によって，2005 年の改正から Jaeger number 1，Times Roman N 4.5 又はそれに相当する文字を読める視力に変更となった．

　一方，色覚を識別する要求事項について，色彩間のコントラストにグレイスケール（灰色の濃淡）間のコントラストが追加された．

（4）資格試験

　レベル 1，2 の新規実技試験時間（推奨する最大許容時間）について，レベル 1 は 3 時間から 2 時間，レベル 2 は 4 時間から 3 時間と変更になっている．

　レベル 1，2 の実技試験合格点は最小限 80 ％から 70 ％となり（レベル 1，2 の再認証試験の合格点も同様で，レベル 3 の再認証試験の合格点も 70 ％である），レベル 3 の採点は，基礎試験のパート（A，B，C）及び主要方法試験のパート（D，E，F）別となった．

　なお，実技試験の採点における reportable mandatory discontinuity（報告の義務のある不連続部）に関して，マスターシートに mandatory discontinuity

と記されている不連続部を報告できなかった場合（検出しなければならないきずを検出できず，報告できなかった場合）は不合格となる．

　レベル3のNDT手順書作成試験のための配分（％）について，適用範囲などの一般，NDT技術者，器材及び装置，試験体，NDTの実施，判定基準，NDT後の手順，NDT報告書の作成，全般的な表現に関してのガイダンスが追加となった．

　レベル1，2，3の新規試験の再試験受験回数が増えて，1回から2回に変更となって規定された．

(5) 認証における有効性

　レベル1，2，3の再認証に失敗した場合の資格の有効性に関して，再認証又は新規の認証の要求事項を満たすまでは資格は無効となるので，注意が必要である．

　また，有効性に関して，認証機関は妥当性の再実証の条件を明示しなければならなく，大幅な中断が生じた後の妥当性の再実証の場合個人は再認証試験に合格しなければならない．認証は，妥当性の再実証を受けた日から5年間の新たな有効期間の妥当性が再実証される旨規定している．

(6) 再認証

　レベル1，2の再認証試験の内容は簡単な実技試験又は簡単な専門試験から大きく変更となっており，レベル1は実技試験，そして，レベル2は実技試験及び指示書作成試験となった．レベル1，2の再認証試験の再試験の受験期間及び受験回数について，1回目の再認証試験の7日後から6か月以内に2回と規定された．

　レベル3について，実技能力に関する再認証条件も変更となり，継続した実技能力に関して，適切な証拠文書を提出又は指示書の作成を除くレベル2実技試験に合格と規定され，実技試験が課せられることとなった．

　また，レベル3については，クレジットシステムが設けられており，そのポイント数について5年間の最小ポイント数，1年間の最大ポイント数などについてその内容が変更されている．

レベル 3 の再認証試験における再試験の受験期間及び受験回数について，認証機関によって延長されない限り，12 か月以内に 2 回と規定された．

レベル 3 クレジットシステムによる再認証の申請条件を満たさなかった場合の再認証試験の再試験条件も追加となって規定されている．

（7）工業分野

JSNDI における ISO 9712:2001 に基づく工業分野はマルチセクター（材料，溶接，構造物と定義した）であったが，ISO 9712:2012 の附属書 A に規定する工業分野の中から，これまでのマルチセクターに最も近い工業分野として，JSNDI は "供用前・供用期間中試験（製造を含む.）" と定義した．

その他，認証機関が実施するシラバスに関して国内の認証機関は，現在，所有しているシラバスに基づき，継続して実施する方向としているので，この規格で参考文献としている ISO/TR 25107 に関して，ISO/TC 135 へ国内の状況を踏まえたシラバスの提案をする予定である．

さらに，この規格では国内で実施しているひずみゲージ試験（strain gauge testing: ST）が規定されているが，この規格に関連する ISO/TR 25107 にはシラバスに関する規定はないため，今後 ISO/TC 135 へ追加提案をする予定となっている．

5.3　資格及び認証制度の国際整合化への動き

統一した ISO 規格に基づく資格及び認証制度の整合化は各国の資格及び認証に関わる事情もあって極めて困難であり，特に欧州の規格である EN 473 と ISO の進める ISO 9712 はもとより，ASME との関連も踏まえての整合化は非破壊試験分野における国際的な課題となっている．

一方，このような状況下 ICNDT の中に設置された前述の WG 1 は ISO/TC 135（非破壊試験）と CEN/TC 138（非破壊試験）との連携も図っている．この WG 1 においては，非破壊試験技術者の資格及び認証の分野で，ICNDT 活動の中心として認証の承認を推進している．具体的には，非破壊試験の資格及

び認証において地域グループの活動との連携と協力，認証の承認のための MRA の開発，資格及び認証に関する年次フォーラム開催の企画などである．さらに，新しい非破壊試験方法及び技法を導入するため資格及び認証のプロセスの確立を目指し，IAEA（国際原子力機関），IAF（国際認定機関フォーラム），ASME（米国機械学会）などとの連携を図るとともに，英語の試験問題バンクの開発のための調査及び ICNDT による認証機関の評価と承認の可能性の調査，さらに非破壊試験技術者の認証の承認のための MRA の推進を図っている．

　実際，WG 1 は第 1 回会議を 2009 年 11 月の第 13 回 APCNDT 2009 横浜に併設して開催し，2011 年 6 月のスペインのバレンシアに至るまで，また，その後も ISO 9712 の規格改正などにも積極的に取り組んだ会議を開催している．

　ICNDT による上記の MRA の状況は以下のようになっている．

　資格・認証を進める ICNDT のメンバー国に対して，ISO 9712:2012 に基づいて，相互承認の同意を得る仕組みである MRA と技術者認証機関の評価（PCBA: Personnel Certification Body Assessment）スキームを設けて進めている．これはメンバー国で，例えば，日本での JAB（日本適合性認定協会）に相当するような認定機関がない国，あるいは NDT の技術に関して評価のできない国への対応のために実施されているもので，前者は Schedule 1，後者を Schedule 2 としている．　Schedule 1 には 2016 年時点で日本を含む 38 か国が登録し，Schedule 2 は，現在，ICNDT の ICEC（ICNDT Certification Executive Committee）において ISO/IEC 17024 及び ISO 9712:2012 の要求事項への適合性の審査を行い，現在 11 か国（オーストラリア，オランダ，フィンランド，ポーランド，ポルトガル，ロシア，ウクライナ，英国，中国，ブラジル，南ア）が登録している．

　一方，JIS Z 2305 に基づく試験技術者の資格の国際化のために，米国非破壊試験協会（ASNT）と JSNDI は，2009 年 11 月に ASNT/JSNDI 間としては初めての認証の承認協定書に調印した．これは，JSNDI の JIS Z 2305:2001 の資格者が，ASNT 資格の ACCP との認証スキームの違いによる差を補うた

めに設定した"ACCPサプリメント試験"に合格することによって，ACCP資格を取得できるという制度である．JSNDIは，この制度を"JIS Z 2305資格者のサプリメント試験によるACCP資格取得制度"として2011年に立上げた．

この制度は，次のステップとしての新たな協定の検討が始まる時期の2017年2月，3月のサプリメント試験まで実施してきた．

JSNDIは2016年にASNTとJSNDI間の友好協定を見直して調印したが，この友好協定に基づいた一つの延長線上としてASNTのACCPとJSNDIのJIS Z 2305の非破壊試験技術者資格の相互承認協定を目指して，2017年1月にJSNDIでASNTとの第1回の会議を開催した．その後，両協会の3回にわたる会議を経て，2017年10月に相互承認協定（MRA: Mutual Recognition Agreement）が締結された．

ASNT/JSNDIの認証の相互承認協定（MRA）の主な内容は次のとおりである．

・"JIS Z 2305資格者のサプリメント試験によるACCP資格取得制度"における"ACCPサプリメント試験"を今後中止する．

・ASNTは従来のACCPをISO 9712に整合させるため，ACCPの改正を行う．

・ASNTのACCPとJSNDIのJIS Z 2305のそれぞれの資格者は，資格証明書の発行元の認証機関を通して資格証明書を取得できる．

・対象となるレベルとNDT方法はレベル2，3のRT，UT，MT，PTとする．

・工業分野はISO 9712:2012で規定している"供用前・供用期間中試験（製造を含む．）"であるが，ACCPはこれにサブセクターとしてGI（一般工業），PE（圧力容器）を設ける．

5.4 検査機関，試験所及び校正機関の運営／能力に関する一般要求事項

試験技術者個人ではなく，組織についての認定に関する規格としては，検査を実施する各種検査機関の運営に関する一般要求事項として，ISO/IEC 17020：2012（Conformity assessment — Requirements for the operation of various types of bodies performing inspection）及び JIS Q 17020:2012（適合性評価—検査を実施する各種機関の運営に関する要求事項）が制定されている．また，試験所及び校正機関の能力に関する一般要求事項として，ISO/IEC 17025:2017（General requirements for the competence of testing and calibration laboratories）及び JIS Q 17025:2018（試験所及び校正機関の能力に関する一般要求事項）が制定されている．

これら二つの制度について，ISO/IEC 17020 は検査を実施する機関に対する信頼を高める目的で作成された規格である．一方，ISO/IEC 17025 については，適用範囲で試験所・校正機関の技術的活動，並びにそれを実施するための管理及び組織の側面について規定している．認定を受けた試験所・校正機関が発行する証明書類には，認定マークを記載することができ，国際的に通用する証明書としての信頼性を高めることができることである．

今後は，これらの ISO/IEC 17020 及び ISO/IEC 17025 についても，その重要性がますます高まるものと考えられる．これらの規格に関して国外での検査事業者は国情によって ISO/IEC 17020 を取得している国もあれば ISO/IEC 17025 を取得している国もある．

一方，国内においては ISO/IEC 17025 に基づき，いくつかの機関が JAB（日本適合性認定協会）の認定を取得している．

参 考 文 献

1)　JIS Z 2305:2001 非破壊試験—技術者の資格及び認証
2)　JIS Z 2305:2013 非破壊試験技術者の資格及び認証
3)　JIS G 0431:2001 鉄鋼製品の非破壊試験技術者の資格及び認証
4)　JIS G 0431:2009 鉄鋼製品の雇用主による非破壊試験技術者の資格付与
5)　NDIS 0601:1968 非破壊検査技術者技量認定規程
6)　NDIS J001:1998 非破壊試験—技術者の資格及び認証
7)　ISO 9712:2012, Non-destructive Testing — Qualification and certification of NDT personnel
8)　大岡紀一：非破壊試験技術者の資格及び認証の国際動向，非破壊検査 Vol.66, No.9, pp.417-420

第6章

各種 JIS に関連する Q&A

　非破壊試験関連 JIS について，（一社）日本非破壊検査協会等での講習会，説明会などを通して寄せられた質問に対しての回答を Q&A の形でまとめ，その主な内容を本書解説の中に掲載した．放射線透過試験は 2 件，超音波探傷試験は 10 件，磁気探傷試験は 7 件，浸透探傷試験は 7 件，渦電流試験は 4 件，アコースティック・エミッション試験及び目視試験はなく，漏れ試験は 12 件の合計 42 件を取り上げている．

6.1　放射線透過試験

Q1　JIS Z 3104 の 2 種のきずの判定について

線状で一列に並んだきずは，きずときずとの間隔によって，きず群とするか単独のきずとして分類するようになっています．2 種のきずが平行に並んでいる場合は，おのおの単独のきずとして判定するだけでよいのでしょうか．旧 JIS には，二つの 2 種欠陥がある場合，大きい方の欠陥の寸法を半径にした範囲内に他方の欠陥が掛っている場合は一つの欠陥として判定するようになっていたが，現在の JIS もこのように解釈してよいのでしょうか．

A　線状で一列に並んだきずは，きずときずとの間隔によってきず群とするか単独のきずとして分類するようになっています．旧 JIS の二つの 2 種欠陥がある場合，大きい方の欠陥の寸法を半径にした範囲内の考えは，現在はしていません．現 JIS では，一直線上の場合に，群として扱うかどうかで，それも大きい方のきずの長さと，きず間隔との関係にしています．

一方，2 種のきずが平行に並んでいる場合は，単独のきずとして，おのおのを分類し，大きい方（悪い方）の分類結果となります．

Q2　鋼管の放射線透過試験を実施する際の母材厚さの適用範囲について

JIS Z 3104 の附属書 2 には，鋼管の円周溶接継手の撮影方法及び透過写真の必要条件が記載されていますが，その中で，母材厚さが 50 mm までしか定義付けられていません．50 mm を超える母材厚さの試験体を撮影する場合は，どのように対応したらよいのでしょうか．母材厚さを 50 mm までと定めている理由は何でしょうか．

A　母材厚さが 50 mm までと定められていますが，1968 年に制定された JIS を 1995 年に改正するにあたって，鋼管の撮影において大きな径の鋼管でも母材厚さが 50 mm を超えるものはほとんどないこと，及び 50 mm を超えるよ

うな鋼管の径は，かなり大口径となり，むしろ圧力容器の範疇になるかもしれないことなどから，平板溶接部（現規格の附属書1に相当）として扱うことができるであろうとの判断からではなかったかと考えております．したがいまして，母材厚さを50 mmとしなければならない議論はされなかったと思います．一方，透過写真の必要条件の階調計の適用も1968年の20 mmの上限を，このときに50 mmと拡大しております．

　次に，50 mmを超える母材厚さの試験体を撮影する場合の対応としては，鋼管の径及び母材厚さにもよりますが，内部線源撮影方法，あるいは内部フィルム撮影方法によって平板溶接部として扱うことで附属書1を適用することも一つの選択肢と考えられます（透過写真の必要条件は透過度計の識別最小線径及び透過写真の濃度範囲）．この場合，規格ではこのような方法を示してはいませんので，適用にあたっては，当事者間のコンセンサスが必要であると考えます．

　なお，JIS Z 3104では線源としてX線又はγ線による直接撮影方法が規定されており，50 mmを超える母材厚さにはCo60などのγ線の適用が可能です．

6.2　超音波探傷試験

Q1　JIS G 0587の"1.　適用範囲"について

　この規格は，バナジウム鋼の超音波検査にも適用できるのでしょうか．また，バナジウムの塊（鍛鋼品）のようなものに適用可能でしょうか．

A　ステンレス鋼への適用は可能としていますが，これはステンレス鍛鋼品であると極端な減衰はないことから適用可能としています．このため，適用実績のない鋼種の場合には減衰が妥当かの実験検討が必要となります．基本的には同じ厚さの減衰の少ない炭素鋼の底面エコーと対象となる材料の底面エコーの中心周波数が10%以内であれば問題ないと考えられます．また，運用にあたっては減衰補正が必要です．

JIS G 0587 が適用範囲としている鋼種としては,

- ・JIS G 3201（炭素鋼鍛鋼品）
- ・JIS G 3202（圧力容器用炭素鋼鍛鋼品）
- ・JIS G 3203（高温圧力容器用合金鋼鍛鋼品）
- ・JIS G 3204（圧力容器用調質型合金鋼鍛鋼品）
- ・JIS G 3205（低温圧力容器用鍛鋼品）
- ・JIS G 3221（クロムモリブデン鋼鍛鋼品）
- ・JIS G 3222（ニッケルクロムモリブデン鋼鍛鋼品）
- ・JIS G 3223（鉄塔フランジ用高張力鋼鍛鋼品）
- ・JIS G 3251（炭素鋼鍛鋼品用鋼片）

であり，JIS G 3214（圧力容器用ステンレス鋼鍛鋼品）は減衰が大きいため準用して適用可能としています．適用する鋼種がこれらに該当するか化学成分など調査の上，適用可否を決めるのがよいと思われます．

　上記の内容は JIS G 0587 の解説に記載がありますのでご一読されることをお勧めします．

Q2　JIS G 0587 の "5.2　垂直探触子 b)" について

　"試験周波数は，公称周波数の 85 ％〜 115 ％の範囲とする" と規定されていますが，試験周波数とは JIS Z 2350:2002 の fc：探触子の中心周波数のことでしょうか．

A　ここでいう中心周波数は JIS Z 2350 図 4 に示すように，ピークから 6dB 下がったところで低い方の周波数と高い方の周波数の平均値のことで，JIS G 0587 も同じです．

Q3　JIS G 0587 の "5.2　垂直探触子 c)" について

　"探触子の Q 値は，使用する超音波探傷器と探触子との組合せで，1.8 〜 3.3 の範囲とする" と規定されていますが，DGS 線図を用いてきずの大きさを推

定する場合でも，Q 値が 1.8 〜 3.3 の範囲であれば，広帯域探触子を使用してもよいでしょうか．

A　JIS G 0587 に記載している DGS 線図の使用にあたって，探触子の特性が一致するように範囲を制限しています．

　この解説の記載で狭帯域探触子，広帯域探触子とありますが，JIS Z 2300（非破壊試験用語）では，広帯域探触子は“1 波又は 2 波程度のごく短い超音波パルスを発生する探触子”となっております．また，狭帯域探触子の記載はありません．一般的には，探触子製造メーカが広帯域探触子として販売しているものが広帯域探触子として扱い，それ以外は狭帯域探触子又は狭帯域，広帯域が不明のものとなります．

　ご質問のように広帯域探触子の表記があれば，2 波（2 サイクル）未満の短い音波となっており，Q 値が 1.8 〜 3.3 の範囲に入らないと思います．もし，広帯域探触子の表記で Q 値が 1.8 〜 3.3 の範囲内であるとすると，探触子の製造が適切でなかったことも考えられます．

　最近の超音波探触子は狭帯域探触子であってもかなり広帯域に近いものが販売されていますので，周波数特性を調査していただき，Q 値が規定の範囲内に入るものを使用してください．一般的な狭帯域垂直探触子（Q 値：2.5）に比べ，きず大きさ推定の誤差が大きくなる近距離で ± 2dB 以内できず大きさを推定できる Q 値の範囲として 1.8 〜 3.3 としています．

Q4　JIS Z 2352 の“6.　性能測定方法”について

　規定されている下記の性能の判定基準はどのようになっているのでしょうか．

- ・増幅直線性
- ・時間軸直線性
- ・分解能
- ・感度余裕値

A 超音波探傷装置は，その用途によって要求される性能が異なりますので，最終的には貴社における用途に適した性能を判定基準としてください．

我が国の超音波探傷試験に関する下記のような JIS では，それぞれ JIS Z 2352 で測定した性能を要求していますので参考にされてはいかがでしょうか．

JIS Z 3060，JIS G 0801，JIS G 0901，JIS G 0587 など

特に分解能と，感度余裕値は探傷器と組み合わされる探触子の性能に著しく影響を受けますので，判定基準を決定する場合には，注意が必要でしょう．

しかし，増幅直線性や時間軸直線性は，組み合わせた探触子の性能の影響を受けませんので，特に使用上制約がなければ，次の値を参考に決定することができると思います．

① 増幅直線性：表示器縦軸スケールの±2%以下

② 時間軸直線性：表示器横軸のフルスケールの±1%以下

その他，特定の探傷器の性能に関係する場合は，その探傷器の製造者又は販売店にお問い合わせいただくと回答が得られると思います．

Q5　JIS Z 2355-1 の "5.3　対比試験片" について

"音速及び厚さが試験体にほぼ等しいもので，測定面と反射面が平行なものが望ましい" と記載されていますが，"ほぼ等しい音速" の解釈について教えてください．

従来，RB-E 試験片など（SB 材）の試験片を用いて炭素鋼管の肉厚測定を行ってきましたが，各配管材質 STPT380，STPT420，S25 など，個々の校正用試験片が必要となるのでしょうか．

A 音速は弾性係数，ポアソン比，密度によって決まりますが，幸い一般の鋼材では 5 870〜5 950 m/s に収まっており，この変動の全体幅でさえ 1%強とわずかな変動しかありません．

一般の厚さ計では，鋼材縦波音速の標準値を 5 920〜5 930 m/s にとってい

ますので，この値から上下に1%を許容値と考えても，いわゆる軟鋼は十分カバーすることになります．結論として，お問合せの鋼種の範囲なら，RB-E 又は RB-T との間で問題ない音速差に入り，したがって材種別の試験片は不要です．

Q6　JIS Z 2355-1 の表面粗さについて

JIS Z 2355-1 の接触媒質において，測定面の粗さに応じて使用する接触媒質が規定されていますが，測定面の粗さ 25a（100S）を確認するのはどのような方法が一般的でしょうか．

A　通常現場においては，砥石やサンドペーパーなどで表面を仕上げる過程において，携帯型の粗さ限度見本を使っての表面粗さの確認が一般的です．例えば 20×60 mm 程度の鋼板の表面に，20 µmRz，50 µmRz，100 µmRz 程度の3種類の粗さ区分を設けておき，手の感触で同等度を判断します．これとまったく同じものでなくとも，市販の類似品の利用がお勧めです．

Q7　JIS Z 2355-1 の"対比試験片"について

5.3 対比試験片の"対比試験片は，音速及び厚さが試験体にほぼ等しいもの"，6.5 対比試験片とは異なる材料並びに附属書 C 表 C.1 の同じ材料・異なる材料に関して次のことを教えてください．

(1)　5.3 の音速が"ほぼ等しい"について，具体的な判断基準はあるのでしょうか．例えば，超音波探傷では，一般的に炭素鋼・合金鋼は鋼として一括りにされており，ステンレス鋼は別区分とされていますが，同様の考えによるものでしょうか．

(2)　6.5 及び附属書 C の"材料"の定義はどのように解釈すればよいのでしょうか．

A　以下，ご質問の条項のとおりです.

(1)　対比試験片に要求される音速は，厚さ測定の要求精度に依存します. 要求精度が 10％であれば，音速の比は 10％まで許容されます. 一方，要求精度が 1％のときに音速の比が 10％あると 1％の精度を得ることはできません.

(2)　超音波測定の立場においては，音速及び超音波透過性の違いがあるかどうかが同じ材料か否かの判断となります. 一般的には，化学成分，組織（熱処理条件）が類似であれば同じ材料とされます. これも **(1)** と同様に要求精度に依存するといえ，超音波厚さ計の一般的な使用目的の下では，炭素鋼・合金鋼は鋼として一括りにされ，ステンレス鋼は別の材料として扱われます.

Q8　JIS Z 3060 の "8.3　探触子の選定" について

8.3.4項でSN比について記載されていますが，どのように測定するのでしょうか. またノイズレベルの測定方法はどのようにすればよいのでしょうか.

A　SN 比の測定方法を以下に示します.

(1)　探触子を探傷器に接続し，探触子を試験体に接触させないままで，表示器上のノイズレベルが使用するビーム路程の範囲の H 線の高さが最も低くなるビームの位置で，H 線となるように，ゲイン調整器を調整し，このときのゲインの値（A_0）dB を読み取る. ノイズレベルが H 線まで上がらない場合は，このときの H 線の高さ（H_H）％とノイズレベル（H_N）％を読み取る. なお，送信パルス波形及びくさび内エコーは，別途不感帯の規定があるため，ノイズレベルの測定対象として扱わない. また，不感帯より大きなビーム路程範囲であっても，探触子走査範囲との関係で使用する最小のビーム路程からを対象とすればよい.

(2)　次に斜角探触子を接触媒質を介して感度調整用試験片へ接触させる. 斜角探触子を感度調整用標準穴へ向け，標準穴のエコー高さが H 線に一致するようゲインを調整し，このときのゲインの値（A_H）dB を読み取る.

(3)　SN 比は，次の式で求める.

（ノイズレベルが H 線まで上がる場合）

$$A_{SN} \ (dB) = A_0 - A_H$$

（ノイズレベルが H 線まで上がらない場合）

$$A_{0H} \ (dB) = 20\log \ (H_H / H_N)$$

$$A_{SN} \ (dB) = A_0 - A_H + A_{0H}$$

Q9 JIS Z 3060 の "5.2 対比試験片" について

SM 材の溶接部を試験するのに SS400 材の RB-41 対比試験片を使用すると，何か問題はあるのでしょうか．

A JIS Z 3060 に規定する対比試験片については，2015 年の改正にあたって以下に示す RB-41A 又は RB-41B のいずれかとすると規定されています．

1) RB-41A は，試験体と同等の音響特性の鋼材，探傷面の状態で，曲率をもたないものとする．試験体との音速差は ± 2 ％以内，感度補正量の差が ±2dB 以内とする．

2) RB-41B は，均質な低減衰材料で探傷面を仕上げたもので，曲率をもたないものとする．

また，附属書 B の B.3.3.4 の探傷感度の調整において，RB-41A による場合は標準穴のエコー高さが H 線に一致するようにゲイン調整するのに対して，RB-41B による場合は標準穴のエコー高さが H 線に一致するようにゲイン調整し，必要に応じて感度補正量を加えるように規定しています．すなわち，いずれにしても SM 材の溶接部を試験するのに SS400 材の RB-41 対比試験片を使用する場合は，感度補正量の測定が必要となります．

したがいまして，板厚が類似（± 10 ％程度）であればご質問の SS400 でも結構ですが，SM 材は STB との音速差のあることが予測されますので音速差のチェックとともに，附属書 B の B.2.3.7 感度補正量の求め方をチェックした上で使用してください．

このような問題を解消するためには，可能であれば RB 試験片は試験体と同

一の材料から採取することをお勧めします.

Q10　JIS Z 3060 附属書 B の対比試験片について

RB-41 No.3 の穴の位置が変わりましたが，理由を教えてください.

A　JIS Z 3060:2015 では，対比試験片 RB-41 No.3 ～ No.6 の横穴の位置は，図 B-1 のタイトルにもあるように，寸法の例として図示しております. これは例であって，標準試験片（STB）のように絶対的な数値ではありません. この横穴の深さ位置は，今回の改正では国際規格である ISO 17640 に準拠しております.

　基本的な考え方として，全板厚から最も浅い深さの横穴（No.3 では 5 mm）の 2 倍を引き，残りの板厚を任意の数 n（No.3 の場合 $n = 3$）で除したものが他の横穴の間隔となります. したがって，No.3 の場合は，$\{(T - 10)/3\} + 5$ で底面側からの距離を示しました. このような考えに基づき，No.4 の n は 5，No.5 の n は 9，No.6 の n は 10 で図示しています.

　なお，n は板厚との関係で規定しているわけでなく，区分線作成上滑らかに距離振幅特性が描ける横穴の深さ間隔であればよいとしています. あまり深さの間隔を密にすると，区分線作成時に隣り合う横穴からのエコーと干渉し，正しい最大エコー高さが得られない恐れがあります. 旧規格の No.4 ～ No.7 に規定していた横穴を斜めに配置する方法は上記に示した干渉の影響を受けることが実験的に確認されたため，今改正では縦方向に配列しました. したがいまして，旧規格で製作した RB-41 の No.3 は現行規格でも使用可能ですが，面の状況や音響特性から RB-41B となると考えられます.

　なお，垂直探傷で用いる場合などには，標準穴の配列が縦方向一列ですと探傷できません. 標準穴の長手方向の位置は規定していませんので，適宜隣り合う標準穴からの影響がないようにずらして加工していただければよいと考えます.

6.3 磁気探傷試験

Q1 JIS G 0565 の移行先である JIS Z 2320-1〜3 について

JIS G 0565 において制定されている欠陥磁粉模様の等級分類が，JIS Z 2320 には記載されていないようですが，欠陥磁粉模様の等級分類の移行先はどこになるでしょうか．また，JIS G 0565 の廃止理由はどのようなものだったのでしょうか．

A JIS G 0565 における"欠陥磁粉模様の等級分類"は 1992 年に改正になった際に"磁粉模様の分類"に変わっています．これは，等級分類は製品ごとに異なるもので，個別に規定されるべきであるという見解によるものです．

JIS 制定の基本方針として，"JIS は ISO と整合をとること．それができない場合は理由を明確にすること"としています．JIS G 0565 は ASME をベースにして成立したもので，ISO 9934 とは大きく異なっています．ISO 9934 の成立を機に，ISO 9934 と整合のとれるものとして，改正を行うこととしました．しかしながら，JIS G 0565 を完全撤廃して ISO 9934 に移行するのは現場に大きな混乱をもたらす恐れがあります．JIS Z 2320-1〜3 は，基本的に JIS G 0565 と ISO 9934 を包摂するものとなっています．

Q2 JIS Z 2320-1 のブラックライトについて

JIS Z 2320-1 の"10　磁粉模様の観察"において，"JIS Z 2323 の規定による"とありますが，可搬式のブラックライトを使用する試験において，ブラックライトを平行移動した場合で試験面からの距離に大きな差がない場合においても測定は必要でしょうか．例えばブラックライトの定期点検において，試験面から 400 mm の位置における照度が規定を満足することが確認されたものを使用する試験においては，400 mm より短い距離の試験面における紫外線照度は，当然規定を満足する値が確保されているものと考え，試験部位を移動する都度の測定は不要ではないでしょうか．

A 可搬式のブラックライトを平行移動した場合には，試験面での測定は不要です．規格のこの部分の要求は試験面が 10 W/cm^2 以上の照度で照射されることを保証し，観察が的確に行われることと考えられます．400 mm というのはブラックライトの性能試験時のフィルター面と試験面間の距離を規定しているものであり，この距離で試験することを求めているものではありません．試験ではブラックライトをもっと近づけて照射することもよくあると思いますが，まったく差し支えありません．400 mm より遠ざけた場合は改めて試験面で10 W/cm^2 以上あることを測定する必要があります．

Q3　JIS Z 2320-1 の "残留法" について

JIS Z 2320-1 には "残留法" が規定されていますが，一方で A 形（C 形）標準試験片は "連続法" でのみ使用できるようです．実際に JIS に準拠した方法で残留法を使う場合はどうなるのでしょうか．

A 残留法については，"試験体が磁気飽和する以上の磁界を与える" と規定されております．これに従って行うことが要求されます．

もし，材質が不明であれば，想定されるきず（自然きずが望ましいが，人工きずでもよいと思います）が導入された試験体を探傷し，きずが検出されることを確認する方法が適当と思います．

Q4　試験報告書における試験条件の記載について

磁粉探傷試験の試験報告書で，試験条件を記載しなければならないと思いますが，極間法の場合，磁化電流値とは何を記載するべきでしょうか．

装置の定格電流値でよいのでしょうか．それとも，起磁力を記載すればよいのでしょうか．また，直流又は交流のみでよいのでしょうか．JIS Z 2320-1では，磁極間隔を記載しなさいとなっていますが．

A 磁化電流値は，装置の仕様に書かれている値を記載すればよいでしょう．

起磁力でもよいですが，起磁力の場合は，JIS Z 2320-1 により，波高値換算しています．装置の定格電流は通常実効値で表示されていますので注意が必要です．

また，JIS Z 2320-1 では，電流の種類や磁極間隔などの情報も付記することになっています．

Q5 焼入れした機械部品について

JIS Z 2320-1 の解説表 1 の中に，"連続法"の"焼入れした機械部品"とありますが，この"焼入れした機械部品"とはどのような定義になるでしょうか．

一部でも焼入れしている機械部品であればすべてこれにあてはまることになるのでしょうか．

また，機械部品にもいろいろな材質がありますが焼入れしてあれば材質を問わず 5 600 A/m 以上必要という解釈でよいのでしょうか．

A 一部であれ，焼入れしているところが検査対象箇所であれば，"焼入れした機械部品"に規定されている磁界の強さが要求されます．

また，材質の違いについては，完全に焼きが入った機械部品であれば材質を問わず 5 600 A/m 以上必要となります．

ただ，焼入れの程度（不完全焼入れ）によっては探傷に必要とされる磁界の強さが異なりますので，5 600 A/m 以下でよい場合もあります．

焼入れは，材質の組織によって評価されます（マルテンサイトが 50 ％以上になると焼きが入ったといわれています）．マルテンサイトは硬い組織であり，一般に焼入れの程度は，硬さによって評価されます（焼入れで使用される製品は，材質，用途によって異なりますが，一般にロックウエル硬さ（HRC）で約 40 〜 50 以上で焼が入ったとされます）．

Q6　磁界の強さを調べるための標準試験片について

　焼入れした機械部品について，磁界の強さを調べるための標準試験片は定めがあるのでしょうか．特になければ推奨するものはあるのでしょうか．

A　定めはなく，推奨もありませんが，考え方としては，JIS Z 2320-1 の解説表 1 から 5 600 A/m 以上が要求されています．JIS Z 2320-1 の図 JA.2 から A1-15/50 又は A1-30/100 は約 1 400 A/m で磁粉模様が現れますので，その 4 倍の条件により 5 600 A/m が保証されることになります．他の標準試験片を使用しても同様の考え方（比例）で適用することができます．

Q7　JIS Z 2320-3 の試験条件について

　JIS Z 2320-3 に以下のように記載がありました．
　①使用率が 10%以上
　②通電時間 5 秒以上
　③にぎり部の温度が 50℃以下
　③の条件を満たしたい場合に 5 秒通電 2 秒休止（使用率約 70%）でなくとも，①，②の条件を満たせば問題ないという理解で間違っていないでしょうか．
　例（5 秒通電 5 秒休止使用率 50%でにぎり部温度 50℃以下）

A　このご質問は，JIS Z 2321（極間式磁化器：現在廃止）に "使用率 70% 及び③ 50℃以下" が規定されていたことからきていると思います．現在，JIS Z 2321 は廃止され，また，2320-3 も 2017 年に改正され，③ 50℃以下は 40℃以下になっています．すなわち，上記①，②を満たし，かつ，"③にぎり部の温度が 40℃以下" を満たせば問題ありません．

6.4 浸透探傷試験

Q1 JIS Z 2343-1 による浸透時間について

"8.4.2 浸透時間"において，"浸透時間は，5分～60分までの範囲で変化させることができる"旨が記載されていますが，浸透時間が60分を超えた場合，影響はあるのでしょうか．60分を超え，例えば4時間放置した場合（常温）で乾燥しないものとした場合影響はあるのでしょうか．

A ご質問の題意から，JIS Z 2343-1:2017 による浸透時間は5分～60分までとしていることにあると思います．したがって，この範囲から外れた時間を適用する場合は，5分～60分と同等な検出性があることを確認してから適用するか，又は，使用している探傷剤メーカに使用可能かどうかを確認してから適用することになります．一般的に規格に記載されている時間の範囲を外れそうな場合は，その範囲内で適用できるように分割して試験（又は検査）を行います．また，JISでは，浸透液を乾燥させてはならないとしていますので，乾燥するまでの最大時間はどのくらいか知っておくことも大事なことです．

Q2 JIS Z 2343-1 の現像剤の適用について

"8.6 現像剤の適用"の"8.6.1 一般事項"で，"現像剤の適用は余剰浸透液の除去後できるだけ速やかに実施しなければならない"とありますが，ここで"できるだけ速やかに"との記載に関して，定量的な値はないでしょうか．

溶剤除去性浸透液の余剰浸透液除去作業は，大きな検査対象物の場合，除去作業から現像までに時間差が生じてしまいます．定量的な時間があれば，その時間内で処理できるエリアごとに現像処理することで，要求事項を満足することができます．

A 溶剤除去性浸透探傷試験では，余剰浸透液を除去した後長時間放置すると自己現像によりきずの中の浸透液が表面に滲み出します．滲み出した指示模様

は指示がぼけた状態になることがあります．これは温度，探傷剤の性質にも関係します．したがって，除去後できるだけ早く現像剤を塗布する必要が生じます．特に ASME Code Section V Article 6 ではできるだけ速やかな時間を事前に確認しておき，その最大時間を手順書に明記することになっています．もし，この時間内に現像剤が塗布できないような大きな試験面の場合は，時間内にできる範囲に分割して試験することになります．ご質問内容には，定量的な時間を設けてあれば要求事項を満足できるとありますから，事前に正しい放置時間が確立していると見受けられ，その時間を手順書に記載すればよいと考えます．

Q3　JIS Z 2343-1 の照度について

JIS Z 2343-1 の "8.7.1.3　染色浸透探傷試験" において，"試験面における照度は 500 lx 以上でなければならない" とありますが，照度計にて測定しなければならないのでしょうか．懐中電灯などで試験面をまぶしくならない程度に照らし，浸透探傷試験の有資格者が判定可能と判断すれば問題ないと思っていますがいかがでしょうか．

A　染色浸透指示模様の観察時の照度は，重要です．JIS Z 2323:2017（非破壊試験—浸透探傷試験及び磁粉探傷試験—観察条件）の 5.3 要求事項でも照度は，重要であるとしています．また，記録書及び試験結果報告書に照度を記載することも指示模様の評価が客観的に正しく行われている証明になります．JIS Z 2323 の 8 校正では，照度計の校正も必要と記載されています．したがって，検査時の照度は，JIS を満たされたものが要求されていると考えます．

Q4　JIS Z 2343-1 の "有能な技術者" とは

JIS Z 2343-1 の "5.1　一般" の b) において，"試験は熟練者で適切な教育を受け，かつ，資格をもつ技術者が実施しなければならない．可能であれば，雇用者又は雇用者の委任者が指名した有能な技術者，又は試験を担当する検査会社の監督の下で実施しなければならない" となっていますが，この "有能な

技術者"とは，一般的にどの程度の知識，経験を有している者を指すのでしょうか.

A 非破壊試験は構造物又は部品を壊さずに試験を行い，非破壊検査はそれを正しく評価及び合否の判定をしなければなりません. したがって，検査に従事する者は非破壊検査の十分な知識及び経験が要求されます. 知識及び経験を客観的に示す方法として，JIS Z 2343-1:2017 の "5.1 一般" の b) では，"JIS Z 2305 又は JIS G 0431 と同等の資格システムで認証又は資格付けされた技術者が望ましい" とあります. このことから，資格をもたなくても上記資格者と同等とみなさせる知識及び経験を有する技術者を有能な技術者というと考えます.

参考までに JIS Z 2305 の規格には，レベル1は該当する非破壊試験を正しい操作及び検出された指示が記録できる者，レベル2は上記レベル1の内容のほかに結果を解釈し評価できる者，レベル3はレベル1，2及び3の教育訓練の実施，規格の解釈，該当する非破壊試験の手順を示す規定を作成する能力がある者，などが示されています.

Q5 JIS Z 2343-1 の基準液について

JIS Z 2343-1 附属書 B の "B.3.2 システム性能" のすべての探傷剤（洗浄剤，浸透液，現像剤）について，エアゾールタイプを使用する場合，この項目の意味する基準液というのは，同時に購入した内の一本を冷暗所に保管しておき，これを基準液とするのか. もしくは，エアゾールタイプを使用することにより，この点検項目を省略することができるでしょうか.

A この項目に記載されている基準液は，L（リッター）缶で購入した場合で，同時に購入したうちの少量を抜き取り，冷暗所の所定の場所に密閉した状態で保管しているものを指しています. エアゾールタイプの使用は，ガスで充填された密閉状態であるため，液の劣化及び性状変化は通常ありませんので，L缶

で使用する以外はこの点検項目を省略しても結構です．特に，探傷装置での使用や刷毛塗り・浸漬法などの場合は，浸透液が使用中の劣化により粘度変化が生じる可能性がありますので，この場合は記載されているようにタイプ 2 及びタイプ 3 対比試験片を用いた性能確認が必要となります．

Q6　探傷剤について

(1)　JIS の探傷剤というものはあるのでしょうか．

(2)　探傷試験の方法を規定していますが，これは決められたメーカの探傷剤についてしか適合しないのでしょうか．

(3)　もし，どのメーカの探傷剤でも分類できるなら，分類方法（探傷剤と現像液について，例：A という成分が含まれているから染色浸透液になる）を教えてください．

A　以下，ご質問の条項のとおりです．

(1)　JIS で認定された探傷剤というものはありません．

(2)　JIS では，探傷試験方法を規定していますが，決められたメーカの探傷剤の適合については特にありません．したがって，どのメーカの探傷剤を使用した場合でも，JIS に準拠した試験方法を基にして探傷試験することになります．

(3)　探傷剤の分類方法については，JIS Z 2343-1 の 6.2 探傷剤の分類に記載されていますので参照してください．ご質問内容の，A 成分の含有からの分類は特にありませんが，浸透液の場合は，使用している染料の分類により蛍光，染色又は，二元性浸透液に分類されます．また，組成成分の中の界面活性剤の添加の有無により溶剤除去性，水洗性のタイプに分類されます．現像剤の場合は，通常の分類では，溶剤に無機顔料を分散した速乾式現像剤，水に無機顔料を分散した湿式現像剤，粉末微粉末をそのまま使用する乾式現像剤に分類されます．

Q7 JIS Z 2343-1 の "8.7.3 ワイプオフ法" について

JIS 本文に拭取りが規定されているが，溶剤（アセトン等）の使用は記述されていません．溶剤の記述がないため，ただ拭き取るだけでよいのでしょうか．

A よいでしょう．ただし，適用対象部を特定し，当事者間で合意を得る必要があります．

基本的には，複雑形状部の疑似指示の原因となった蛍光浸透液を除去するためには，アセトンなど揮発性の溶剤を適用することが効果的と考えます．

しかし，規格では溶剤除去性染色浸透探傷試験にも適用を認めており，アセトンを使用しないで拭き取り，再度現像することも可能と考えます．

具体的には，当事者間で合意した手順，技量などで実施することになると考えます．

6.5 渦電流試験

Q1 爆発の危険性について

JIS Z 2316-2 の 4.1.3 安全性に "渦電流試験器及びその附属器は，電気的危険性，表面温度，爆発の危険性などについて，適用可能な安全規格に従わなければならない" とありますが，"爆発の危険性" に関して適用する規格について教えてください．

A 対応する規格は JIS C 0950 があります．6 種の化学物質が含まれる場合は対応する必要があると理解すればよいと思います．現実的には，バッテリーがあり，爆発した例があります．

我が国では，資源有効利用促進法が 2006 年 3 月に政令改正，4 月に省令改正が行われ，下記の 7 品目の電気電子機器に特定の 6 種類の化学物質（鉛，水銀，カドミウム，6 価クロム，PBB，PBDE）が基準値を超えて含有する場合は，JIS C 0950 に従ってオレンジマークで含有の表示をする義務が設けら

れています.

1. パーソナルコンピュータ
2. ユニット型エアコンディショナ
3. テレビ受像機
4. 電気冷蔵庫
5. 電気洗濯機
6. 電子レンジ
7. 衣類乾燥機

　6 種類の特定の化学物質の含有値が基準以下の場合には，グリーンマークを貼付してもよいことになっています．また，指定された 7 品目以外の電気・電子機器に対しても，JIS C 0950:2005 を準用することができることになっています．

Q2　電気的危険性，表面温度に適用される規格について

　JIS Z 2316-2 の 4.1.3 安全性に "渦電流試験器及びその附属器は，電気的危険性，表面温度，爆発の危険性などについて，適用可能な安全規格に従わなければならない" とありますが，"電気的危険性，表面温度" に適用される規格を教えてください.

A　該当する規格の一つとして，JIS C 1010-1 が参考になると思われます．電気的危険性及び表面温度に関しては，この規格の中に以下の項目があります．

a) 感電又は電気的やけど（箇条 6 参照）

b) 機械的なハザード（箇条 7 及び箇条 8 参照）

c) 機器からの火の燃え広がり（箇条 9 参照）

d) 過度の温度（箇条 10 参照）

e) 流体及び流体圧の影響（箇条 11 参照）

f) レーザを含む放射，音圧及び超音波圧の影響（箇条 12 参照）

g) 漏えい（洩）ガス，爆発及び爆縮（箇条 13 参照）

電気的な危険として Q1 のご質問に関連する爆発も g)に書かれています．

Q3 EMC 規則の要求事項について

JIS Z 2316-2 の 4.1.6 環境の影響に "渦電流試験器は，電磁両立性（EMC）規則に適合していなければならない" とありますが，記載の "EMC 規則" の具体的な要求事項（規格）を教えてください．

A JIS では EMC について以下の規格が存在します．

JIS C 1806（計測，制御及び試験室用の電気装置）に EMC に関する規定があり，渦電流試験器はこの規格でカバーされると考えます．

Q4 定期点検の周期について

JIS Z 2316-2 の 5.2 点検レベルの表 1 に，定期点検の周期が "少なくとも毎年" とありますが，顧客の要望であれば "例えば 2 年周期" でも問題ないのでしょうか．

A 定期点検ですが，基本的に 1 年周期と決めています．ただし，定期点検はユーザが自主的に行えばよいのであり，決められた周期で，どの項目をどのように行うのかはユーザが点検要領書を作成しそれに基づいて実施すればよいわけです．もちろんこの要領書が，必要な要件も省いて作成され，それを定期点検とすれば，問題が起きたときは，要領書の責任が問われることになります．

化学プラント等では，供用中検査が 1 年を超え，2 年，3 年となることもあり，ご質問のように定期点検をこれに合わせる要望は多いと思われます．しかし，定期点検の目的は機器が使用期間中の特性を維持するためにあるもので，1 年を大きく超えた場合，これを担保することは難しいと考えられます．このご質問で，顧客に頼まれるというのは，点検を機器の製造メーカにお願いしていることだと思います．これは特性点検と考えてもよいと思います．使用期間中の

特性を維持するための点検であることを考慮して，定期点検を見直してください．

6.6　漏れ試験

Q1　**真空法による漏れ試験の適用可能性について**

　高圧ガス容器の漏れ試験を，ヘリウム漏れ試験方法のうち容器内部を真空にして外部よりヘリウムを吹き付けるスプレー法（JIS Z 2331 附属書 1）で行おうと思います．検出感度の点では十分ですが適用してもよいのでしょうか．

A　漏れの方向が逆方向となるため適用すべきではありません．検出感度としては十分であったとしても，容器の表面処理によっては逆方向には漏れない可能性があります．

　さらに真空法を採用する場合は容器内外の圧力差を 1 気圧以上にすることができないので漏れ量そのものが大幅に低下するため，高感度のヘリウム漏れ試験機を使用したとしても必ずしも有利であるとは限りません．本書 3.7.9 (3) に記載した式 (3.7.1) を参照してください．

Q2　**サーチガスにヘリウムを用いることの可能性について**

　危険防止のため，水素ガス容器を水素ではなくヘリウムを用いて漏れ試験してもよいのでしょうか．

A　基本的には可能ですが，気体の粘性係数は水素のほうが低いため水素ガスの漏れ量の規格をそのまま適用できず，ヘリウムの粘性係数で補正する必要があります．高い漏れ検出感度を必要としないのであれば圧力変化漏れ試験方法も適用の可能性があります．この場合は乾燥窒素なども使用可能ですが粘性係数による補正が必要です．

Q3 液体の入った容器の圧力変化による漏れ試験方法について

作業の簡素化と検査費用低減の点から，液体の入っている容器の漏れ試験に，圧力変化による漏れ試験方法（JIS Z 2332）を適用してもよいのでしょうか．

A 検出感度の点では気体による漏れ試験のほうが高いのですが，油タンクなど法的に漏れ試験方法が規定されている場合はそれに従わなければなりません．

しかし一旦液体を入れてしまうと以後の気体による漏れ試験が困難になります．容器が開放型であると基本的に気体を閉じ込めることができないので試験体の構造により圧力変化漏れ試験方法適用の可否が決まります．どのような漏れ試験法が適用できるかは JIS Z 2330 の図 2 を参照してください．

Q4 ヘリウムリークディテクターの校正方法について

ヘリウム漏れ試験を行う前にヘリウム漏れ試験機の校正を行おうとしたのですが，JIS Z 8754 に記載の方法（手動操作）では操作することができないのですが，どうすればよいのでしょうか．

A JIS Z 8754 の元となる ISO 規格の ISO 3530 は 1979 年に制定された古い規格です．ISO 規格が制定された当時はヘリウム漏れ試験機はすべて手動操作型であったため，現在市販されている全自動型のヘリウム漏れ試験機の自動校正方法は考慮されていないので全自動型のヘリウム漏れ試験機を JIS Z 8754 に基づいて感度校正を行うことができません．漏れ試験仕様書に JIS Z 8754 に基づいてヘリウム漏れ試験機の校正を行うよう定めている場合は，全自動型ヘリウム漏れ試験機を使用するので JIS Z 8754 を適用することはできないことを漏れ試験の発注者の承認をいただく必要があります．

Q5 密閉容器のボンビング法による漏れ試験について

量産品の密閉容器をボンビング法（JIS Z 2331 附属書 7）で試験したいのですが，ヘリウム漏れ試験以外に方法はありませんか．

A　JIS Z 2330 及び JIS Z 2331 で規定されているボンビング法はサーチガス（トレーサガス）としてヘリウム以外を考慮していません．このため他のガスをサーチガスとして用いることはできません．残留ガス分析計を用いてヘリウム以外のガスをサーチガスとすることは理論的には可能ですが技術的に確立されていないので規格化されていません．

　試験体が密閉容器であれば JIS Z 2330 の 4.2.1 液没試験のように，エチレングリコールを入れた透明な真空容器に試験体を入れて真空容器内部を減圧し，漏れのある試験体から気泡が発生するのを目視で確認するような方法もあります．この場合はサーチガスの種類を問いません．漏れの合否判定基準にもよりますが圧力変化法密封品チャンバ法（JIS Z 2332 附属書 D）の適用も考えられます．

Q6　水素ガスを用いる漏れ試験方法について

　ヘリウムガスが高価なので，水素ガスを使用して漏れ試験をしてもよいのでしょうか．物性的には水素の方が分子直径も小さく，粘性係数もヘリウムより低いので，より高感度の漏れ試験ができると思うのですが．

A　純水素または高濃度の水素ガスを漏れ試験に用いることは引火の危険性があるためお勧めできません．JIS では定めていませんが，ISO 規格では水素 5%，窒素 95% の混合ガスは引火性がなく安全であると規定しています (ISO 10156)．このような混合ガスは国内でも市販され，半導体水素センサを用いた漏れ試験機も市販されていますので，この使用を検討してください．ただしサーチガスの水素濃度が低いため，漏れ検出感度は低下します．

Q7　大型容器の漏れ試験について

　屋外設置された 10 m^3 程度の容積のタンクの漏れ試験を計画しています．圧力変化法（JIS Z 2332）を適用するとして，どのような点に注意しなければならないでしょうか．

A　圧力変化法の適用可否は漏れの許容量に対する可検リーク量，与えられた作業時間，漏れ試験の予算，特殊な測定器が必要かなどの制約条件によります．本書 3.7.8.2 に記載のとおり大容積の試験体を圧力変化法で漏れ試験するためには温度変化，気圧変化などによる誤差を考慮する必要があるため，長時間の漏れ試験を実施してこれらの変動を打ち消すようにします．また使用する圧力計も感度の点で圧力変化を指示できるのはフルスケールの 0.5% 程度のため，試験圧力が高圧の場合は圧力計もフルスケールが大きくなければならず微小な圧力変化を表示できないので，長時間の漏れ試験が必要となります．漏れ試験の最初の段階に圧力変化法を適用して試験体に大きな漏れがないことを確認した後，より高感度の漏れ試験方法，例えばヘリウム漏れ試験を実施するほうが漏れ試験全体としての精度の確保と作業能率を上げることにつながります．

Q8　空調設備の漏れ試験方法について

　空調設備の冷媒の漏れ試験に関する JIS がないのですが，何を参照すればよいでしょうか．

A　空調設備の冷媒のフッ化炭化水素系ガス（いわゆるフロンガス）は地球温暖化防止の観点から次々に新冷媒が開発され，漏れ試験の規格化が追い付いていません．これは世界的にも同様な状況にあります．残留ガス分析計を用いた漏れ試験法が一部で実施されていますが JIS 化はされていません．空調機器メーカまたは工業会規格に従ってください．

Q9　発泡漏れ試験への家庭用洗剤の使用禁止について

　発泡漏れ試験方法（JIS Z 2329）に“一般の家庭用洗剤は，使用してはならない”と定めていますが，この根拠はどのようなものでしょうか．JIS に記載されているニッケル合金，オーステナイト系ステンレス鋼，チタン合金以外の金属が対象であれば使用してもよいのでしょうか．

A　基本的には家庭用洗剤（食器用洗剤を含む）と発泡漏れ試験用試験液とでは目的が異なり，発泡性能が試験されていないため漏れ試験への適用の可否が不明なことと，腐食に関する事前の試験が行われていないことが使用禁止の理由です．家庭用洗剤は汚れを取り除く洗浄が主たる目的で，発泡を目的とするものではありません．実際，発泡が洗濯の妨げになるためドラム式洗濯機用として泡立ちの少ない洗剤も市販されています．発泡性能を保証している家庭用洗剤というものはありませんし，ステンレス鋼の応力腐食割れ（SCC）の原因となる硫黄分を含まないことを保証している家庭用洗剤もありません．

　これに対して発泡漏れ試験用の試験液は発泡性能や腐食性について JIS Z 2329 に基づいて試験したものが販売されています．また試験現場や検査対象の温度に適応した試験液や，試験液が漏れ試験箇所にとどまりにくい下向きの検査部位に適した発泡漏れ試験液も入手できます．また検査対象の金属が JIS に記載されていないものであっても JIS に基づいて腐食試験をすることが望まれます．

Q10　発泡漏れ試験の圧力保持時間について

　発泡漏れ試験方法（JIS Z 2329）には，規定がなければ 10 分間，圧力を保持することになっていますが，この理由について教えてください．

A　10 分間というのは圧力容器の器壁に開いた漏れの経路を通して漏れた気体が表面に出てくるまでの時間の一般的な値です．容器壁面の厚さが 10 mm 程度であれば数分以内に発泡が始まります．しかし漏れの経路が複雑に折れ曲がった狭く長いパスの場合，及び漏れの経路の中間にポケット（溶け込み不良部）などの小さな空間がある場合は 10 分間では発泡が不十分なことがありえます．

　細く長いパスが原因の場合は漏れ量そのものが小さく，発泡漏れ試験では検出が困難なほど微小な漏れとなるので事実上問題はありませんが，後者（ポケット）の場合は漏れ量が多くとも発泡が始まるまでに長時間を要することがあり，

10 分間の観察では漏れがないものと誤判定する可能性が大です.

　ポケットは突合せ溶接部分に溶け込み不良がある場合などに発生するので注意しなければなりません. ポケットがあるかないかは LT ではわかりませんので，本書 3.7.9 (7) に記載のとおり，RT や UT などの他の非破壊検査方法を用いてあらかじめ試験しておくことが必要です.

Q11　発泡漏れ試験の真空法の観察時間について

　JIS Z 2329 の真空法では，"真空に排気すると同時に観察を始め，既定の圧力まで低下した後，更に 10 秒間以上観察する"とありますが，この間真空排気を続けるのでしょうか.

A　そのとおりです. 発泡漏れ試験の真空法では試験体表面に発泡液を塗布した後，真空箱をセットし真空排気を開始します. 漏れ量が大きい場合，真空排気を開始したとたんに発泡が始まり，所定の真空圧まで低下する以前に発泡液が漏れ箇所表面近傍から吹き飛ばされてしまい，以降気泡の発生が見えなくなる可能性があります. このため真空排気を開始した時点すなわち圧力差が発生する時点から観察する必要があります. また真空箱を排気するのに要する時間は通常ならば数秒です. このため全体として 10 秒間以上観察すればよいことになります.

Q12　真空法による発泡漏れ試験（JIS Z 2329）の合否判定基準について

　JIS Z 2329 の合否基準には "特に規定がない限り，連続する発泡又は気泡の成長若しくは気体の噴出がなければ合格とする" とありますが，具体的にはどのような状態のことでしょうか.

A　漏れ箇所からの泡の発生状況の表現ですが，より詳しく文章で表現すると次のようになります.

　連続する発泡とは，次々に気泡が発生する状況です. 通常，気泡は一つまた

は少数で，成長するのに時間がかかるため一定の大きさにとどまっているように見え，大きな気泡（直径数 cm 程度）になる前に破裂して次の泡が発生します．気泡が消えても，新しい気泡が同じ個所に現れるかどうかで漏れによる気泡とわかります．漏れが少ない場合，カニ泡（蟹が吹く泡に例えています）と呼ばれる微小な気泡の集団ができることがあります．この場合漏れ箇所の一帯が白いカニ泡で覆われます．

　気泡の成長とは，連続発泡より大きな気泡に成長する場合です．成長の速度は目で見てわかる程度になり，カニ泡よりも大きな気泡が連続して発生し，ある程度の大きさになると破裂します．発泡液を乱暴にかけると，液が試験体の表面に届いた時点で空気を巻き込み，漏れとは関係なく発泡することがあります．このような気泡の発生と漏れによる気泡の発生とを見分けるポイントは気泡が同一箇所にとどまって成長するか，一定の大きさのままかにあります．発泡液を乱暴にかけた場合に発生した気泡は成長せずに大きさは一定となります．発泡液をかけた場所が傾斜していれば発泡液が流れるのに伴って気泡も移動するので漏れによる気泡とは区別できます．

　さらに漏れ量が大きくなり気体が噴出する状態になると，発泡液がかかっても漏れ箇所から噴出する気体により発泡液が飛沫として吹き飛ばされ，気泡が認められなくなるので漏れがないと誤判定することがあります．これは発泡液をかける時点で気泡だけでなく飛沫がないか注意深く観察すれば防げます．

第7章

国際規格及び主要海外規格一覧

　非破壊試験関連の JIS を理解しこれに精通するためには，関連する国際規格及び海外規格に関する知識も重要である．特に近年では，ISO/IEC を中心とする規格の国際整合化が進んでいるため，将来の JIS の動向を知る上でも国際規格及び海外規格に関する理解が必要となっている．本章では，国際規格である ISO 規格並びに，欧州の EN 規格及び米国の ASTM 規格について，非破壊試験関連の規格の一覧を示す．

7.1　ISO 規格

ISO は，国際標準化機構（International Organization for Standardization）の略称である．非破壊試験関連の規格は，TC 135 が担当している．以下の一覧では，TC 135 が担当するすべての規格に加えて，その他の非破壊試験関連の規格を示している．規格名称の後の＜＞内に示しているのは担当の専門委員会（記載していない場合は，TC 135）である．なお，ISO 規格の最新動向については，（http://www.iso.org/）を参照されたい．

> TC 135（Non-destructive testing）
> TC 17　（Steel）
> TC 20　（Aircraft and space vehicles）
> TC 42　（Photography）
> TC 44　（Welding and allied processes）
> TC 79　（Light metals and their alloys）
> TC 85　（Nuclear energy, nuclear technologies, and radiological protection）
> TC 107（Metallic and other inorganic coatings）
> TC 108（Mechanical vibration, shock and condition monitoring）
> TC 112（Vacuum technology）
> TC 123（Plain bearings）
> CASCO : Committee on Conformity Assessment（適合性評価委員会）
> IIW　　: International Institute of Welding（国際溶接学会）
> Cor　　: Corrigendum（正誤票）

7.1.1　一　般

（1）基本

ISO 3882:2003	Metallic and other inorganic coatings — Review of methods of measurement of thickness　＜TC 107＞
ISO 17635:2016	Non-destructive testing of welds — General rules for metallic materials ＜TC 44＞
ISO/TS 18173:2005	Non-destructive testing — General terms and definitions

（2）訓練，資格及び認証

ISO 9712:2012	Non-destructive testing — Qualification and certification of NDT personnel
ISO 11484:2009	Steel products — Employer's qualification system for non-destructive testing (NDT) personnel　＜TC 17＞
ISO/TS 11774:2011	Non-destructive testing — Performance-based qualification
ISO/IEC 17020:2012	Conformity assessment — Requirements for the operation of various types of bodies performing inspection　＜CASCO＞
ISO/IEC 17025:2017	General requirements for the competence of testing and calibration laboratories　＜CASCO＞
ISO 18490:2015	Non-destructive testing — Evaluation of vision acuity of NDT personnel
ISO 20807:2004	Non-destructive testing — Qualification of personnel for limited

	application of non-destructive testing
ISO/TS 22809:2007	Non-destructive testing — Discontinuities in specimens for use in qualification examinations
ISO/TR 25107:2006	Non-destructive testing — Guidelines for NDT training syllabuses
ISO/TR 25108:2006	Non-destructive testing — Guidelines for NDT personnel training organizations

(3) きずの分類

ISO 5817:2014	Welding — Fusion-welded joints in steel, nickel, titanium and their alloys (beam welding excluded) — Quality levels for imperfections <TC 44>
ISO 6520-1:2007	Welding and allied processes — Classification of geometric imperfections in metallic materials — Part 1: Fusion welding <TC 44>
ISO 6520-2:2013	Welding and allied processes — Classification of geometric imperfections in metallic materials — Part 2: Welding with pressure <TC 44>
ISO 10042:2005	Welding — Arc-welded joints in aluminium and its alloys — Quality levels for imperfections <TC 44>
ISO 10042:2005/Cor 1:2006 <TC 44>	
ISO 12932:2013	Welding — Laser-arc hybrid welding of steels, nickel and nickel alloys — Quality levels for imperfections <TC 44>
ISO 13919-1:1996	Welding — Electron and laser-beam welded joints — Guidance on quality levels for imperfections — Part 1: Steel <TC 44>
ISO 13919-2:2001	Welding — Electron and laser-beam welded joints — Guidance on quality levels for imperfections — Part 2: Aluminium and its weldable alloys <TC 44>
ISO 18279:2003	Brazing — Imperfections in brazed joints <TC 44>

7.1.2 放射線透過試験 (RT)

ISO/TTA 3:2001	Polycrystalline materials — Determination of residual stresses by neutron diffraction
ISO 3543:2000	Metallic and non-metallic coatings — Measurement of thickness — Beta backscatter method <TC 107>
ISO 3543:2000/Cor 1:2003 <TC 107>	
ISO 3999:2004	Radiation protection — Apparatus for industrial gamma radiography — Specifications for performance, design and tests <TC 85>
ISO 4993:2015	Steel and iron castings — Radiographic testing <TC 17>
ISO 5576:1997	Non-destructive testing — Industrial X-ray and gamma-ray radiology — Vocabulary
ISO 5579:2013	Non-destructive testing — Radiographic testing of metallic materials by using film and X- or gamma rays — Basic rules
ISO 5580:1985	Non-destructive testing — Industrial radiographic illuminators — Minimum requirements
ISO 5655:2000	Photography — Industrial radiographic films (roll and sheet) and metal

314
第 7 章 国際規格及び主要海外規格一覧

	intensifying screens — Dimensions <TC 42>
ISO 7004:2002	Photography — Industrial radiographic films — Determination of ISO speed, ISO average gradient and ISO gradients G2 and G4 when exposed to X- and gamma-radiation <TC 42>
ISO 10675-1:2016	Non-destructive testing of welds — Acceptance levels for radiographic testing — Part 1: Steel, nickel, titanium and their alloys <TC 44>
ISO 10675-2:2017	Non-destructive testing of welds — Acceptance levels for radiographic testing — Part 2: Aluminium and its alloys <TC 44>
ISO 10893-6:2011	Non-destructive testing of steel tubes — Part 6: Radiographic testing of the weld seam of welded steel tubes for the detection of imperfections <TC 17>
ISO 10893-7:2011	Non-destructive testing of steel tubes — Part 7: Digital radiographic testing of the weld seam of welded steel tubes for the detection of imperfections <TC 17>
ISO 11699-1:2008	Non-destructive testing — Industrial radiographic film — Part 1: Classification of film systems for industrial radiography
ISO 11699-2:1998	Non-destructive testing — Industrial radiographic films — Part 2: Control of film processing by means of reference values
ISO 12721:2000	Non-destructive testing — Thermal neutron radiographic testing — Determination of beam L/D ratio
ISO 14096-1:2005	Non-destructive testing — Qualification of radiographic film digitisation systems — Part 1: Definitions, quantitative measurements of image quality parameters, standard reference film and qualitative control
ISO 14096-2:2005	Non-destructive testing — Qualification of radiographic film digitisation systems — Part 2: Minimum requirements
ISO 15708-1:2017	Non-destructive testing — Radiation methods for computed tomography — Part 1: Terminology
ISO 15708-2:2017	Non-destructive testing — Radiation methods for computed tomography — Part 2: Principles, equipment and samples
ISO 15708-3:2017	Non-destructive testing — Radiation methods for computed tomography — Part 3: Operation and interpretation
ISO 15708-4:2017	Non-destructive testing — Radiation methods for computed tomography — Part 4: Qualification
ISO 16371-1:2011	Non-destructive testing — Industrial computed radiography with storage phosphor imaging plates — Part 1: Classification of systems
ISO 16371-2:2017	Non-destructive testing — Industrial computed radiography with storage phosphor imaging plates — Part 2: General principles for testing of metallic materials using X-rays and gamma rays
ISO 16526-1:2011	Non-destructive testing — Measurement and evaluation of the X-ray tube voltage — Part 1: Voltage divider method
ISO 16526-2:2011	Non-destructive testing — Measurement and evaluation of the X-ray tube voltage — Part 2: Constancy check by the thick filter method
ISO 16526-3:2011	Non-destructive testing — Measurement and evaluation of the X-ray

tube voltage — Part 3: Spectrometric method

ISO 17636-1:2013	Non-destructive testing of welds — Radiographic testing — Part 1: X- and gamma-ray techniques with film <TC 44>
ISO 17636-2:2013	Non-destructive testing of welds — Radiographic testing — Part 2: X- and gamma-ray techniques with digital detectors <TC 44>
ISO 19232-1:2013	Non-destructive testing — Image quality of radiographs — Part 1: Determination of the image quality value using wire-type image quality indicators
ISO 19232-2:2013	Non-destructive testing — Image quality of radiographs — Part 2: Determination of the image quality value using step/hole-type image quality indicators
ISO 19232-3:2013	Non-destructive testing — Image quality of radiographs — Part 3: Image quality classes
ISO 19232-4:2013	Non-destructive testing — Image quality of radiographs — Part 4: Experimental evaluation of image quality values and image quality tables
ISO 19232-5:2013	Non-destructive testing — Image quality of radiographs — Part 5: Determination of image unsharpness value using duplex wire-type image quality indicators
ISO/TS 21432:2005	Non-destructive testing — Standard test method for determining residual stresses by neutron diffraction
ISO/TS 21432:2005/Cor 1:2008	

7.1.3 超音波探傷試験 (UT)

ISO 2400:2012	Non-destructive testing — Specimen for calibration block No. 1
ISO 4386-1:2012	Plain bearings — Metallic multilayer plain bearings — Part 1: Non-destructive ultrasonic testing of bond of thickness greater than or equal to 0,5 mm <TC 123>
ISO 4992-1:2006	Steel castings — Ultrasonic examination — Part 1: Steel castings for general purposes <TC 17>
ISO 4992-2:2006	Steel castings — Ultrasonic examination — Part 2: Steel castings for highly stressed components <TC 17>
ISO 5577:2017	Non-destructive testing — Ultrasonic testing — Vocabulary
ISO 5948:1994	Railway rolling stock material — Ultrasonic acceptance testing <TC 17>
ISO 7963:2006	Non-destructive testing — Ultrasonic testing — Specification for calibration block No. 2
ISO 10332:2010	Non-destructive testing of steel tubes — Automated ultrasonic testing of seamless and welded (except submerged arc-welded) steel tubes for verification of hydraulic leak-tightness <TC 17>
ISO 10375:1997	Non-destructive testing — Ultrasonic inspection — Characterization of search unit and sound field
ISO 10830:2011	Space systems — Non-destructive testing — Automatic ultrasonic

	inspection method of graphite ingot for solid rocket motors　<TC 20>
ISO 10863:2011	Non-destructive testing of welds — Ultrasonic testing — Use of time-of-flight diffraction technique (TOFD)　<TC 44>
ISO 10893-8:2011	Non-destructive testing of steel tubes — Part 8: Automated ultrasonic testing of seamless and welded steel tubes for the detection of laminar imperfections　<TC 17>
ISO 10893-9:2011	Non-destructive testing of steel tubes — Part 9: Automated ultrasonic testing for the detection of laminar imperfections in strip/plate used for the manufacture of welded steel tubes　<TC 17>
ISO 10893-10:2011	Non-destructive testing of steel tubes — Part 10: Automated full peripheral ultrasonic testing of seamless and welded (except submerged arc-welded) steel tubes for the detection of longitudinal and/or transverse imperfections　<TC 17>
ISO 10893-11:2011	Non-destructive testing of steel tubes — Part 11: Automated ultrasonic testing of the weld seam of welded steel tubes for the detection of longitudinal and/or transverse imperfections　<TC 17>
ISO 10893-12:2011	Non-destructive testing of steel tubes — Part 12: Automated full peripheral ultrasonic thickness testing of seamless and welded (except submerged arc-welded) steel tubes　<TC 17>
ISO 11666:2018	Non-destructive testing of welds — Ultrasonic testing — Acceptance levels　<TC 44>
ISO 12710:2002	Non-destructive testing — Ultrasonic inspection — Evaluating electronic characteristics of ultrasonic test instruments
ISO 12715:2014	Non-destructive testing — Ultrasonic testing — Reference blocks and test procedures for the characterization of contact probe sound beams
ISO 13588:2012	Non-destructive testing of welds — Ultrasonic testing — Use of automated phased array technology　<TC 44>
ISO 15626:2011	Non-destructive testing of welds — Time-of-flight diffraction technique (TOFD) — Acceptance levels　<TC 44>
ISO 16809:2017	Non-destructive testing — Ultrasonic thickness measurement
ISO 16810:2012	Non-destructive testing — Ultrasonic testing — General principles
ISO 16811:2012	Non-destructive testing — Ultrasonic testing — Sensitivity and range setting
ISO 16823:2012	Non-destructive testing — Ultrasonic testing — Transmission technique
ISO 16826:2012	Non-destructive testing — Ultrasonic testing — Examination for discontinuities perpendicular to the surface
ISO 16827:2012	Non-destructive testing — Ultrasonic testing — Characterization and sizing of discontinuities
ISO 16828:2012	Non-destructive testing — Ultrasonic testing — Time-of-flight diffraction technique as a method for detection and sizing of discontinuities
ISO/TS 16829:2017	Non-destructive testing — Automated ultrasonic testing — Selection and application of systems

ISO 16831:2012	Non-destructive testing — Ultrasonic testing — Characterization and verification of ultrasonic thickness measuring equipment
ISO 16946:2017	Non-destructive testing — Ultrasonic testing — Specification for step wedge calibration block
ISO 17405:2014	Non-destructive testing — Ultrasonic testing — Technique of testing claddings produced by welding, rolling and explosion <TC 44>
ISO 17577:2016	Steel — Ultrasonic testing of steel flat products of thickness equal to or greater than 6 mm <TC 17>
ISO 17640:2017	Non-destructive testing of welds — Ultrasonic testing — Techniques, testing levels, and assessment <TC 44>
ISO 18175:2004	Non-destructive testing — Evaluating performance characteristics of ultrasonic pulse-echo testing systems without the use of electronic measurement instruments
ISO 18211:2016	Non-destructive testing — Long-range inspection of above-ground pipelines and plant piping using guided wave testing with axial propagation <IIW>
ISO 18563-1:2015	Non-destructive testing — Characterization and verification of ultrasonic phased array equipment — Part 1: Instruments
ISO 18563-2:2017	Non-destructive testing — Characterization and verification of ultrasonic phased array equipment — Part 2: Probes
ISO 18563-3:2015	Non-destructive testing — Characterization and verification of ultrasonic phased array equipment — Part 3: Combined systems
ISO 19285:2017	Non-destructive testing of welds — Phased array ultrasonic testing (PAUT) — Acceptance levels <TC 44>
ISO 19675:2017	Non-destructive testing — Ultrasonic testing — Specification for a calibration block for phased array testing (PAUT) <IIW>
ISO 22825:2017	Non-destructive testing of welds — Ultrasonic testing — Testing of welds in austenitic steels and nickel-based alloys <TC 44>
ISO 23279:2017	Non-destructive testing of welds — Ultrasonic testing — Characterization of discontinuities in welds <TC 44>
ISO 25902-2:2010	Titanium pipes and tubes — Non-destructive testing — Part 2: Ultrasonic testing for the detection of longitudinal imperfections <TC 79>

7.1.4 磁気探傷試験（MT）

ISO 2178:2016	Non-magnetic coatings on magnetic substrates — Measurement of coating thickness — Magnetic method <TC 107>
ISO 2361:1982	Electrodeposited nickel coatings on magnetic and non-magnetic substrates — Measurement of coating thickness — Magnetic method <TC 107>
ISO 3059:2012	Non-destructive testing — Penetrant testing and magnetic particle testing — Viewing conditions
ISO 4986:2010	Steel castings — Magnetic particle inspection <TC 17>

ISO 6933:1986   Railway rolling stock material — Magnetic particle acceptance testing
                     <TC 17>

ISO 9934-1:2016   Non-destructive testing — Magnetic particle testing — Part 1: General
                     principles

ISO 9934-2:2015   Non-destructive testing — Magnetic particle testing — Part 2:
                     Detection media

ISO 9934-3:2015   Non-destructive testing — Magnetic particle testing — Part 3:
                     Equipment

ISO 10893-1:2011   Non-destructive testing of steel tubes — Part 1: Automated
                     electromagnetic testing of seamless and welded (except submerged arc-
                     welded) steel tubes for the verification of hydraulic leaktightness
                     <TC 17>

ISO 10893-3:2011   Non-destructive testing of steel tubes — Part 3: Automated full
                     peripheral flux leakage testing of seamless and welded (except
                     submerged arc-welded) ferromagnetic steel tubes for the detection of
                     longitudinal and/or transverse imperfections   <TC 17>

ISO 10893-5:2011   Non-destructive testing of steel tubes — Part 5: Magnetic particle
                     inspection of seamless and welded ferromagnetic steel tubes for the
                     detection of surface imperfections   <TC 17>

ISO 12707:2016   Non-destructive testing — Magnetic particle testing — Vocabulary

ISO 17638:2016   Non-destructive testing of welds — Magnetic particle testing   <TC 44>

ISO 23278:2015   Non-destructive testing of welds — Magnetic particle testing —
                     Acceptance levels   <TC 44>

ISO 24497-1:2007   Non-destructive testing — Metal magnetic memory — Part 1:
                     Vocabulary   <IIW>

ISO 24497-2:2007   Non-destructive testing — Metal magnetic memory — Part 2: General
                     requirements   <IIW>

ISO 24497-3:2007   Non-destructive testing — Metal magnetic memory — Part 3:
                     Inspection of welded joints   <IIW>

7.1.5　浸透探傷試験（PT）

ISO 3059:2012   Non-destructive testing — Penetrant testing and magnetic particle
                     testing — Viewing conditions

ISO 3452-1:2013   Non-destructive testing — Penetrant testing — Part 1: General
                     principles

ISO 3452-2:2013   Non-destructive testing — Penetrant testing — Part 2: Testing of
                     penetrant materials

ISO 3452-3:2013   Non-destructive testing — Penetrant testing — Part 3: Reference test
                     blocks

ISO 3452-4:1998   Non-destructive testing — Penetrant testing — Part 4: Equipment

ISO 3452-5:2008   Non-destructive testing — Penetrant testing — Part 5: Penetrant
                     testing at temperatures higher than 50 degrees C

ISO 3452-6:2008   Non-destructive testing — Penetrant testing — Part 6: Penetrant

	testing at temperatures lower than 10 degrees C
ISO 4386-3:1992	Plain bearings — Metallic multilayer plain bearings — Part 3: Non-destructive penetrant testing <TC 123>
ISO 4987:2010	Steel castings — Liquid penetrant inspection <TC 17>
ISO 10893-4:2011	Non-destructive testing of steel tubes — Part 4: Liquid penetrant inspection of seamless and welded steel tubes for the detection of surface imperfections <TC 17>
ISO 12706:2009	Non-destructive testing — Penetrant testing — Vocabulary
ISO 23277:2015	Non-destructive testing of welds — Penetrant testing — Acceptance levels <TC 44>

7.1.6 渦電流試験（ET）

ISO 2360:2017	Non-conductive coatings on non-magnetic electrically conductive base metals — Measurement of coating thickness — Amplitude-sensitive eddy-current method <TC 107>
ISO 10893-2:2011	Non-destructive testing of steel tubes — Part 2: Automated eddy current testing of seamless and welded (except submerged arc-welded) steel tubes for the detection of imperfections <TC 17>
ISO 12718:2008	Non-destructive testing — Eddy current testing — Vocabulary
ISO 15548-1:2013	Non-destructive testing — Equipment for eddy current examination — Part 1: Instrument characteristics and verification
ISO 15548-2:2013	Non-destructive testing — Equipment for eddy current examination — Part 2: Probe characteristics and verification
ISO 15548-3:2008	Non-destructive testing — Equipment for eddy current examination — Part 3: System characteristics and verification
ISO 15549:2008	Non-destructive testing — Eddy current testing — General principles
ISO 17643:2015	Non-destructive testing of welds — Eddy current testing of welds by complex-plane analysis <TC 44>
ISO 20339:2017	Non-destructive testing — Equipment for eddy current examination — Array probe characteristics and verification
ISO 20669:2017	Non-destructive testing — Pulsed eddy current testing of ferromagnetic metallic components
ISO 21968:2005	Non-magnetic metallic coatings on metallic and non-metallic basis materials — Measurement of coating thickness — Phase-sensitive eddy-current method <TC 107>
ISO 25902-1:2009	Titanium pipes and tubes — Non-destructive testing — Part 1: Eddy-current examination <TC 79>

7.1.7 アコースティック・エミッション試験（AE）

ISO 12713:1998	Non-destructive testing — Acoustic emission inspection — Primary calibration of transducers
ISO 12714:1999	Non-destructive testing — Acoustic emission inspection — Secondary calibration of acoustic emission sensors

ISO 12716:2001	Non-destructive testing — Acoustic emission inspection — Vocabulary
ISO/TR 13115:2011	Non-destructive testing — Methods for absolute calibration of acoustic emission transducers by the reciprocity technique
ISO 18081:2016	Non-destructive testing — Acoustic emission testing (AT) — Leak detection by means of acoustic emission
ISO 18249:2015	Non-destructive testing — Acoustic emission testing — Specific methodology and general evaluation criteria for testing of fibre-reinforced polymers

7.1.8　漏れ試験（LT）

ISO 3529-1:1981	Vacuum technology — Vocabulary — Part 1: General terms　<TC 112>
ISO 3530:1979	Vacuum technology — Mass-spectrometer-type leak-detector calibration
ISO 20484:2017	Non-destructive testing — Leak testing — Vocabulary
ISO 20485:2017	Non-destructive testing — Leak testing — Tracer gas method
ISO 20486:2017	Non-destructive testing — Leak testing — Calibration of reference leaks for gases
ISO 27895:2009	Vacuum technology — Valves — Leak test　<TC 112>

7.1.9　赤外線サーモグラフィ試験（TT）

ISO 10878:2013	Non-destructive testing — Infrared thermography — Vocabulary
ISO 10880:2017	Non-destructive testing — Infrared thermographic testing — General principles
ISO 18251-1:2017	Non-destructive testing — Infrared thermography — Part 1: Characteristics of system and equipment

7.1.10　目視試験（VT）

ISO 3057:1998	Non-destructive testing — Metallographic replica techniques of surface examination
ISO 3058:1998	Non-destructive testing — Aids to visual inspection — Selection of low-power magnifiers
ISO 11971:2008	Steel and iron castings — Visual examination of surface quality <TC 17>
ISO 17637:2016	Non-destructive testing of welds — Visual testing of fusion-welded joints　<TC 44>

7.1.11　機械の状態監視と診断

ISO 13372:2012	Condition monitoring and diagnostics of machines — Vocabulary <TC 108>
ISO 13374-1:2003	Condition monitoring and diagnostics of machines — Data processing, communication and presentation — Part 1: General guidelines <TC 108>
ISO 13374-2:2007	Condition monitoring and diagnostics of machines — Data processing, communication and presentation — Part 2: Data processing　<TC 108>

ISO 13374-3:2012	Condition monitoring and diagnostics of machines — Data processing, communication and presentation — Part 3: Communication　<TC 108>
ISO 13374-4:2015	Condition monitoring and diagnostics of machines — Data processing, communication and presentation — Part 4: Presentation　<TC 108>
ISO 13379-1:2012	Condition monitoring and diagnostics of machines — Data interpretation and diagnostics techniques — Part 1: General guidelines <TC 108>
ISO 13379-2:2015	Condition monitoring and diagnostics of machines — Data interpretation and diagnostics techniques — Part 2: Data-driven applications　<TC 108>
ISO 13381-1:2015	Condition monitoring and diagnostics of machines — Prognostics — Part 1: General guidelines　<TC 108>
ISO 16079-1:2017	Condition monitoring and diagnostics of wind turbines — Part 1: General guidelines　<TC 108>
ISO 17359:2018	Condition monitoring and diagnostics of machines — General guidelines　<TC 108>
ISO 18095:2018	Condition monitoring and diagnostics of power transformers <TC 108>
ISO 18129:2015	Condition monitoring and diagnostics of machines — Approaches for performance diagnosis　<TC 108>
ISO 18434-1:2008	Condition monitoring and diagnostics of machines — Thermography — Part 1: General procedures　<TC 108>
ISO 18436-1:2012	Condition monitoring and diagnostics of machines — Requirements for qualification and assessment of personnel — Part 1: Requirements for assessment bodies and the assessment process　<TC 108>
ISO 18436-2:2014	Condition monitoring and diagnostics of machines — Requirements for qualification and assessment of personnel — Part 2: Vibration condition monitoring and diagnostics　<TC 108>
ISO 18436-3:2012	Condition monitoring and diagnostics of machines — Requirements for qualification and assessment of personnel — Part 3: Requirements for training bodies and the training process　<TC 108>
ISO 18436-4:2014	Condition monitoring and diagnostics of machines — Requirements for qualification and assessment of personnel — Part 4: Field lubricant analysis　<TC 108>
ISO 18436-5:2012	Condition monitoring and diagnostics of machines — Requirements for qualification and assessment of personnel — Part 5: Lubricant laboratory technician/analyst　<TC 108>
ISO 18436-6:2014	Condition monitoring and diagnostics of machines — Requirements for qualification and assessment of personnel — Part 6: Acoustic emission <TC 108>
ISO 18436-7:2014	Condition monitoring and diagnostics of machines — Requirements for qualification and assessment of personnel — Part 7: Thermography <TC 108>

ISO 18436-8:2013	Condition monitoring and diagnostics of machines — Requirements for qualification and assessment of personnel — Part 8: Ultrasound \<TC 108\>
ISO 20958:2013	Condition monitoring and diagnostics of machine systems — Electrical signature analysis of three-phase induction motors　\<TC 108\>
ISO 22096:2007	Condition monitoring and diagnostics of machines — Acoustic emission \<TC 108\>
ISO 29821:2018	Condition monitoring and diagnostics of machines — Ultrasound — General guidelines, procedures and validation　\<TC 108\>

7.2　EN 規格

　EN は欧州規格（European Norm）の略称であり，欧州標準化委員会（CEN, European Committee for Standardization）が策定している．非破壊試験関連の規格は，TC 138 が担当している．以下の一覧では，TC 138 が担当するすべての規格に加えて，その他の非破壊試験関連の規格を示している．ただし，ISO と統合された EN ISO 規格については，7.1 節に示した ISO 規格と重複するため，記載していない．また，規格名称の後の＜　＞内に示しているのは担当の専門委員会であり，記載していない場合は TC 138 である．なお，EN 規格の最新動向については，（http://www.cen.eu/）を参照されたい．

TC 138　(Non-destructive testing)
TC 23　(Transportable gas cylinders)
TC 104　(Concrete and related products)
TC 121　(Welding and allied processes)
TC 133　(Copper and copper alloys)
TC 184　(Advanced technical ceramics)
TC 190　(Foundry technology)
TC 227　(Road materials)
TC 249　(Plastics)
TC 256　(Railway applications)
TC 393　(Equipment for storage tanks and for filling stations)
ECISS / TC 101　　(Test methods for steel (other than chemical analysis))
ECISS / TC 111　　(Steel castings and forgings)
ASD-STAN　　(Aerospace)
A1, A2…　　: Amendment（修正票）
AC　　: Corrigendum（正誤票）

7.2.1　一　般

| EN 1330-1:2014 | Non-destructive testing — Terminology — Part 1: List of general terms |
| EN 1330-2:1998 | Non-destructive testing — Terminology — Part 2: Terms common to the non-destructive testing methods |

EN 4179:2017	Aerospace series — Qualification and approval of personnel for non-destructive testing <ASD-STAN>
EN 12799:2000	Brazing — Non-destructive examination of brazed joints <TC 121>
EN 12799:2000/A1:2003	<TC 121>
CR 13935:2000	Non-destructive testing — Generic NDE data format model
EN 14728:2005	Imperfections in thermoplastic welds — Classification <TC 249>
CEN/TR 14748:2004	Non-destructive testing — Methodology for qualification of non-destructive tests
CEN/TS 15053:2005	Non-destructive testing — Recommendations for discontinuities-types in test specimens for examination
EN 15085-5:2007	Railway applications — Welding of railway vehicles and components — Part 5: Inspection, testing and documentation <TC 256>
CEN/TR 15135:2005	Welding — Design and non-destructive testing of welds <TC 121>
CEN/TR 15589:2014	Non destructive testing — Code of practice for the approval of NDT personnel by recognised third party organisations under the provisions of Directive 97/23/EC
EN 16753:2016	Gas cylinders — Periodic inspection and testing, in situ (without dismantling) of refillable seamless steel tubes of water capacity between 150 l and 3000 l, used for compressed gases <TC 23>

7.2.2 放射線透過試験 (RT)

EN 1330-3:1997	Non-destructive testing — Terminology — Part 3: Terms used in industrial radiographic testing
EN 1330-11:2007	Non-destructive testing — Terminology — Terms used in X-ray diffraction from polycrystalline and amorphous materials
EN 12543-1:1999	Non-destructive testing — Characteristics of focal spots in industrial X-ray systems for use in non-destructive testing — Part 1: Scanning method
EN 12543-2:2008	Non-destructive testing — Characteristics of focal spots in industrial X-ray systems for use in non-destructive testing — Part 2: Pinhole camera radiographic method
EN 12543-3:1999	Non-destructive testing — Characteristics of focal spots in industrial X-ray systems for use in non-destructive testing — Part 3: Slit camera radiographic method
EN 12543-4:1999	Non-destructive testing — Characteristics of focal spots in industrial X-ray systems for use in non-destructive testing — Part 4: Edge method
EN 12543-5:1999	Non-destructive testing — Characteristics of focal spots in industrial X-ray systems for use in non-destructive testing — Part 5: Measurement of the effective focal spot size of mini and micro focus X-ray tubes
EN 12544-1:1999	Non-destructive testing — Measurement and evaluation of the X-ray tube voltage — Part 1: Voltage divider method
EN 12544-2:2000	Non-destructive testing — Measurement and evaluation of the X-ray

tube voltage — Part 2: Constancy check by the thick filter method

EN 12544-3:1999   Non-destructive testing — Measurement and evaluation of the X-ray tube voltage — Part 3: Spectrometric method

EN 12679:1999   Non-destructive testing — Determination of the size of industrial radiographic sources — Radiographic method

EN 12681-1:2017   Founding — Radiographic testing — Part 1: Film techniques <TC 190>

EN 12681-2:2017   Founding — Radiographic testing — Part 2: Techniques with digital detectors <TC 190>

EN 13068-1:1999   Non-destructive testing — Radioscopic testing — Part 1: Quantitative measurement of imaging properties

EN 13068-2:1999   Non-destructive testing — Radioscopic testing — Part 2: Check of long term stability of imaging devices

EN 13068-3:2001   Non-destructive testing — Radioscopic testing — Part 3: General principles of radioscopic testing of metallic materials by X- and gamma rays

EN 13100-2:2004   Non-destructive testing in welded joints in thermoplastics semi-finished products — Part 2: X-ray radiographic testing   <TC 249>

EN 13925-1:2003   Non-destructive testing — X-ray diffraction from polycrystalline and amorphous material — Part 1: General principles

EN 13925-2:2003   Non-destructive testing — X-ray diffraction from polycrystalline and amorphous material — Part 2: Procedures

EN 13925-3:2005   Non-destructive testing — X-ray diffraction from polycrystalline and amorphous materials — Part 3: Instruments

EN 14096-1:2003   Non-destructive testing — Qualification of radiographic film digitisation systems — Part 1: Definitions, quantitative measurements of image quality parameters, standard reference film and qualitative control

EN 14096-2:2003   Non-destructive testing — Qualification of radiographic film digitisation systems — Part 2: Minimum requirements

EN 14784-1:2005   Non-destructive testing — Industrial computed radiography with storage phosphor imaging plates — Part 1: Classification of systems

EN 15305:2008   Non-destructive testing — Test method for residual stress analysis by X-ray diffraction

EN 15305:2008/AC:2009

EN 16016-1:2011   Non destructive testing — Radiation methods — Computed tomography — Part 1: Terminology

EN 16016-2:2011   Non destructive testing — Radiation methods — Computed tomography — Part 2: Principle, equipment and samples

EN 16016-3:2011   Non destructive testing — Radiation methods — Computed tomography — Part 3: Operation and interpretation

EN 16016-4:2011   Non destructive testing — Radiation methods — Computed tomography — Part 4: Qualification

EN 16407-1:2014   Non-destructive testing — Radiographic inspection of corrosion and

	deposits in pipes by X- and gamma rays — Part 1: Tangential radiographic inspection
EN 16407-2:2014	Non-destructive testing — Radiographic inspection of corrosion and deposits in pipes by X- and gamma rays — Part 2: Double wall radiographic inspection
EN 25580:1992	Non-destructive testing — Industrial radiographic illuminators — Minimum requirements (ISO 5580:1985)

7.2.3 超音波探傷試験 (UT)

EN 10160:1999	Ultrasonic testing of steel flat product of thickness equal to or greater than 6 mm (reflection method) <ECISS / TC 101>
EN 10228-3:2016	Non-destructive testing of steel forgings — Part 3: Ultrasonic testing of ferritic or martensitic steel forgings <ECISS / TC 111>
EN 10228-4:2016	Non-destructive testing of steel forgings — Part 4: Ultrasonic testing of austenitic and austenitic-ferritic stainless steel forgings <ECISS / TC111>
EN 10306:2001	Iron and steel — Ultrasonic testing of H beams with parallel flanges and IPE beams <ECISS / TC 101>
EN 10307:2001	Non-destructive testing — Ultrasonic testing of austenitic and austenitic-ferritic stainless steels flat products of thickness equal to or greater than 6 mm (reflection method) <ECISS / TC 101>
EN 10308:2001	Non-destructive testing — Ultrasonic testing of steel bars <ECISS / TC 101>
EN 12668-1:2010	Non-destructive testing — Characterization and verification of ultrasonic examination equipment — Part 1: Instruments
EN 12668-2:2010	Non-destructive testing — Characterization and verification of ultrasonic examination equipment — Part 2: Probes
EN 12668-3:2013	Non-destructive testing — Characterization and verification of ultrasonic examination equipment — Part 3: Combined equipment
EN 12680-1:2003	Founding — Ultrasonic examination — Part 1: Steel castings for general purposes <TC 190>
EN 12680-2:2003	Founding — Ultrasonic examination — Part 2: Steel castings for highly stressed components <TC 190>
EN 12680-3:2003	Founding — Ultrasonic examination — Part 3: Spheroidal graphite cast iron castings <TC 190>
EN 13100-3:2004	Non-destructive testing of welded joints in thermoplastics semi-finished products — Part 3: Ultrasonic testing <TC 249>
EN 14127:2011	Non-destructive testing — Ultrasonic thickness measurement
CEN/TR 15134:2005	Non-destructive testing — Automated ultrasonic examination — Selection and application of systems
EN 15317:2013	Non-destructive testing — Ultrasonic testing — Characterization and verification of ultrasonic thickness measuring equipment
EN 16018:2011	Non-destructive testing — Terminology — Terms used in ultrasonic

testing with phased arrays

EN 16729-1:2016　Railway applications — Infrastructure — Non-destructive testing on rails in track — Part 1: Requirements for ultrasonic inspection and evaluation principles　<TC 256>

7.2.4　磁気探傷試験（MT）

EN 1369:2012　Founding — Magnetic particle testing　<TC 190>

EN 10228-1:2016　Non-destructive testing of steel forgings — Part 1: Magnetic particle inspection　<ECISS / TC 111>

CEN/TR 16638:2014　Non-destructive testing — Penetrant and magnetic particle testing using blue light

CEN/TR 17108:2017　Non-destructive testing — Lighting in penetrant and magnetic particle testing, good practice

7.2.5　浸透探傷試験（PT）

EN 623-1:2006　Advanced technical ceramics — Monolithic ceramics — General and textural properties — Part 1: Determination of the presence of defects by dye penetration　<TC 184>

EN 1371-1:2011　Founding — Liquid penetrant testing — Part 1: Sand, gravity die and low pressure die castings　<TC 190>

EN 1371-2:2015　Founding — Liquid penetrant testing — Part 2: Investment castings　<TC 190>

EN 10228-2:2016　Non-destructive testing of steel forgings — Part 2: Penetrant testing　<ECISS / TC 111>

CEN/TR 16638:2014　Non-destructive testing — Penetrant and magnetic particle testing using blue light

CEN/TS 17100:2017　Non-destructive testing — Penetrant testing — Reference photographs and sizing of indications

CEN/TR 17108:2017　Non-destructive testing — Lighting in penetrant and magnetic particle testing, good practice

7.2.6　過電流試験（ET）

EN 1971-1:2011　Copper and copper alloys — Eddy current test for measuring defects on seamless round copper and copper alloy tubes — Part 1: Test with an encircling test coil on the outer surface　<TC 133>

EN 1971-2:2011　Copper and copper alloys — Eddy current test for measuring defects on seamless round copper and copper alloy tubes — Part 2: Test with an internal probe on the inner surface　<TC 133>

7.2.7　アコースティック・エミッション試験（AE）

EN 1330-9:2017　Non-destructive testing — Terminology — Part 9: Terms used in acoustic emission testing

EN 13477-1:2001　Non-destructive testing — Acoustic emission — Equipment

	characterization — Part 1: Equipment description
EN 13477-2:2010	Non-destructive testing — Acoustic emission — Equipment characterization — Part 2: Verification of operation characteristic
EN 13554:2011	Non-destructive testing — Acoustic emission testing — General principles
EN 14584:2013	Non-destructive testing — Acoustic emission testing — Examination of metallic pressure equipment during proof testing — Planar location of AE sources
EN 15495:2007	Non-destructive testing — Acoustic emission — Examination of metallic pressure equipment during proof testing — Zone location of AE sources
EN 15856:2010	Non-destructive testing — Acoustic emission — General principles of AE testing for the detection of corrosion within metallic surrounding filled with liquid
EN 15857:2010	Non-destructive testing — Acoustic emission — Testing of fibre-reinforced polymers — Specific methodology and general evaluation criteria

7.2.8 漏れ試験（LT）

EN 1518:1998	Non-destructive testing — Leak testing — Characterization of mass spectrometer leak detector
EN 1593:1999	Non-destructive testing — Leak testing — Bubble emission techniques
EN 1593:1999/A1:2003	
EN 1779:1999	Non-destructive testing — Leak testing — Criteria for method and technique selection
EN 1779:1999/A1:2003	
EN 13160-1:2016	Leak detection systems — Part 1: General principles <TC 393>
EN 13160-2:2016	Leak detection systems — Part 2: Requirements and test/assessment methods for pressure and vacuum systems <TC393>
EN 13160-3:2016	Leak detection systems — Part 3: Requirements and test/assessment methods for liquid systems for tanks <TC 393>
EN 13160-4:2016	Leak detection systems — Part 4: Requirements and test/assessment methods for sensor based leak detection systems <TC 393>
EN 13160-5:2016	Leak detection systems — Part 5: Requirements and test/assessment methods for in-tank gauge systems and pressurised pipework systems <TC393>
EN 13160-6:2016	Leak detection systems — Part 6: Sensors in monitoring wells <TC 393>
EN 13160-7:2016	Leak detection systems — Part 7: Requirements and test/assessment methods for interstitial spaces, leak detection linings and leak detection jackets <TC 393>
EN 13184:2001	Non-destructive testing — Leak testing — Pressure change method
EN 13184:2001/A1:2003	
EN 13625:2001	Non-destructive testing — Leak test — Guide to the selection of

instrumentation for the measurement of gas leakage

7.2.9 赤外線サーモグラフィ試験（TT）

EN 16714-1:2016	Non-destructive testing — Thermographic testing — Part 1: General principles
EN 16714-2:2016	Non-destructive testing — Thermographic testing — Part 2: Equipment
EN 16714-3:2016	Non-destructive testing — Thermographic testing — Part 3: Terms and definitions

7.2.10 目視試験（VT）

EN 1330-10:2003	Non-destructive testing — Terminology — Part 10: Terms used in visual testing
EN 1370:2011	Founding — Examination of surface condition　<TC 190>
EN 12272-2:2003	Surface dressing — Test methods — Part 2: Visual assessment of defects　<TC 227>
EN 13018:2016	Non-destructive testing — Visual testing — General principles
EN 13100-1:2017	Non destructive testing of welded joints of thermoplastics semi-finished products — Part1: Visual examination　<TC 249>
EN 13927:2003	Non-destructive testing — Visual testing — Equipment

7.2.11 その他

EN 12504-2:2012	Testing concrete in structures — Part 2: Non-destructive testing — Determination of rebound number　<TC 104>
EN 13100-4:2012	Non destructive testing of welded joints of thermoplastics semifinished products — Part 4: High voltage testing　<TC 249>

7.3 ASTM 規格

　ASTMはもともと米国材料試験協会（American Society for Testing and Materials）の略称であるが，現在の正式な団体名称は ASTM International である．非破壊試験関連の規格は，E07 専門委員会が担当している．以下の一覧では，E07 委員会が担当するすべての規格に加えて，その他の非破壊試験関連の規格を示している．規格名称の後の< >内に示しているのは，担当の専門委員会（記載していない場合は，E07 専門委員会）である．なお，ASTM の正式な規格名称はすべて Standard から始まるが，以下の一覧ではすべての規格について最初の語の Standard を省略していることに注意されたい．また，ASTM 規格の最新動向については，（http://www.astm.org/）を参照されたい．

E07	(Nondestructive testing)
A01	(Steel, stainless steel and related alloys)

B07	(Light metals and alloys)
B08	(Metallic and inorganic coatings)
C09	(Concrete and concrete aggregates)
C16	(Thermal insulation)
C28	(Advanced ceramics)
D04	(Road and paving materials)
D18	(Soil and rock)
D35	(Geosynthetics)
E17	(Vehicle-pavement systems)
E28	(Mechanical testing)
F18	(Electrical protective equipment for workers)

7.3.1 一 般

ASTM E543-15	Specification for agencies performing nondestructive testing
ASTM E1212-17	Practice for establishing quality management systems for nondestructive testing agencies
ASTM E1316-18a	Terminology for nondestructive examinations
ASTM E1359-17	Guide for auditing and evaluating capabilities of nondestructive testing agencies
ASTM E2339-15	Practice for digital imaging and communication in nondestructive evaluation (DICONDE)
ASTM E2862-18	Practice for probability of detection analysis for hit/miss data
ASTM E3023-15	Practice for probability of detection analysis for â versus a data
ASTM E3147-18	Practice for evaluating DICONDE interoperability of nondestructive testing and inspection systems

7.3.2 放射線透過試験 (RT)

ASTM B567-98(2014)	Test method for measurement of coating thickness by the beta backscatter method <B08>
ASTM D4452-14	Practice for X-ray radiography of soil samples <D18>
ASTM E94/E94M-17	Guide for radiographic examination using industrial radiographic film
ASTM E155-15	Reference radiographs for inspection of aluminum and magnesium castings
ASTM E186-15	Reference radiographs for heavy-walled (2 to 4 1/2-in. (50.8 to 114-mm)) steel castings
ASTM E192-15	Reference radiographs of investment steel castings for aerospace applications
ASTM E242-15	Reference radiographs for appearances of radiographic images as certain parameters are changed
ASTM E272-15	Reference radiographs for high-strength copper-base and nickel-copper alloy castings
ASTM E280-15	Reference radiographs for heavy-walled (4 1/2 to 12-in. (114 to 305-mm)) steel castings

ASTM E310-15	Reference radiographs for tin bronze castings
ASTM E390-15	Reference radiographs for steel fusion welds
ASTM E431-96(2016)	Guide to interpretation of radiographs of semiconductors and related devices
ASTM E446-15	Reference radiographs for steel castings up to 2 in. (50.8 mm) in thickness
ASTM E505-15	Reference radiographs for inspection of aluminum and magnesium die castings
ASTM E545-14	Test method for determining image quality in direct thermal neutron radiographic examination
ASTM E592-15	Guide to obtainable ASTM equivalent penetrameter sensitivity for radiography of steel plates 1/4 to 2 in. (6 to 51 mm) thick with X-rays and 1 to 6 in. (25 to 152 mm) thick with cobalt-60
ASTM E689-15	Reference radiographs for ductile iron castings
ASTM E746-18	Practice for determining relative image quality response of industrial radiographic imaging systems
ASTM E747-04(2010)	Practice for design, manufacture and material grouping classification of wire image quality indicators (IQI) used for radiology
ASTM E748-16	Guide for thermal neutron radiography of materials
ASTM E801-16	Practice for controlling quality of radiological examination of electronic devices
ASTM E802-15	Reference radiographs for gray iron castings up to 4 1/2 in. (114 mm) in thickness
ASTM E803-17	Test method for determining the L/D ratio of neutron radiography beams
ASTM E999-15	Guide for controlling the quality of industrial radiographic film processing
ASTM E1000-16	Guide for radioscopy
ASTM E1025-18	Practice for design, manufacture, and material grouping classification of hole-type image quality indicators (IQI) used for radiography
ASTM E1030/E1030M-15	Practice for radiographic examination of metallic castings
ASTM E1032-12	Test method for radiographic examination of weldments
ASTM E1079-16	Practice for calibration of transmission densitometers
ASTM E1114-09(2014)	Test method for determining the size of iridium-192 industrial radiographic sources
ASTM E1161-09(2004)	Practice for radiologic examination of semiconductors and electronic components
ASTM E1165-12(2017)	Test method for measurement of focal spots of industrial X-ray tubes by pinhole imaging
ASTM E1254-13	Guide for storage of radiographs and unexposed industrial radiographic films
ASTM E1255-16	Practice for radioscopy
ASTM E1320-15	Reference radiographs for titanium castings

ASTM E1390-12(2016)	Specification for illuminators used for viewing industrial radiographs
ASTM E1411-16	Practice for qualification of radioscopic systems
ASTM E1416-16a	Practice for radioscopic examination of weldments
ASTM E1441-11	Guide for computed tomography (CT) imaging
ASTM E1453-14	Guide for storage of magnetic tape media that contains analog or digital radioscopic data
ASTM E1475-13	Guide for data fields for computerized transfer of digital radiological examination data
ASTM E1570-11	Practice for computed tomographic (CT) examination
ASTM E1647-16	Practice for determining contrast sensitivity in radiology
ASTM E1648-15	Reference radiographs for examination of aluminum fusion welds
ASTM E1672-12	Guide for computed tomography (CT) system selection
ASTM E1695-95(2013)	Test method for measurement of computed tomography (CT) system performance
ASTM E1734-16a	Practice for radioscopic examination of castings
ASTM E1735-07(2014)	Test method for determining relative image quality of industrial radiographic film exposed to X-radiation from 4 to 25 MeV
ASTM E1742/E1742M-18	Practice for radiographic examination
ASTM E1814-14	Practice for computed tomographic (CT) examination of castings
ASTM E1815-08(2013)e1	Test method for classification of film systems for industrial radiography
ASTM E1817-08(2014)	Practice for controlling quality of radiological examination by using representative quality indicators (RQIs)
ASTM E1931-16	Guide for non-computed X-ray Compton scatter tomography
ASTM E1935-97(2013)	Test method for calibrating and measuring CT density
ASTM E1936-15	Reference radiograph for evaluating the performance of radiographic digitization systems
ASTM E1955-04(2014)	Radiographic examination for soundness of welds in steel by comparison to graded ASTM reference radiographs
ASTM E2002-15	Practice for determining total image unsharpness and basic spatial resolution in radiography and radioscopy
ASTM E2003-10(2014)	Practice for fabrication of the neutron radiographic beam purity indicators
ASTM E2007-10(2016)	Guide for computed radiography
ASTM E2023-10(2014)	Practice for fabrication of neutron radiographic sensitivity indicators
ASTM E2033-17	Practice for radiographic examination using computed radiography (photostimulable luminescence method)
ASTM E2104-15	Practice for radiographic examination of advanced aero and turbine materials and components
ASTM E2422-17	Digital reference images for inspection of aluminum castings
ASTM E2445/E2445M-14	Practice for performance evaluation and long-term stability of computed radiography systems
ASTM E2446-16	Practice for manufacturing characterization of computed radiography systems

ASTM E2597/E2597M-14	Practice for manufacturing characterization of digital detector arrays
ASTM E2660-17	Digital reference images for investment steel castings for aerospace applications
ASTM E2662-15	Practice for radiographic examination of flat panel composites and sandwich core materials used in aerospace applications
ASTM E2669-16e1	Digital reference images for titanium castings
ASTM E2698-10	Practice for radiological examination using digital detector arrays
ASTM E2699-13	Practice for digital imaging and communication in nondestructive evaluation (DICONDE) for digital radiographic (DR) test methods
ASTM E2736-17	Guide for digital detector array radiography
ASTM E2737-10(2018)	Practice for digital detector array performance evaluation and long-term stability
ASTM E2738-13e1	Practice for digital imaging and communication in nondestructive evaluation (DICONDE) for computed radiography (CR) test methods
ASTM E2767-13	Practice for digital imaging and communication in nondestructive evaluation (DICONDE) for X-ray computed tomography (CT) test methods
ASTM E2861-16	Test method for measurement of beam divergence and alignment in neutron radiologic beams
ASTM E2868-17	Digital reference images for steel castings up to 2 in. (50.8 mm) in thickness
ASTM E2869-17	Digital reference images for magnesium castings
ASTM E2903-18	Test method for measurement of the effective focal spot size of mini and micro focus X-ray tubes
ASTM E2971-16	Test method for determination of effective boron-10 areal density in aluminum neutron absorbers using neutron attenuation measurements
ASTM E2973-15	Digital reference images for inspection of aluminum and magnesium die castings

7.3.3　超音波探傷試験（UT）

ASTM A388/A388M-16a	Practice for ultrasonic examination of steel forgings　<A01>
ASTM A418/A418M-15	Practice for ultrasonic examination of turbine and generator steel rotor forgings　<A01>
ASTM A435/A435M-17	Specification for straight-beam ultrasonic examination of steel plates <A01>
ASTM A503/A503M-15	Specification for ultrasonic examination of forged crankshafts　<A01>
ASTM A531/A531M-13	Practice for ultrasonic examination of turbine-generator steel retaining rings　<A01>
ASTM A577/A577M-17	Specification for ultrasonic angle-beam examination of steel plates <A01>
ASTM A578/A578M-17	Specification for straight-beam ultrasonic examination of rolled steel plates for special applications　<A01>
ASTM A609/A609M-12(2018)	Practice for castings, carbon, low-alloy, and martensitic stainless steel,

	ultrasonic examination thereof <A01>
ASTM A745/A745M-15	Practice for ultrasonic examination of austenitic steel forgings <A01>
ASTM A898/A898M-17	Specification for straight beam ultrasonic examination of rolled steel structural shapes <A01>
ASTM A939/A939M-15	Practice for ultrasonic examination from bored surfaces of cylindrical forgings <A01>
ASTM A1038-17	Test method for portable hardness testing by the ultrasonic contact impedance method <A01>
ASTM B548-03(2017)	Test method for ultrasonic inspection of aluminum-alloy plate for pressure vessels <B07>
ASTM B594-13	Practice for ultrasonic inspection of aluminum-alloy wrought products <B07>
ASTM C597-16	Test method for pulse velocity through concrete <C09>
ASTM C1331-18	Practice for measuring ultrasonic velocity in advanced ceramics with broadband pulse-echo cross-correlation method
ASTM C1332-18	Practice for measurement of ultrasonic attenuation coefficients of advanced ceramics by pulse-echo contact technique
ASTM D7006-03(2013)	Practice for ultrasonic testing of geomembranes <D35>
ASTM E114-15	Practice for ultrasonic pulse-echo straight-beam contact testing
ASTM E127-15	Practice for fabrication and control of aluminum alloy ultrasonic standard reference blocks
ASTM E164-13	Practice for contact ultrasonic testing of weldments
ASTM E213-14e1	Practice for ultrasonic testing of metal pipe and tubing
ASTM E273-15	Practice for ultrasonic testing of the weld zone of welded pipe and tubing
ASTM E317-16	Practice for evaluating performance characteristics of ultrasonic pulse-echo testing instruments and systems without the use of electronic measurement instruments
ASTM E428-08(2013)	Practice for fabrication and control of metal, other than aluminum, reference blocks used in ultrasonic testing
ASTM E494-15	Practice for measuring ultrasonic velocity in materials
ASTM E587-15	Practice for ultrasonic angle-beam contact testing
ASTM E588-03(2014)	Practice for detection of large inclusions in bearing quality steel by the ultrasonic method <A01>
ASTM E664/E664M-15	Practice for the measurement of the apparent attenuation of longitudinal ultrasonic waves by immersion method
ASTM E797/E797M-15	Practice for measuring thickness by manual ultrasonic pulse-echo contact method
ASTM E1001-16	Practice for detection and evaluation of discontinuities by the immersed pulse-echo ultrasonic method using longitudinal waves
ASTM E1065/E1065M-14	Guide for evaluating characteristics of ultrasonic search units
ASTM E1158-14	Guide for material selection and fabrication of reference blocks for the pulsed longitudinal wave ultrasonic testing of metal and metal alloy

	production material
ASTM E1324-16	Guide for measuring some electronic characteristics of ultrasonic testing instruments
ASTM E1774-17	Guide for electromagnetic acoustic transducers (EMATs)
ASTM E1816-12	Practice for ultrasonic testing using electromagnetic acoustic transducer (EMAT) techniques
ASTM E1901-13	Guide for detection and evaluation of discontinuities by contact pulse-echo straight-beam ultrasonic methods
ASTM E1961-16	Practice for mechanized ultrasonic testing of girth welds using zonal discrimination with focused search units
ASTM E1962-14	Practice for ultrasonic surface testing using electromagnetic acoustic transducer (EMAT) techniques
ASTM E2001-13	Guide for resonant ultrasound spectroscopy for defect detection in both metallic and non-metallic parts
ASTM E2192-13	Guide for planar flaw height sizing by ultrasonics
ASTM E2223-13	Practice for examination of seamless, gas-filled, steel pressure vessels using angle beam ultrasonics
ASTM E2373/E2373M-14	Practice for use of the ultrasonic time of flight diffraction (TOFD) technique
ASTM E2375-16	Practice for ultrasonic testing of wrought products
ASTM E2479-16	Practice for measuring the ultrasonic velocity in polyethylene tank walls using lateral longitudinal (LCR) waves
ASTM E2491-13	Guide for evaluating performance characteristics of phased-array ultrasonic testing instruments and systems
ASTM E2534-15	Practice for process compensated resonance testing via swept sine input for metallic and non-metallic parts
ASTM E2580-17	Practice for ultrasonic testing of flat panel composites and sandwich core materials used in aerospace applications
ASTM E2663-14	Practice for digital imaging and communication in nondestructive evaluation (DICONDE) for ultrasonic test methods
ASTM E2700-14	Practice for contact ultrasonic testing of welds using phased arrays
ASTM E2775-16	Practice for guided wave testing of above ground steel pipework using piezoelectric effect transduction
ASTM E2904-17	Practice for characterization and verification of phased array probes
ASTM E2929-13	Practice for guided wave testing of above ground steel piping with magnetostrictive transduction
ASTM E2985/E2985M-14	Practice for determination of metal purity based on elastic constant measurements derived from resonant ultrasound spectroscopy
ASTM E3044/E3044M-16e1	Practice for ultrasonic testing of polyethylene butt fusion joints
ASTM E3081-16	Practice for outlier screening using process compensated resonance testing via swept sine input for metallic and non-metallic parts

7.3.4 磁気探傷試験（MT）

ASTM A275/A275M-15	Practice for magnetic particle examination of steel forgings <A01>
ASTM A456/A456M-08(2018)	Specification for magnetic particle examination of large crankshaft forgings <A01>
ASTM A903/A903M-99(2017)	Specification for steel castings, surface acceptance standards, magnetic particle and liquid penetrant inspection <A01>
ASTM A966/A966M-15	Practice for magnetic particle examination of steel forgings using alternating current <A01>
ASTM A986/A986M-01(2016)	Specification for magnetic particle examination of continuous grain flow crankshaft forgings <A01>
ASTM E125-63(2013)	Reference photographs for magnetic particle indications on ferrous castings
ASTM E709-15	Guide for magnetic particle testing
ASTM E1444/E1444M-16e1	Practice for magnetic particle testing
ASTM E2297-15	Guide for use of UV-A and visible light sources and meters used in the liquid penetrant and magnetic particle methods
ASTM E3022-15	Practice for measurement of emission characteristics and requirements for LED UV-A lamps used in fluorescent penetrant and magnetic particle testing
ASTM E3024/E3024M-16	Practice for magnetic particle testing for general industry

7.3.5 浸透探傷試験（PT）

ASTM A903/A903M-99(2017)	Specification for steel castings, surface acceptance standards, magnetic particle and liquid penetrant inspection <A01>
ASTM E165/E165M-12	Practice for liquid penetrant examination for general industry
ASTM E433-71(2013)	Reference photographs for liquid penetrant inspection
ASTM E1135-12	Test method for comparing the brightness of fluorescent penetrants
ASTM E1208-16	Practice for fluorescent liquid penetrant testing using the lipophilic post-emulsification process
ASTM E1209-10	Practice for fluorescent liquid penetrant testing using the water-washable process
ASTM E1210-16	Practice for fluorescent liquid penetrant testing using the hydrophilic post-emulsification process
ASTM E1219-16	Practice for fluorescent liquid penetrant testing using the solvent-removable process
ASTM E1220-16	Practice for visible penetrant testing using solvent-removable process
ASTM E1417/E1417M-16	Practice for liquid penetrant testing
ASTM E1418-16	Practice for visible penetrant testing using the water-washable process
ASTM E2297-15	Guide for use of UV-A and visible light sources and meters used in the liquid penetrant and magnetic particle methods
ASTM E3022-15	Practice for measurement of emission characteristics and requirements for LED UV-A lamps used in fluorescent penetrant and magnetic particle testing
ASTM F601-13	Practice for fluorescent penetrant inspection of metallic surgical

implants　<F04>

7.3.6　渦電流試験（ET）

ASTM B244-09(2014)	Test method for measurement of thickness of anodic coatings on aluminum and of other nonconductive coatings on nonmagnetic basis metals with eddy-current instruments　<B08>
ASTM E215-16	Practice for standardizing equipment and electromagnetic examination of seamless aluminum-alloy tube
ASTM E243-13	Practice for electromagnetic (eddy current) examination of copper and copper-alloy tubes
ASTM E309-16	Practice for eddy current examination of steel tubular products using magnetic saturation
ASTM E376-17	Practice for measuring coating thickness by magnetic-field or eddy current (electromagnetic) testing methods
ASTM E426-16	Practice for electromagnetic (eddy current) examination of seamless and welded tubular products, titanium, austenitic stainless steel and similar alloys
ASTM E566-14	Practice for electromagnetic (eddy current) sorting of ferrous metals
ASTM E570-15e1	Practice for flux leakage examination of ferromagnetic steel tubular products
ASTM E571-12	Practice for electromagnetic (eddy-current) examination of nickel and nickel alloy tubular products
ASTM E690-15	Practice for in situ electromagnetic (eddy current) examination of nonmagnetic heat exchanger tubes
ASTM E703-14	Practice for electromagnetic (eddy current) sorting of nonferrous metals
ASTM E1004-17	Test method for determining electrical conductivity using the electromagnetic (eddy current) method
ASTM E1033-13	Practice for electromagnetic (eddy current) examination of type F-continuously welded (CW) ferromagnetic pipe and tubing above the Curie temperature
ASTM E1312-09(2013)e1	Practice for electromagnetic (eddy-current) examination of ferromagnetic cylindrical bar product above the Curie temperature
ASTM E1571-11(2016)e1	Practice for electromagnetic examination of ferromagnetic steel wire rope
ASTM E1606-15	Practice for electromagnetic (eddy current) examination of copper and aluminum redraw rod for electrical purposes
ASTM E1629-12	Practice for determining the impedance of absolute eddy-current probes
ASTM E2096/E2096M-16	Practice for in situ examination of ferromagnetic heat-exchanger tubes using remote field testing
ASTM E2261/E2261M-17	Practice for examination of welds using the alternating current field measurement technique
ASTM E2337 /E2337M-10(2015)	Guide for mutual inductance bridge applications for wall thickness determinations in boiler tubing

ASTM E2338-17	Practice for characterization of coatings using conformable eddy current sensors without coating reference standards
ASTM E2884-17	Guide for eddy current testing of electrically conducting materials using conformable sensor arrays
ASTM E2905/E2905M-13	Practice for examination of mill and kiln girth gear teeth — Electromagnetic methods
ASTM E2928/E2928M-17	Practice for examination of drillstring threads using the alternating current field measurement technique
ASTM E2934-14	Practice for digital imaging and communication in nondestructive evaluation (DICONDE) for eddy current (EC) test methods
ASTM E3052-16	Practice for examination of carbon steel welds using eddy current array

7.3.7 アコースティック・エミッション試験（AE）

ASTM E569/E569M-13	Practice for acoustic emission monitoring of structures during controlled stimulation
ASTM E650/E650M-17	Guide for mounting piezoelectric acoustic emission sensors
ASTM E749/E749M-17	Practice for acoustic emission monitoring during continuous welding
ASTM E750-15	Practice for characterizing acoustic emission instrumentation
ASTM E751/E751M-17	Practice for acoustic emission monitoring during resistance spot-welding
ASTM E976-15	Guide for determining the reproducibility of acoustic emission sensor response
ASTM E1067/E1067M-18	Practice for acoustic emission examination of fiberglass reinforced plastic resin (FRP) tanks/vessels
ASTM E1106-12(2017)	Test method for primary calibration of acoustic emission sensors
ASTM E1118/E1118M-16	Practice for acoustic emission examination of reinforced thermosetting resin pipe (RTRP)
ASTM E1139/E1139M-17	Practice for continuous monitoring of acoustic emission from metal pressure boundaries
ASTM E1211/E1211M-17	Practice for leak detection and location using surface-mounted acoustic emission sensors
ASTM E1419/E1419M-15a	Practice for examination of seamless, gas-filled, pressure vessels using acoustic emission
ASTM E1495/E1495M-17	Guide for acousto-ultrasonic assessment of composites, laminates, and bonded joints
ASTM E1736-15	Practice for acousto-ultrasonic assessment of filament-wound pressure vessels
ASTM E1781/E1781M-13	Practice for secondary calibration of acoustic emission sensors
ASTM E1888/E1888M-17	Practice for acoustic emission examination of pressurized containers made of fiberglass reinforced plastic with balsa wood cores
ASTM E1930/E1930M-17	Practice for examination of liquid-filled atmospheric and low-pressure metal storage tanks using acoustic emission

ASTM E1932-12(2017)	Guide for acoustic emission examination of small parts
ASTM E2075/E2075M-15	Practice for verifying the consistency of AE-sensor response using an acrylic rod
ASTM E2076/E2076M-15	Practice for examination of fiberglass reinforced plastic fan blades using acoustic emission
ASTM E2191/E2191M-16	Practice for examination of gas-filled filament-wound composite pressure vessels using acoustic emission
ASTM E2374-16	Guide for acoustic emission system performance verification
ASTM E2478-11(2016)	Practice for determining damage-based design stress for glass fiber reinforced plastic (GFRP) materials using acoustic emission
ASTM E2598/E2598M-13	Practice for acoustic emission examination of cast iron Yankee and steam heated paper dryers
ASTM E2661/E2661M-15	Practice for acoustic emission examination of plate-like and flat panel composite structures used in aerospace applications
ASTM E2863-17	Practice for acoustic emission examination of welded steel sphere pressure vessels using thermal pressurization
ASTM E2907/E2907M-13	Practice for examination of paper machine rolls using acoustic emission from crack face rubbing
ASTM E2983-14	Guide for application of acoustic emission for structural health monitoring
ASTM E2984/E2984M-14	Practice for acoustic emission examination of high pressure, low carbon, forged piping using controlled hydrostatic pressurization
ASTM E3100-17	Guide for acoustic emission examination of concrete structures
ASTM F914/F914M-18	Test method for acoustic emission for aerial personnel devices without supplemental load handling attachments　<F18>
ASTM F1430/F1430M-18	Test method for acoustic emission testing of insulated and non-insulated aerial personnel devices with supplemental load handling attachments　<F18>
ASTM F1797-18	Test method for acoustic emission testing of insulated and non-insulated digger derricks　<F18>
ASTM F2174-02(2015)	Practice for verifying acoustic emission sensor response　<F18>

7.3.8　漏れ試験（LT）

ASTM E432-91(2017)e1	Guide for selection of a leak testing method
ASTM E493/E493M-11(2017)	Practice for leaks using the mass spectrometer leak detector in the inside-out testing mode
ASTM E498/E498M-11(2017)	Practice for leaks using the mass spectrometer leak detector or residual gas analyzer in the tracer probe mode
ASTM E499/E499M-11(2017)	Practice for leaks using the mass spectrometer leak detector in the detector probe mode
ASTM E515-11	Practice for leaks using bubble emission techniques
ASTM E908-98(2012)	Practice for calibrating gaseous reference leaks

ASTM E1002-11	Practice for leaks using ultrasonics
ASTM E1003-13	Practice for hydrostatic leak testing
ASTM E1066/E1066M-12	Practice for ammonia colorimetric leak testing
ASTM E1603 /E1603M-11(2017)	Practice for leakage measurement using the mass spectrometer leak detector or residual gas analyzer in the hood mode
ASTM E2024/E2024M-11	Practice for atmospheric leaks using a thermal conductivity leak detector
ASTM E2930-13	Practice for pressure decay leak test method

7.3.9 赤外線サーモグラフィ試験（**TT**）

ASTM C1060-11a(2015)	Practice for thermographic inspection of insulation installations in envelope cavities of frame buildings <C16>
ASTM C1153-10(2015)	Practice for location of wet insulation in roofing systems using infrared imaging <C16>
ASTM D4788-03(2013)	Test method for detecting delaminations in bridge decks using infrared thermography <D04>
ASTM E1213-14	Practice for minimum resolvable temperature difference for thermal imaging systems
ASTM E1311-14	Practice for minimum detectable temperature difference for thermal imaging systems
ASTM E1543-14	Practice for noise equivalent temperature difference of thermal imaging systems
ASTM E1862-14	Practice for measuring and compensating for reflected temperature using infrared imaging radiometers
ASTM E1897-14	Practice for measuring and compensating for transmittance of an attenuating medium using infrared imaging radiometers
ASTM E1933-14	Practice for measuring and compensating for emissivity using infrared imaging radiometers
ASTM E1934-99a(2014)	Guide for examining electrical and mechanical equipment with infrared thermography
ASTM E2582-07(2014)	Practice for infrared flash thermography of composite panels and repair patches used in aerospace applications
ASTM E3045-16	Practice for crack detection using vibroacoustic thermography

7.3.10 目視試験（**VT**）

ASTM A802-95(2015)	Practice for steel castings, surface acceptance standards, visual examination <A01>
ASTM A997-08(2018)	Practice for investment castings, surface acceptance standards, visual examination <A01>

7.3.11 その他

ASTM C1175-99a(2010)	Guide to test methods and standards for nondestructive testing of

	advanced ceramics　<C28>
ASTM D4748-10(2015)	Test method for determining the thickness of bound pavement layers using short-pulse radar　<E17>
ASTM E251-92(2014)	Test methods for performance characteristics of metallic bonded resistance strain gages　<E28>
ASTM E915-16	Test method for verifying the alignment of X-ray diffraction instrumentation for residual stress measurement　<E28>
ASTM E977-05(2014)	Practice for thermoelectric sorting of electrically conductive materials
ASTM E1476-04(2014)	Guide for metals identification, grade verification, and sorting
ASTM E2533-17e1	Guide for nondestructive testing of polymer matrix composites used in aerospace applications
ASTM E2581-14	Practice for shearography of polymer matrix composites and sandwich core materials in aerospace applications
ASTM E2906/E2906M-13	Practice for acoustic pulse reflectometry examination of tube bundles
ASTM E2981-15	Guide for nondestructive testing of the composite overwraps in filament wound pressure vessels used in aerospace applications
ASTM E2982-14	Guide for nondestructive testing of thin-walled metallic liners in filament-wound pressure vessels used in aerospace applications

索　　引

詳解 非破壊検査ガイドブック　第2版

定価：本体 4,200 円（税別）

2012 年 1 月 16 日　　第 1 版第 1 刷発行
2018 年 8 月 7 日　　第 2 版第 1 刷発行

編集委員長　　大岡　紀一
発　行　者　　揖斐　敏夫
発　行　所　　一般財団法人 日本規格協会

〒 108-0073　東京都港区三田 3 丁目 13-12 三田 MT ビル
http://www.jsa.or.jp/
振替　00160-2-195146

印　刷　所　　日本ハイコム株式会社
製　　　作　　株式会社 群企画

● 当会発行図書，海外規格のお求めは，下記をご利用ください．
販売サービスチーム：(03)4231-8550
書店販売：(03)4231-8553　注文 FAX：(03)4231-8665
JSA Webdesk：https://webdesk.jsa.or.jp/